JN292845

樹木学

Trees: Their Natural History

ピーター・トーマス
［著］

熊崎　実
浅川澄彦
須藤彰司
［訳］

築地書館

TREES: THEIR NATURAL HISTORY
by
Peter A. Thomas
© Cambridge University Press 2000
Japanese translation rights arranged with
the Syndicate of the Press of the University of Cambridge, Cambridge, UK
through Tuttle-Mori Agency, Inc., Tokyo
Published in Japan
by
Tsukiji-Shokan Publishing Co., Ltd.

主に信頼し、主を頼みとする者に祝福があるように、
その人は、水のほとりに植わった木のように、流れのほとりに根を伸ばし、
暑さが来ても暑さを知らず、葉は茂り、
日照りの年にも心配がなく、いつまでも実をみのらせる。

エレミア書　17:7-8

はじめに

　樹木の本をなぜ書くのか。樹木については、すでにたくさんのことが知られている。しかしそれは世界各国の多種多様な雑誌や書物に記されたもので、あちこちに分散している。樹木の講義を行いながら、いつもこのことにフラストレーションを感じていた。これが本書を出すに至った動機である。長命で図体の大きい樹木は過酷な世界に対処すべく、実にうまくデザインされている。伝えるべき魅惑的な話は山ほどある。誰かがこの種の本を書いておくべきであった！

　私のねらいは、分散した情報をより合わせて、樹木についての一般的な疑問に答え、数々の誤った神話を正すとともに、樹木が活動を開始して、成長し、子孫を残し、死んでいく、その驚くべき世界を開示することである。私がこれに成功したかどうかは皆さんの判断に待つしかない。何かの間違いを見つけたり、推論の方法に疑問をもたれる向きがあれば、申し出ていただきたい。

　本書をまとめるにあたって多くの方々の助力を得た。とくにロジャー・デヴィドソンとビル・ウイリアムズには全部の原稿に目を通してコメントしてもらった。このほか、たくさんの同僚たちから部分的なコメントをいただき、ヴァル・ブラウン、P・B・トムリンソン、コーリン・ブラック、そしてK・J・ニクラスからは詳細な情報を得た。遅れがちな執筆に忍耐強く付き合ってくれたのは、ケンブリッジ大学出版局のマリア・マーフィーとリン・デイビーであり、私のペット・プロジェクトを我慢して見守ってくれたのは妻と息子である。これらすべての人たちに感謝の意を表したい。

　作図で助力を得たイアン・ライトとリー・マンビー（図4.2、図7.8〜7.14)、およびジョン・スタンリー（図3.6と図3.16）にお礼申し上げる。またイギリス政府が版権を有するものについては、政府刊行物発行所の担当官から許可を得た。

ピーター・トーマス
キールにて
1999年5月

目　次

はじめに　iv

第1章　全体のスケッチ　1
　樹木とは何か　1
　樹木の誕生　4
　生きた化石　5
　樹木の価値　5
　樹木の構成部分　6

第2章　葉——栄養物の生産者　8
　葉の構造　9
　葉の内部　9
　陽葉と陰葉　13
　葉による水分の損失　14
　水損失の調節　14
　葉による物質の摂取　17
　葉の運動　17
　葉の形　19
　　針葉と鱗片葉…21／偽葉、葉状茎、無葉…22／その他の変形——托葉、巻きひげ、よじ登り葉…25
　未成熟な葉　25
　常緑性対落葉性　27
　枯死と老化　29
　葉の色　31
　なぜ複葉をもつのだろうか　32

第3章　幹と枝——連結水道管以上の働き　34
　木材でできた骨格　34
　幹はどのようにして大きくなるか　34
　すべての樹木は太るか　38

木材は何でできているか？――木材の構造　39
　針葉樹…39／広葉樹…41／例外的な木材構造…42
成長輪　42
　成長輪の幅の変動…44
水はどのようにして樹木の中を登るのか　45
　根圧…45／幹の中の揚水――引っ張り・凝集説…46／木部中の空気の存在…46／水のアーキテクチャー…48／水のネットワーク…50
木理　51
木材の収縮・膨張　52
放射組織　53
辺材と心材　54
樹皮　55
　内樹皮（師部）…55／外樹皮…57／樹皮はどのようにして幹の肥大に対応するのか…58／樹皮の厚さと樹皮の剥離…62
こぶ、芽と萌芽　63
枝と節　65
あて材　68

第4章　根――樹木の隠された部分　71

皿状の根系　73
　深い土層に張る根…75
皿状の根系から外に出た根　76
　根はどのくらいの範囲に広がるのか…76／根による被害…76
細根　79
　細根と樹木の健全度…80／根の損耗と死…83
どのくらいの土壌が必要か　84
地下水は必要か　85
増加する水分と養分の吸収　86
　樹冠根…86／根毛…87／菌根…88／栄養にかかわるその他の手段…90／根の癒合…92
養分の貯蔵　94
根の発達と成長　94
　根の伸長――一次成長…94／根の肥大――二次成長…95

成長の速さ　96
　　成長の制御　97
　　根の寿命　98
　　湿った土壌での根　99
　　板根、柱根、しめころし植物　102
　　　　板根…102／柱根…103／しめころしイチジク…104

第5章　次代に向けて——花、果実、種子　105
　　動物による受粉　105
　　　　客を適切に扱うこと…113
　　風による受粉　117
　　　　花を風に向ける…117／空気による花粉の輸送…119
　　境界の曖昧な動物受粉と風受粉　121
　　大きいことの問題　121
　　自家受粉と他家受粉　124
　　　　自家不和合性…125／時期によって性を変える…125／同じ株の別の花で雌雄を分ける——雌雄異花（雌雄同株性）…125／なぜ雌雄異株か…126／性を交換する樹木…127／性のコスト…128／花粉なしにできる種子——単為結果ではない無配合生殖…129
　　花から果実へ　129
　　樹木の果実——そのタイプ　131
　　果実は何をするか　131
　　豊作年　135
　　種子の散布　137
　　　　風による散布…138／動物による散布…139／水による散布…140
　　生殖のコスト　141
　　なぜ必要以上の花をつけるか　142
　　次の世代　143

第6章　成長する樹木　144
　　成長の速度　144
　　　　高さ…144／太さ…145
　　大きさのチャンピオン・ツリー　147

樹木の大きさを制限するのは何か　149
何が樹木の成長をコントロールしているのか　150
　　内的制御…150／根とシュートのバランス…151／外的な要因…152／現実世界の成長…153
成長輪とデンドロクロノロジー（年輪年代学）　154
芽と樹木の成長　155
　　芽…155／新しいシュート…157
成長戦略の価値　159
生物季節──年間成長のタイミングとパターン　161
　　生物季節の補修…164
生涯を通した成長の変化　165
生殖の開始　166

第7章　樹木の形　170

特徴的な樹木の形　170
特徴的な形になるのはなぜか　171
ダイナミックな樹木──変化する環境への反応　173
　　バイオメカニクスと重力…176
芽、枝、そして樹形　178
　　小枝とその葉…178
絶望的な枝の絡み合い　180
　　多すぎる芽に対して…180／枝を落す…182／枝の長さ…183
開花　186
樹木はどのようにして形を制御するのか　189
経年変化　191
すべての葉が光を受けるための工夫　192
人間の影響　195

第8章　世代の交替──古い樹木から新しい樹木へ　197

種子　197
種子の休眠　198
土壌の種子銀行　199
その他の種子散布戦略　200

火と樹上での貯蔵──セロティニー　200
　　種子の大きさ　201
　　発芽　201
　　種子の大きさのもつ意味　203
　　成功の確率　205
　　種子を使わない樹木の再生──無性繁殖　207
　　新しいタイプの樹木の生産　208

第9章　健康と損傷と死──過酷な世界に生きる　212

　　防御　213
　　最初の防衛ライン──損傷を阻止する　214
　　　物理的防御──針、とげ、いが…214／その他の物理的防御…216／アリと小動物…216
　　化学的防御　217
　　進化の中の争い　219
　　木の骨格を守る　220
　　　外敵を遠ざける──樹脂、ガム、ラテックス…220／カルスの成長…221／傷をいやす…222
　　内部の防御　223
　　　菌類による腐朽…223／木材の防御──辺材と心材…224／腐朽の分画化…226
　　環境からのダメージ　227
　　　厳しい条件と汚染…227／寒さ…228／熱と火災…229／風…232／それでも樹木は失敗する──なぜ？…234／空洞木…234／風倒──根返り木…235／風害と樹木の枯損…238
　　樹木の年齢　238
　　何が樹木を死に至らしめるか　240
　　　樹木の環境…240／致命的な病害…241／物理的な問題…244／飢餓と老齢…244

樹種名索引　247
事項索引　256
訳者あとがき　262

目次　ix

ボックス

1.1 さまざまな植物グループに見られる樹木の範囲　2
1.2 樹木の2大グループの名称と定義　3
2.1 気孔のあらわれる面：樹種による違い　13
4.1 イングランド南東部の粘土質土壌が優占する地域で、樹木が建物に沈下の被害を及ぼす場合の距離　78
4.2 地下水を使わなくとも樹木は十分な水分を土壌から得られるか？　86
4.3 樹木と共生する菌根のタイプ　89
4.4 根の結節で窒素を固定する樹木　91
4.5 カナダ・ブリティッシュコロンビア州のフレーザー川渓谷で夏季の冠水にさらされた植栽されている高木・低木の冠水耐性　100
5.1 イギリス諸島の在来および導入された高木と低木の花と果実の特性　107
5.2 いろいろな動物授粉者と組み合わされる花のタイプ　110
6.1 種子生産のおおよその開始年齢と最適年齢　168
8.1 1kgに含まれる種子の平均数（洗浄された種子で果肉を除く）　204
9.1 樹木類の予期される寿命（年）　239
9.2 さまざまな問題に対する樹木の感受性　242

第1章　全体のスケッチ

樹木とは何か

　樹木がどのようなものかは誰でも知っている。つまり影をつくるほど大きくなる木本のことだ。おそらくすぐに思い浮かぶのは、オーク類やマツ類などの巨大な樹木だろう。植物学の、もう少し厳格な定義によると、多年生の木質の幹で自らを支えることのできる植物のことである（多年生とは1年以上生きること）。ここですぐ問題になるのは、低木との違いである。園芸家の定義によれば、樹木とは幹が1本で6m以上の背丈があり、地面から少し離れたところに枝がつくもの、また低木とは地ぎわから複数の軸が出ていて、背丈も6m以上にはならないものである。これは樹木識別法を本にする人たちが、対象とする樹種の数を少なくしようとして思いついた便宜的な定義である。しかし本書では低木も背丈の低い樹木とみなす。その働きから見ると背丈の高い仲間とまったく変わらないからだ。したがって樹木の中には100mを超える巨木もあれば、数センチにしかならない亜高山帯のヤナギ類もあることになる。
　似ているようで樹木の定義からはっきりとはずれる植物がある。つる植物やその他のよじ登り植物は（本書でもその一部に触れることになるけれど）、自らを支えることができない。また木本の軸のある植物でも、アスパラガスのように、軸が毎年枯れるものは多年生の幹があるとはいえない。バナナの幹も葉柄の集合でできていて、木材の部分がないから樹木ではない。タケもまたしかりで、高さは25m、太さは25cmにもなるが、草が硬くなっただけである（ボックス1.1）。
　樹木で特徴的なのは共通点が少ないことだ。ある植物がランかどうかを見分けるのはそれほど難しいことではない。すべてのランは同じ科に属していてその構造（とくに花）に共通性があるからである。このことは草本からサボテン類（同じ科の仲間）、キク（すべて同じ属）といった大部分の植物のグループにあてはまる。しかし、樹木の習性は、多種多様な植物が進化を通して獲得したものであり、背丈が高くて、多年生の骨組みを有すること以外に類似点がない。ボックス1.1を見ると、いかに多くの

ボックス1.1　さまざまな植物グループに見られる樹木の範囲

○シダ類（シダ植物類）	木生シダ（すべてヘゴ科に属する。枝が出るのはまれで、真の樹皮がなく、幹は木質のストランドからなる。生育するには霜のない日陰が必要）
○球果植物類とその仲間：裸子植物類（種子が裸出していて、球果や果実を切り開かなくとも種子が見える）	球果植物類　3つの科に600種以上 　ヒノキ科：イトスギ類、ネズミサシ類 　スギ科：セコイア 　マツ科：マツ類、トウヒ類、カラマツ類、ツガ類、モミ類、ヒマラヤスギ類 イチイ類：約20種 　イチイ科：イチイ類 イチョウ類：1種 　イチョウ科：イチョウ ソテツ類：ヤシのように硬い羽毛状の葉がある マオウ類：少数の興味深い木本植物を含む奇妙なグループ 　ウエルウイッチア属：ウエルウイッチア　西南アフリカにある唯一の種 　グネツム属：ほとんどは熱帯のよじ登り植物 　マオウ属：乾燥した砂漠に分布する低木
○顕花植物類：被子植物類（種子が果実の内側に隠されている）	双子葉類（オーク類やカンバ類など樹木の主要グループ　世界で180科あって、うち約75科が樹木を含む） 単子葉類（広い範囲の樹木を含むが少数の科に集中） 　ヤシ類：パーム類、ほとんどが熱帯で温帯のものは少数　約3000種 　リュウゼツラン科：リュウケツジュ類。ほとんど北アフリカ 　タコノキ科：スクリューパイン。旧世界熱帯。高足根が分岐した太い幹を支える 　ユリ科： 　　アロエ類　南アフリカ 　　ユッカ類 　　センネンボク　オーストラリア、ニュージーランド 　　ナギイカダ 　ススキノキ科：ススキノキ　オーストラリア。短い幹、分岐した枝、長くて細い葉 　ゴクラクチョウカ科：タビビトノキ **樹木でない単子葉類** 　バショウ科：バナナ、幹は押し詰められた葉柄である 　イネ科：タケ、硬くなった草で木の部分がない

> **ボックス1.2　樹木の2大グループの名称と定義**
>
> 本書では、裸子植物と被子植物の樹木の総称として、それぞれConifersとHardwoods（日本語版では「針葉樹」と「広葉樹」）をあてている。
>
> ・**裸子植物類**（Gymnosperms）と**被子植物類**（Angiosperms）
> 生粋の植物学の用語だが、少し堅い。
>
> ・**球果植物類とその仲間**（Conifers and their allies）とそれ以外
> 裸子植物類のなかで球果植物類は主要なものだが、ボックス1.1にあるように、前者にはそれ以外のものも含まれる。
>
> ・**軟材**（Softwoods）と**硬材**（Hardwoods）
> 木材産業からきているが、この種の記述的な表現には問題もある。裸子植物の多くは軟らかい材を生産するとはいえ、例外もたくさんある。逆に硬材といわれる広葉樹の材の多くは軟らかい。針葉樹のイチイは非常に密で硬い材を生産するし、広葉樹でもバルサの材のように、指の爪でキズがつくほど軟らかくて壊れやすいものもある。
>
> ・**常緑樹**（Evergreens）と**落葉樹**（Deciduous trees）
> この場合も例外が多い。たとえばメタセコイア、ラクウショウ、カラマツ類は落葉の裸子植物であり、セイヨウヒイラギやロードデンドロン、それに熱帯の被子植物の多くは常緑である。
>
> ・**針葉樹**（Needle trees）と**広葉樹**（Broadleaved trees）
> 球果植物類の多くは針のような形をした葉を有しているが、これにも例外がある。イチョウやチリマツは明らかに広くて平らな葉をもっている（これらは確かに変わった木ではあるが）。逆に原始的な裸子植物であるソテツ類はヤシの葉に似た分裂した長い葉をもっている。また一部の被子植物は針葉に戻るか、あるいは大部分の葉をなくして針に似た枝を葉として用いている。たとえばハリエニシダやエニシダがそれだ。

グループが樹木の習性を獲得したかが理解できるだろう。これこそ「収斂進化」のみごとな例である。つまり類縁関係のないタイプの植物が、いかにして光にありつくかという共通の問題に対して、背丈を伸ばすという共通の答えを進化によって得たのである。

本書で扱う樹木は、大まかには針葉樹と広葉樹に区分される。ただこの二つのグループについては、ボックス1.2にあるように、さまざまな用語（英語）が当てられていて混乱をきたしている。学術的には裸子植物と、被子植物の中の双子葉植物であるが、ここでは簡略化してそれぞれConifers（球果植物）とHardwoods（文字通り訳すと硬材）を使うことにする（訳注：この日本語版では一貫して前者には針葉樹、後者には広葉樹を当てている）。ヤシやリュウケツジュなどの単子葉の樹木にもときどき言及してはいるが、その成長の仕方は針葉樹や広葉樹とは異なっており、紙幅の関係で詳しくは述べない。純粋主義者にいわせれば、それらの幹には真の「木材」がなく（第3章）、樹木ではないことになる。木生シダ類も同じである。

樹木の誕生

　この地球上に最初の維管束植物（内部に道管を有する植物）があらわれたのは、今から約4億年以上前のシルル紀である。そしてデボン紀のはじめの3億9000万年前ころにこれらの植物から最初の樹木が進化してきた。下って3億6000万～2億9000万年前の石炭紀になると、葉をいっぱいに茂らせた森林が沼地などを広くおおうようになった。木生シダ類は現在の森林でも確認できるが、その他の巨大なトクサやヒカゲノカズラ類はとうの昔に絶滅してしまい、小型の類縁種を少数残すのみである。カラミテスのようなトクサ類は、樹高9m、直径30cmくらいになり、ヒカゲノカズラ（とくにレピデンドロン）では背丈が40m、直径は1mにも達していたと思われる。こうした森に初期の原始的な針葉樹があらわれ、2億5000万年前ころ（ペルム紀後期）にはソテツ、イチョウ、チリマツが出現していたようだ。この種の樹木はアリゾナの化石林などから見つかっている。1億8000万～1億3500万年前のジュラ紀にはマツ類が出現し、恐竜とともにこの地上で栄えていた。

　針葉樹の卓越した時代は長く、よく知られているが、1億2000万年前の白亜紀のはじめには初期の広葉樹の多様化が始まっている。広葉樹はおそらく虫媒の球花をもつ針葉樹（すでに絶滅）から進化したのであろう。最初の広葉樹の一つは現在のモクレン類である。白亜紀から第三紀（6500万～2500万年前）のはじめにかけて、広葉樹は針葉樹を押しのけて猛烈に拡大した。第三紀初期の高温多湿な地球気候がその後押しをしているのは疑いない。

　ペルム紀末の2億5000万年前には、地球の大陸のほとんどがパンゲアという古い汎大陸に押しこめられた。しかし広葉樹が進化するころには、このパンゲアは二つに分裂して、北半球の陸地となるローラシア大陸と、現在のオーストラリア、アフリカ、南アメリカ、インド、南極を含むゴンドワナ大陸になり、マツ類は主として北半球に閉じこめられた。ローラシアとゴンドワナ自体もその後さらに分裂するが、南半球と北半球では広葉樹の違いが大きく、同じ半球内であれば非常によく似てくるという事実はこの大陸移動で説明できる。

　白亜紀なかばの9500万年前までに、今日見られるような樹木がたくさん出てくる。たとえばゲッケイジュ、マグノリア類、プラタナス類、カエデ類、オーク類、ヤナギ類などであり、さらに2000万年もするとヤシ類が出現する。恐竜が消滅する6500万年前には広葉樹の卓越した世界になり、針葉樹はほとんど高地に追いやられていた。

生きた化石

　毎日目にする樹木の大部分は遠い昔からあったものである。いささか信じがたいことだが、再発見される「生きた化石」の数がだんだん増えてきている。つまり絶滅して化石でしか残っていないと思われていた樹木が、世界の僻遠の地で今も頑張って生きているのが発見されているのである。なかでも有名なのがイチョウである（日本語ではその果実から銀の杏と書く）。これは1億8000万年前のジュラ紀の化石記録から見つかった中国の木であるが、1690年にヨーロッパ人が日本で「再発見」した。同様にしてメタセコイアは1945年に中国で発見され、ウォールミパイン（*Wollemia nobilis*）もシドニー近くのウォールミ国立公園で生育していることがわかった。こうした植物の中に真の歴史（ないしは前史）を見ることができ、恐竜たちが慣れ親しんでいたであろう植物に触れることができる。

樹木の価値

　樹木はその長い歴史を通して、人間の生活と深くかかわり、重要な役割を果たしてきた。多くの人びとにとって樹木は神聖なものであったし、今でもそうである。ヨーロッパの古代ドルイド族にとってのオーク、アフリカの部族にとってのバオバブ、中国人や日本人にとってのイチョウ、チリの先住民族ペウェンチェにとってのチリマツなどがそれだ。われわれが使う言葉にも樹木と関連したものが少なくない。かつてブナ（beech）の木の細長い小片が用箋として使われていた。アングロサクソン語の本（book）はブナに由来し、ブナは今でもスウェーデン語では「beuk」、デンマーク語では「bok」と呼ばれている。またローマ人はゲッケイジュ（laurel）の花冠で勝者を讃えていたが、これが中世に詩人や学者にまで拡張されて桂冠詩人（Poet Laureate）ができた。あるいはローマ時代の学生はゲッケイジュの実（baccalaureus）からバチェラー（bachelors）と呼ばれていたため、それから学士号（baccalaureate）という語ができ、さらにはローマ人の学生が結婚を禁じられていたことから、未婚の男性をバチェラー（bachelor）と呼ぶようになった。

　現代の技術の発達にもかかわらず、私たちは原材料としての木材になお大きく依存している。近年の世界の木材消費量は年に23億m^3を超える（ヨーロッパの成長のよい針葉樹人工林では成熟した樹木1本で1〜2m^3の材積になる）。木材は建築に始まって紙の製造、合成ゴムなど化学品の生産に至るまで、あらゆるところで使われている。平均的なカナダ産のアスペン1本あれば100万本のマッチの軸木がとれる。ポリネシアやアフリカの人たちは樹皮で衣服をつくってきたし、今でも木材からレーヨン

をつくることができる。ちなみに木でつくるまな板は穏やかな抗菌性があり、一見衛生的なプラスチックの板よりも優れている。

　食品や飲料にも樹木由来のものがたくさんある。旧世界からは、ミカン類、シナモン、チョウジ、ナツメグ、コーヒー、チャ、イナゴマメなどが、また新世界からはパパイヤ、アボカド、ココア、ブラジルナッツなどが来ている。油脂としてはオリーブオイルやパームオイルがあり、熱帯の西アフリカに産する後者からはマーガリン、ろうそく、石鹸などが得られる。アイスクリームに使う人工香料バニラは木材の化学抽出物だ。木材のセルロースは即席マッシュポテト（それに紙おむつ）の一般的な原料になっている。樹木由来の医薬品も多数あるが、マラリアに効くキニーネはキナノキからとれるもので、イエズス会の伝道師がペルーやエクアドルから持ちこんだ。ただしキニーネは非常に苦いため、ジンとのカクテルにして飲みやすくした。植民地風のジントニックがそれである。また最近、イチョウからの抽出物が脳への血行をよくし、とくにアルツハイマー病に効くらしいことがわかってきた。

　樹木にはほかにもさまざまな用途がある。ゴムがとれる唯一の樹種（パラゴムノキ）がなかったなら、われわれはどうなっていたであろう。あるいは自動車のブレーキライニング（木材のリグニンが原料）がなかったら？　木材で自動車を走らせることもできる。1トンの木材から250ℓのガソリンが得られ、1世帯に木材が4〜5トンもあれば1年間車を走らせられる。都市域では樹木が汚染物資をつかまえて吸収し、気候を穏やかにする。都市の樹木が病院でのストレスを減らし快復を早めるという研究結果があるのも頷ける。成熟したブナの木は毎年10人の必要を満たす量の酸素を生産し、大気中のCO_2を1時間に2kg固定する。最新の樹木の用途をもう一つあげよう。熱帯のある低木はモネリンと呼ばれる甘味で低カロリーの化合物を含んでいるが、その遺伝子を取り出してトマトやレタスに植えこみ、甘くすることも試みられている。

　自然界においては、高木と低木が他の樹種の育成を助けていることがしばしばある（保護植物）。たとえば、メキシコ北西部のソノラ砂漠ではベンケイチュウ（サボテンの一種）のほとんどが木の下で生命活動を開始する。動物も受益者だ。イギリスのミッドランド地方では（ほかのどこでも共通することだが）、低木の生け垣で日陰ができていると牛の乳の出がよくなるという。生態学の専門用語でいえば、木本の植物はしばしば「かなめ石の種」になっていて、他の多くの植物や動物がこれに依存している。

樹木の構成部分

　樹木のさまざまな側面を詳細に見ていく前に、まず木の全体を見渡しておかねばならない。

樹木の基本的な生命活動の方法は他の植物と同じである。葉が糖類を生産し、この糖類が木の生命活動の燃料となると同時に、セルロースやリグニンなど樹体を形づくる基本部分の生産に向けられる（第2章）。糖類は樹皮の内側を通って樹木が必要とする他の部分へ移動するが、すぐには使われない部分は木の幹や枝、根の木部に蓄えられる（第3章）。樹木の下の端にある根は、土壌から水分と無機塩類（チッソ、リン、カリウムなど）を吸収する（第4章）。水と無機塩類は樹木の木部を通して吸い上げられ、水の主要消費者である葉まで運ばれる。無機塩類は糖類と一緒になって、次世代をスタートさせるのに不可欠な花や果実など樹木の基本的な要素をつくっていく（第5章）。
　樹木が大きくなるには、二通りの方法がある。一つは木に散在する芽が成長点となって、既存の枝を長くし、新しい枝を出させる一次成長（第3章）。もう一つはいったんつくられた木質の骨格を太らせる二次成長で、樹皮の下の薄い組織の層（形成層）が新しい樹皮と新しい木材を付け加えていく。冬に成長が止まる温帯では、こうした新しい層がおなじみの年輪として木部にあらわれる。
　広がる枝に新しい芽がつき、このうちのどれが、どのようにして成長するかで、それぞれの樹木の形が決まってくる（第7章）。ちなみに、ヤシのような単子葉植物の多くは成長点が一つしかなく、これが死ぬと木全体が枯れてしまうので、いつも暖かな熱帯の近くでないと生きていけない。
　樹木を含めた植物が、動物と基本的に違っているのは、ほとんどの動物が一つのまとまった単位で動くのに対し、植物は同じような部品で組み立てられたモジュールになっていることだ。つまり動物では、一つの心臓、一組の目、一つの肝臓が一体となって動くのに対し、植物ではそれぞれの部品がほとんど独立して動き、置き換えもきく。木は一つの枝、さらには幹の全部をなくしても、新しいものに置き換えることができる。動物にたとえれば、足のところで自分を切り離し、新しく再生する自分を眺めているようなものだ。こうしたモジュール型の機構により、木質の骨組みが数百年、時には数千年にわたって維持されるのだが、樹木はそのためにいくつかの興味深い問題に直面し、独特の解決法を編み出している。樹木の場合、長大な骨組みは通常死んでいて、生きているのはそれをおおう薄い層だけだが、この骨格についても菌による腐れや動物から守らなければならず、巧妙な防護策ができている（第9章）。
　物語はまだ終わらない。一本の樹木は自身の内部的な組織化とともに、外部の環境とも関係をもっている。種子からスタートした樹木は動物や菌類などの外敵と戦い、近くの植物とも競争を強いられている。木の寿命は他の植物よりも長く、生き延びるためのトリックも巧妙だ（第6章および第8章）。

第2章　葉──栄養物の生産者

　樹木の葉でとくに印象的なのは、その大きさがとてつもなく多様なことだ。北半球の極地に生えるヤナギの一種（*Salix nivalis*）は、背丈が1cmにも満たない這う「樹木」で、それにつく葉も長さが4mmくらいにしかならない（図2.1）。もっと小さいのはイトスギ類の鱗片状の針葉で、長さ1mm程度。逆に最大級の葉をつけるのはキリで、切り株から出る萌芽の葉は、長さと幅がともに50cmを超え、50cmほどの葉柄の先についている。このような帆に似た大きな葉は、図2.1のタビビトノキのように、風で引き裂かれやすい。そのため大きな葉では普通、切れ込みが進み、さらには小葉に分けられて複葉をつくることになる。これによってもっと大きな葉ができ、日本産のタラノキのように、長さが1mを超えることもある（図2.1）。またヤシ類の多くは長さが3mを超える羽毛状の葉をもっている。ラフィアヤシではこれが20mにもなり、葉柄の長さは4mになる。

　葉は樹木の活力の原動力である。大気からのCO_2と地中から吸い上げた水を結合させて光合成を行い、太陽のエネルギーを使って糖分と酸素を生成する。これらの糖分は普通、葉から蔗糖（われわれが袋詰めで買う砂糖）の形で送り出され、まさしく樹木の栄養分になっている。糖分は樹木が生活を営むためのエネルギー源として使われる。これからまた澱粉やセルロースがつくられ、土壌から得たミネラルを利用して、タンパク質から脂肪、油脂に至るすべての必要物質が生産される。

　栄養物生産での葉の役割を過小に評価してはならない。大きなリンゴの木は、5〜10万枚、普通のカンバ類は平均で20万枚程度、成熟したオーク類は70万枚くらいの葉をつけるだろう。さらに成熟したアメリカニレになると500万枚という報告がある。この膨大な数の葉を使って、成熟したヨーロッパブナは1時間当たり2kgのCO_2を固定でき、その副産物として毎年10人分の酸素を生み出している。世界中の樹木の推定乾物生産は650億〜800億トンで、すべての陸上植物生産の3分の2に相当する。

葉の構造

　広葉樹はその名前が示すように、できるだけ多くの光をとらえるために幅の広い葉身をもっている。このしなやかな弱々しい葉身には、分枝する葉脈の骨組みが葉脚から広がっている（図2.2）。これらの葉脈が葉の茎（葉柄）の大部分を構成する。葉脈は支持組織を含むが、通導（維管束）組織をもっていて、水分を（木部を通して）葉に運び、製造した糖類を（師部を通して）持ち出すのである（図2.2）。一部の葉は、葉柄の基部に一対の小さい鱗片ないしは葉に似た付属体、つまり托葉をもっている。
　ある樹木では、葉は単葉で、全縁になり、鋸歯や裂け目がない。その一方で別の樹木は非常に深い裂け目をもち、それはさらに葉身が別々の小葉に分かれる複葉になっていく（図2.2には単葉と複葉の各部分の名前が示されている）。樹木の複葉には三つのタイプがある。まず掌状複葉で手の指を広げたようになる（トチノキ）。次が羽状複葉で、小葉が葉柄の連続である茎（葉軸）の両側についている（トネリコ類、クルミ類）。三つ目が二回羽状複葉で、羽状複葉の小葉がさらに複葉になっている（アカシア類、タラノキ類；図2.1）。しかし何によって、一つの枝から出た複葉と個々の葉を区別するのか。簡単な答えは、広葉樹では葉と小枝がつながるところ（葉腋）に芽が一つあることだ。複葉では唯一の芽が最基部にあり、小葉が葉軸に接する葉腋には芽がない。
　ただしこの場合も例外がある。熱帯産で近縁の *Chisocheton* と *Guarea* の二つの属では、複葉が小葉の軸に花芽をもち、新しい小葉をつくる頂芽をつけることがある。逆に温帯地方ではよく見られることだが、落葉性樹種のメタセコイアは一見羽状複葉のような葉をもっているけれど、実際には年の終わりに落ちる短命の枝についた小さい単葉である。その「葉」と枝の間の腋にあるべき芽が、通常横側あるいは下側にあるのはそのためだろう。
　複葉は一体となって木から落ちるので、葉の枝から区別できるといわれることがある。しかしトネリコ類は秋になって小葉を別々に落とすことがあり、必ずしもそうとはいえない。

葉の内部

　葉の内部を見ると、太陽のエネルギーをとらえるクロロフィル（葉緑素）が小さな葉緑体の中に含まれており、その葉緑体は光をもっとも受ける葉の上側にある、きっちりと詰まった細胞に集まっている。1 mm^{2}の葉には40万もの葉緑体があり、1本の大きな落葉樹では光にさらされる面積の総計が350 km^{2}以上にもなる。

(a)

(b)

図2.1 (a) **アークティックウィロー**　カナダディアンロッキーで
(b) **タビビトノキ**　カナリア諸島・テネリフェで。大きな帆のような葉は風で簡単に裂ける
(c) **タラノキ**　ウラジオストク付近で（花の上の部分はすべてが一つの二回羽状複葉）
(d) **ウエルウイッチア**　ナミビアの海岸砂漠で

(c)

(d)

第2章 葉——栄養物の生産者　11

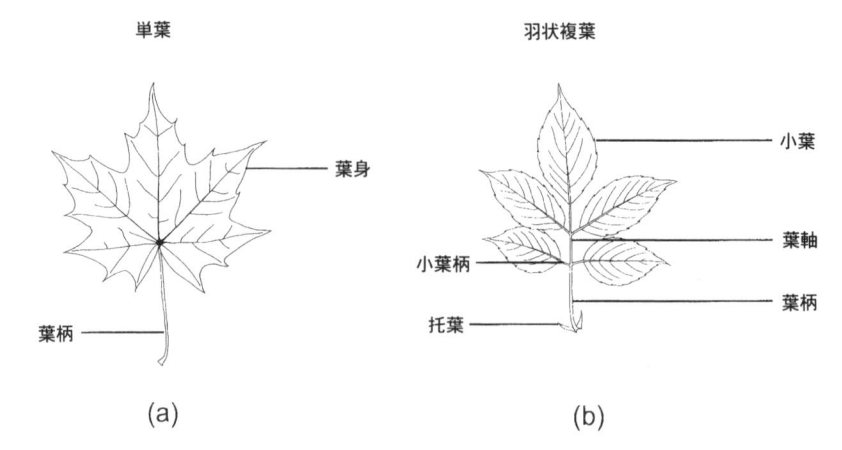

図2.2 単葉と複葉の各部分

　葉の内部で湿潤な活動環境を維持し、かつ葉のしおれを防ぐには、葉に防水性がなければならない。そのため葉の皮膚（表皮）はきっちりと詰まった細胞でできていて、それを光沢のあるクチクラがおおっている。この皮膚は水の通過には抵抗するけれど、空気の通過を完全に妨げることはない。この性質が靴墨に利用されていて、一般にはブラジルカルナバロウヤシの葉のワックスが使われる（ついでにいえば、砂糖でくるんだチョコレート菓子のコーティングにもなる）。
　さらに効果的にガス交換をするには、この防水性の皮膚には孔がなければならない。樹木の場合は、このような孔（気孔）は、太陽光の直接の熱を避けて葉の下側に集まっている（とくに光沢のある常緑葉）。しかし約20%の樹種では、密度は低いけれども葉の上側にある（ボックス2.1）。気孔はまた緑色の光合成層がある小枝や枝にも見られる。さらに、成熟した樹皮の呼吸のための孔（皮目；第4章）が古い気孔の下に形成されるのが普通である。
　物理学の法則によれば、多数の小さな孔を広範囲に置くと、水の損失を最小限にして最大量のガス交換が可能になる。こうした制約があるために、樹木の葉でも他の植物の葉でも気孔の大きさと数は同じようなものである。典型的な気孔の大きさは長さ0.01〜0.03mmで、幅はその3分の1。分布密度はカラマツ類で1 cm^2 当たり1400、リンゴで2万5000、いくつかのオーク類で10万以上にもなるが、ほとんどは4000から3万の範囲に入る。このように数は多いけれど、一般には葉の面積の1%を占めるにすぎない。普通、気孔は葉に均等にばらまかれているが、常にそうとは限らない。オウシュウトネリコの気孔は葉の下側の中央にもっとも多いが、トチノキでは小葉のいちばん広い部分の縁に集中している。

ボックス2.1	気孔のあらわれる面：樹種による違い
葉の両面	アメリカクロヤマナラシ ヨーロッパクロヤマナラシ ヨーロッパカラマツ
葉の下面のみ	セイヨウシデ ブリティッシュオーク アメリカキササゲ セイヨウキョウチクトウ セイヨウキヅタ セイヨウバクチノキ
葉の上面のみ	セイヨウシナノキ ブルーガム

陽葉と陰葉

　樹木は大量の葉をつけているので、日陰になる葉が出るのは避けられない。樹木がこの問題にどう対処しているかは第7章で扱うことになるが、カンバ類のように樹冠の開いたものでも、ほとんどの樹木はその葉を陽葉と陰葉に分けることができ、これが解決策の一部になっている。陰葉は大きくて薄く、厚みのないクチクラでおおわれ、濃い緑色で（単位量当たりの葉緑素が多い）、切れこみが少なく、気孔の密度は2分の1から4分の1である。陰葉は陽葉より弱い光で効果的に働くが、長い時間強い光に対処することができない。しかし陰葉は気孔を開くための反応時間が短く、したがって林冠の下の地面にまだらに射しこむ短時間の太陽光を利用できるのだ。これに対して陽葉は明るい光の中でよく機能する。陽葉はもともと呼吸速度が速いので、暗いところに置かれると自分で生産できるよりも多くの炭水化物を消費してしまい、重量を減らしてついには死に至る。

　ここで注意してほしいのは、それぞれの葉は生育する条件に応じて発達するということだ。陽葉と陰葉の割合も木の成長条件に完全に依存している。芽生えの場合は全部が陰葉であり、陽葉が必要になるのはまわりの競争相手を出し抜いてからである。一つの葉の生涯においても同じことが起こりうる。陽葉が少しずつ日陰になっていくと、これに適応して形を変え、薄く幅広の葉に変わっていく。しかし突然起こる変化には対応できない。多雨林で芽生えの陰葉が突然の攪乱にさらされたり、あるいはヨーロッパでハシバミやシデ類の生け垣が刈りこまれたため、中にあった葉が強い陽にさらされて損傷を受けることがある。

葉による水分の損失

　1本の樹木が失う水（蒸散）の量は莫大である。2mの高さの若いリンゴの木は夏には7000ℓの水を使い、普通の大きさのカンバ類は1万7000ℓ、さらに大きい落葉樹になると4万ℓもの水を使う。1日当たりにすると40〜300ℓであるが、十分に給水されたヤシ類では1日当たり500ℓになるだろうし、逆に熱帯雨林の奥まった湿潤な条件のところならば2〜3ℓですむかもしれない。温帯の密な林地（あるいは高いビルの谷間）に生育する樹木は孤立した木の約3分の1の水しか使わない。極端な例をあげると、木本のカクタス（サボテン）の水損失は1日当たり約25mℓにとどまっている。いうまでもなく水の損失は周囲の環境条件に依存する。乾燥して風の強い場所で水の補給をよくしてやれば、植物は大量の水を失う。水の要求度に応じて樹種の順位をつけるのは難しい。一般的に認められているのは、ポプラ類は他の種類に比べてより多くの水を使うということである。

　水の損失というのはガス交換に使われる気孔の副作用のようなものだ。しかしそれ自身の効用もある。樹木を上がっていく水の流れは、根から吸い上げた溶けたミネラルが必要なところへ運ばれていく主要な通り道である。さらに蒸散は太陽光による葉の過熱を防いでいる。おそらく葉に届いた光のエネルギーの半分くらいは水の蒸散に向けられているだろう。もっと大きなスケールでいえば、森林から大気中に蒸発していく厖大な量の水は、冷たい湿った空気をつくり、降雨のパターンをも左右する。ある種の樹木は大量の化学物質を放出する（ユーカリ類が暑い日に出す強烈な匂いを想起されたい）。こうした化学物質は水滴の核になり、雲を発生させる。その一方で、樹木には向こう見ずな水の損失に耐える余裕はほとんどない。第4章で説明するように、木の中を水が上がっていくのは湿潤な領域（根）から、より乾燥した領域（葉）へと引っ張られるからである。つまり葉が水を得るためには常に湿度を低い水準に保っていなければならない。背の高い木では活動としおれの安全限界には狭い幅しかないのである。

水損失の調節

　ほとんどの水の損失は気孔を通じて発生しているので、水の移動を管理するのも気孔をおいてほかにない。大部分の樹木は不必要な水の損失を勘案してバランスよくCO_2を摂取しようとしている。気孔が閉じるのは一般に光合成にとって寒すぎたり、あるいは暗すぎたりするときや、葉が必要以上に水を失ってしおれかかったときである。たとえば晴れた日の真昼に光合成の一時低下が起こることがある。太陽光が強く

て、葉は供給されるよりも多くの水を失うおそれがあるので、気孔を閉じてしおれや損傷を避けるのである。近くの日陰にある低木が一日中順調に光合成を続けているというのに。

　ある種の樹木は陽の当たる葉を多少下に向けることで、この真昼の一時低下を避けている（これはまた真昼の強い光で葉が過熱するのを防いでいる）。こうした現象が見られるのは、熱帯樹木の中で背丈がもっとも高くなるユーカリ類や砂漠の低木ジョジョバ（これから人工の鯨油がつくられる）である。葉が下向きになると、暑い日中の光の遮断量は涼しい朝や夕方の半分くらいになってしまう。ユーカリの林で真昼の太陽を避ける木陰が目立って少ないのはそのためだ。またニセアカシアなどは条件が過酷になると木の先端についている葉を折りたたむ。

　気孔の調節は非常に複雑なものにならざるをえない。常緑樹の場合、冬期に暖かい日が続いて、根が水を吸収できるようになる前に、気孔が開いてはまずい。これを防ぐ必要がある。20世紀の初頭、二人のドイツ人林学者ビュスゲンとミュンチは、冬に切り取った常緑樹の小枝を水に入れ、暖かい部屋に置いたところ、セイヨウヒイラギは数時間で気孔が開いてきたが、ヨーロッパイチイは1週間かかって開き、セイヨウキヅタとツゲ類では開かなかった。

　ガスの動きと水損失の釣り合いは非常に微妙で、気孔の分布密度は外部の条件に対応して変化してきたことが知られている。化石の葉の調査によると、14万年前のドワーフウィローの気孔の数は、現在のもの（1 cm^{2}当たり1万2500）より40％多かった。現在のオリーブの葉は、1 cm^{2}当たり5万2000の気孔をもつが、ツタンカーメンの墓にあった葉の気孔はこれより35％も多かった。このように時間とともに密度が低下したのは、両者ともCO_2濃度の上昇に対応しているようである。ガスを入れるのに必要な気孔の数が少なくてすむようになった。こうした減少はこの数十年の間にも起こっているようで、1920年代の植物標本と現在のものとの比較でも確認されている。もっと短い期間についてもCO_2と温度への反応が観察されている。暖かい晩夏につくられたオーク類の葉は、春のやや涼しい時期に出てきたものに比較して気孔の数が15％少ない。

　とはいえ樹木が水損失を調節する能力には大きな差異がある。多くのユーカリ類やヨーロッパハンノキなどは、気孔を閉じても、たいして水分損失を調節することができない。こうした木を植えれば湿った土地の排水ができるだろう。

　気孔による損失に加えて、いくらかの水は葉のクチクラを通じて直接失われる。よく水の行き渡った葉では、この「クチクラ蒸散」はおそらく5〜10％にとどまるが、水分ストレスを受けている葉（気孔は閉じている）や厳しい条件下ではずっと高くなるだろう。太陽光と乾燥した空気にさらされる葉ではクチクラの中のワックスが多くなり、気孔をおおうワックスの栓をもつ傾向がある。ホームオークの葉の下側にあるフエルト様の毛も、光を反射し境界層の厚さを増すことで、水の損失をある程度防い

でいる。典型的な地中海植物であるオリーブでは、葉の下側をおおう半透明な傘に似た鱗片が同じような働きをしている。アジアの高山に生えるロードデンドロン類は、乾燥した冬と暑く湿潤な夏に対して巧妙に適応している。大部分の樹種では葉の下側が毛や鱗片、あるいは小さいワックスの栓などでおおわれていて、冬期にはこの層が水の損失を防いでいる。さらに腺毛から分泌される樹脂とガムが乾いて葉の下側をさらに密閉し、この働きを助長する種もある。そして湿潤な夏になると、葉の被覆は毛の下の葉の表面から水滴をなくし、気孔を開いたままにして蒸散を助ける。樹脂を分泌する腺毛は葉から水を吸い、水の損失と根からのミネラルの吸い上げを助けるだろう。いくつかの樹木を含む数多くの植物は、葉から水滴を滲出させているのは確実だ（排水）。この排水は幹の中で水を押し上げる根によって行われ（第4章）、とくに蒸散のほとんどない高湿度の環境で育つ小さい樹木（高さ10m以下）で認められる。小さい水滴は気孔からも、葉脈の末端にある特殊な腺（排水構造）からも、あるいは枝の皮目からさえも出てくるだろう。

　塩水の中やその近くに生育するマングローブ類やタマリスク属の樹木は、余分な塩を排除するための手段として特殊な塩類腺を通して水を排出する。

　園芸家が散布する抗蒸散剤は、気孔を閉鎖させるか、不透過性のフィルムで植物をおおうかして、水の損失を減らせるように調合されている。果樹をこれで処理すると果実を大きくするかもしれないが（果実に向けられる水が多くなる）、同時にCO_2が葉の中に入れなくなり、光合成が減少するだろう。

　木本のカクタスのような砂漠の植物はさらに水の消失を減らす手段として、蒸散のもっとも少ない夜にCO_2を取り入れるように進化し、昼間は気孔をかたく閉ざしてこの蓄積したCO_2を用いている（ベンケイソウ型酸代謝あるいはCAMと呼ぶ）。これは木本植物ではまれで、わずかにベネズエラの熱帯しめころし植物 *Clusia* 属（オトギリソウ科）に認められるが、それも木が水不足になったときに限られる。この種子は寄主の樹冠の中で発芽するため、根が地面に達するまでは非常な水不足になる。

　もう一つのバリエーションはジカルボン酸経路のC_4光合成をする植物である。普通のカルビン回路によるC_3光合成をする植物とは違って、CO_2が低濃度であっても非常に強く吸収されるので、気孔が閉鎖状態に近くても光合成が高速度で進み、暑く乾燥した環境条件でも水の損失は少なくなる。こうした変形した生育方式は世界中の乾燥地帯の数多くの低木に認められるが、樹高の高い低木や高木にはまれである。中東に生育するアカザ科、ヒメハギ科のいくつかの種や、ハワイの驚くほど多種多様なユーフォルビア類があげられるくらいだ。

葉による物質の摂取

　ロードデンドロンの一種 Rhododendron nuttalii やその他の樹種では、葉の下側の鱗片に染料をつけると、鱗片をすぐに通り抜けて葉の中に入っていくのがわかる。したがって、このような葉は湿気を吸う働きをする。ナミビアの海岸沿いの砂漠に生育する奇妙な植物ウエルウイッチアを見るとそれがはっきりする（図2.1）。この植物は地下に生える針葉樹の一種で葉は2枚しかないが、その葉は幹の先端から紐のように成長し長さは8mくらいまで伸びて面積は55m^2にも達する。基部から葉が成長すると、葉の先端は枯れてしまう。時どき降る土砂降りを除けば、このような植物が生育する海岸の砂漠地帯では実質的に雨は降らないが、年間300日も霧が出る。水分は気孔を通して植物に吸収される。気孔の分布密度は1cm^2当たり2万2200、樹木としては平均的なものだが、それは葉の両面に同じようにある。ワックスつきのクチクラの厚さは砂漠の植物としては信じられないくらい薄い。クチクラの中にシュウ酸石灰の結晶があり、それが太陽のエネルギーを反射するのに役立っているのだろう。

　栄養素は葉を通じても摂取される。すべての形態の窒素化合物（気体、液体、微粒子）はクチクラあるいは気孔を通して吸い上げられている。中部ヨーロッパの森林では葉を通しての窒素の吸収が樹木の総需要量の30％にも及ぶ。

葉の運動

　おおむね葉は柔軟で雨や風の衝撃をしのいでいるが、ほとんどの木本植物は、シュート（若い小枝）の成長や葉自身の運動によって、自分で葉を動かすことができる。樹木の葉の運動でよく知られている例は、低木性のマメ科のオジギソウ（Mimosa pudica と数種の近縁種）である。反応が速く、植物に触れるとすぐに葉や枝の折りたたみが起こる。強く触れるほど、植物の折りたたみは激しい。このようにして葉はとげの間にたたみこまれるのだ。その一つの理由は軟らかい葉を動物の食害から遠ざけることだろう。あるいはやってきた草食性の昆虫を追い払うとか、叩きつける雨滴から守るといった目的があるのかもしれない。

　オジギソウは夜間葉を折りたたむ「睡眠運動」をする。光合成のない夜間に、葉をとげの間にしまいこむのは意義のあることだろう。木本植物で睡眠運動が見られるのは、温帯産のキングサリ属（マメ科）から熱帯のタマリンド、さらには砂漠のクレオソートブッシュなど、さまざまな樹種に及んでいる。この中には複雑な運動をするものがある。ダーウィンはインドキングサリについて次のように記している。「日中水平になっている小葉は、夜になると下の方に垂直に曲がり、同時に先端の一対がかな

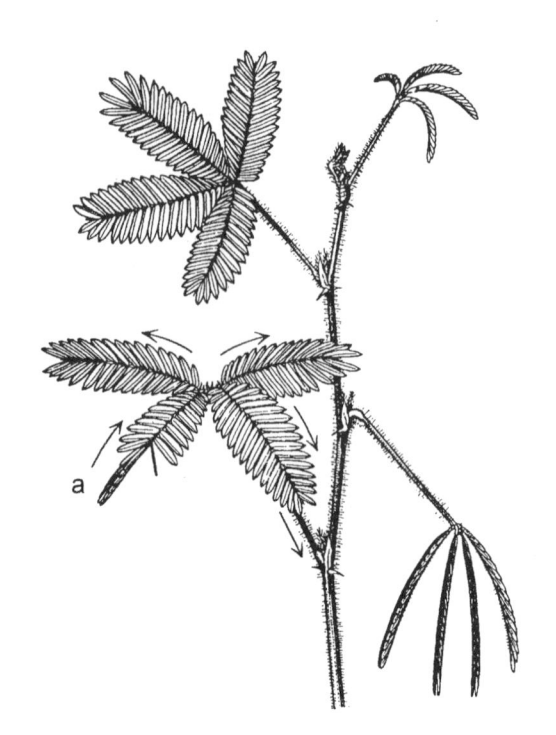

図2.3 オジギソウは羽のような複葉をもっていて、触られるとわずか1/10秒でしおれる。aの部分を触るとその信号は矢の方向に走る。小葉が前の方にたたまれてから葉全体がしおれる（右側のように）。運動は小葉や葉の膨らんだ基部（葉枕）によって調節されている

り後ろ向きになるのだが、それだけでなく小葉がその軸のまわりを回るので、下側表面が外側になる」。攻撃器官のない木本植物の睡眠運動が本当はどのような意味をもつのか、よくわかっていない。ただ草本植物の場合は、たたまれた葉によってわずかばかりだが芽を保温することが知られている。せいぜい1℃くらいだが、重要な意味がある。開花するために短日を必要とする草本植物では、睡眠運動は月や星からの光の吸収を遮り、植物が長日と間違うのを防いでいる。

　日中の葉の運動は、葉が太陽を追いかける「光の追跡」を可能にしている。夜の間太陽が昇るのを待ち、葉の受ける光の量が最大になるようにリセットするのである。針葉樹の針葉でさえも、最大限の光を獲得しようと少し動くことがある。ある樹種は葉をずっとぶら下げているが（上述の「水損失の調節」参照）、他のものは、過度の光や干魃に対処して葉をたたみ、受光量と水損失を減らしている。たとえばニセアカシアは陽が高くなると、その小葉を祈りの手のように合わせてたたみ、真昼まで合わ

せた手の縁を太陽に向けている。クレオソートブッシュの場合、葉の二つの小葉は昼間は外側に開いているが、植物が水不足になると閉じたままか、それに近い状態になる。葉は両面に葉緑素をもっており、そのため垂直に閉じた葉でもなお光合成することができるが、葉の面積は減り、水損失も減少する。ロードデンドロン類は寒い時期に葉が枝垂れたり、ねじれたりすることでよく知られている。一説によると、葉が枝垂れるのは低温時に強い太陽光で葉の光合成機構が損傷しないようにするためであり、また葉のねじれは朝方の霜どけの速度を遅くするのに役立ち、毎日の急速な霜どけの際の損傷を防ぐという。これらの例から知られるように、毎日変化する条件の中で一日の葉の動きは光合成と水保全とを適切にバランスさせるのを助けている。

いくつかの葉の運動は説明しにくい。そのことで有名なのがマイハギで、次のように記述されている。「その葉は一日中不規則な動作をする。このマメ科の植物では、時どきすべての葉が円周運動をする。また時には幹の片側にある葉が上に向かって動き、反対側の葉が下に向かって動く。時にはやりたい放題をやっているようにも見える。あるものは上に、あるものは下に動き、別のものは円運動をする。痙攣するような動きもあり、時には小休止をとるように停止することもある」。

ところで、どのようにしてこのような運動がされるのだろうか。葉は単純にしおれることができる（ロードデンドロンの葉が寒気でしおれるように）。いくつかの樹木は成長している間だけその位置を変える能力があり、最適のポジションを設定することができる。しかしほとんどの樹木では、葉と「葉枕（ようちん）」と呼ばれる小葉の基部にある隆起部分で繰り返し運動が行われる（図2.3）。葉枕は素早く水を出し入れできる細胞をもっている。葉枕の一方の側にある細胞からもう一方の側にある細胞へ出される水によって、葉柄や葉の速やかな運動が行われる。これで個々の葉枕の運動については説明がつくが、オジギソウの折りたたみの指令がこのように速く伝達されるのはどうしてか。この動物的運動のメカニズムは、神経に似た電気的な刺激が神経にそって伝わるのではなく、維管束組織を通じて運ばれる。この信号は秒速1～10cmで走り、植物としては非常に感動的なものだ。

葉の形

光を遮る一方で、CO_2を取り入れ、かつまた水の損失を避けねばならない。こうした相反する要求を満たすために、それぞれの異なった環境の中で葉は多様な形をとるようになった。

まず注意しておきたいのは、葉の形を支配する因子はあまりにも多く、われわれが目にする葉の形にいちいち意味づけするのは難しいということである。葉の形と大きさは樹木が成長する条件によって変化する。日の長さ、温度、湿度、栄養分、草食動

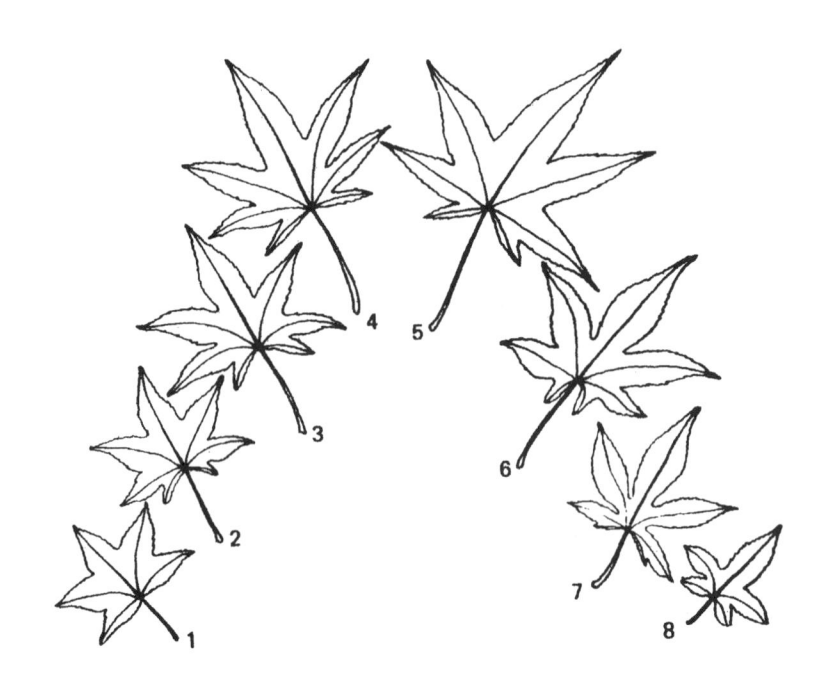

図2.4 モミジバフウの葉の形
春にもっとも早く出た葉(1)から、晩夏の最後に出た葉(8)。だんだんと切れこみが深くなることに注意

物による葉や他の部分（さらには周辺樹木）への被害程度などなど。遅くなって夏に成長する葉は、モミジバフウ（図2.4）のそれのように累進的により深い切れこみがあり、あるいはオーク類の土用枝の葉のようにひょろ長くなる（第6章）。これに加えて、葉の形は樹冠の中でも変化するから、葉の形で樹種を識別するのはなかなか難しい。時には1本の樹木の中、同じ樹種の中においても、一見乱雑な変異があり、葉の形はほとんど意味をなさないように思われることがある。このように遺伝的要因や成長条件にもとづく幅広い変異があるけれど、葉の形について一般的にいえることがある。

　大きくて平らな葉は明らかに光をとらえるのに都合がよい。さらにこうした葉は、葉の上に静止した厚い空気の層（境界層）を保持しており、それが熱を遮断して、周囲の空気より温度を3～10℃高くしている。これは光合成反応を促進するが、また水損失を増やし、イギリスにおいてさえも明るい光は葉の灼けを起こす。そのため大きい葉は湿潤な場所の日陰地で見られることが多い。水損失がそれほど重大ではなく、また葉が裂ける心配も少ないからだ。まさに多くの熱帯林の状況がこれに相当する。

小さい葉（あるいは複葉の小葉）では、境界層が薄くなって空気が移動しやすくなり、水の蒸散よりもむしろ対流によって葉の低温が保たれる。したがって、このような葉は、温帯地域の湿度の低い地域のように水の貴重な場所で一般的である。葉の切れこみや鋸歯は境界層を壊す乱流をつくり出し、葉を事実上さらに小さくする。こうしたことは強い光と低い湿度のため効果的な冷却が必要な熱帯林の皆伐地で一般的であるし、また大きい葉をもつ温帯の樹木でもそうである。さらにヨーロッパヤマナラシのような樹木になると、葉柄が横方向に平たくなっていてかすかな風が吹いても葉が動き、境界層がさらに除かれる。手を乾かすときに手をふるのと同じことだ。ポプラが大量の水を消費し、湿った沖積土壌を好むのもこれで説明できる。
　季節的に降雨がある地中海地域の低木林や、不凍結の水供給が（とくに春に）不足する北方の乾燥した地域では、葉はさらに小さくなる。小さい葉は貧弱な、あるいは湿った土壌に対する反応と考えられ、これが根の伸長と水吸収力を制限している。ヒース類などのツツジ科の植物に見られる。
　乾燥して陽のよく照る地域の植物はまた、厚い葉をもつ傾向がある。厚い葉では葉緑体の層が厚くなり、お互いが陰になるのでCO_2の摂取をめぐって争うことになるから、光合成反応に関してはあまり効果的ではないが、余分な蒸散の代償を払わずにより多くの養分を生産できる。オリーブは自己被陰に対する部分的な解決策を身につけているようだ。その葉は硬いT字型の石細胞をもっていて表面に画鋲が突き刺さったようになっている。これらの突起が葉の中へ光を入れる微細な光ファイバーとして働くようである。
　逆説的だが、厚い葉はまた、条件がまったく反対の多雨林でも認められる。ここでは、葉を洗うおびただしい雨水でミネラルが溶出しないように、丈夫で艶のある葉がつくられている。雨滴は艶のある表面を流れて葉の先の「滴下先端」から落ちていく。このおかげで葉の上に水が残留せず、鉱物質の溶出は避けられ、表面で光を盗む寄生植物の成長が妨げられる。予想できることだが、高木の多雨林でほかよりもひときわ高い樹木は厚い葉をもつが、滴下先端がない。それは太陽によってすぐに乾くからである。熱帯に限らず降雨量の多い温帯地域でも滴下先端が見られ、シナノキ類やカンバ類がそれを備えている。

針葉と鱗片葉

　針葉樹は過酷な条件に対応して葉をみごとに小さくしている。葉の形としては針葉と鱗片葉がもっとも一般的である。針葉は普通単独であるが、マツ類では2本、3本あるいは5本の束（合わさって円筒形）になって短枝についている（植物にはよくあることだが、ここでも例外があり、8本が束になっていたり、あるいはピニヨンパインやその他の場合のように1本の円筒形の針葉をもつものがある）。内部を見ると、

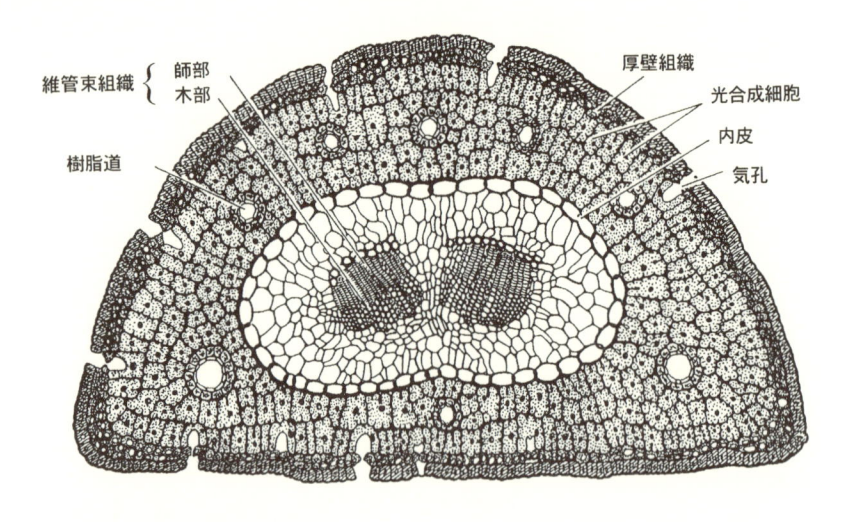

図2.5 マツの針葉の横断面

針葉はまさに単独の葉のコンパクト版であり（図2.5）、みごとに圧縮されて乾燥した厳しい条件に適応している（常緑と落葉性の針葉の効用については下に述べる）。葉緑素をもった組織が中央脈を包み、さらにその外側を厚い皮層、次いで厚い蠟引きのクチクラが包んでいる。数少ない気孔が列をなして並び（時には葉の両面にあるが、下側にのみあることもしばしばある）、それらが孔の中に入りこんでいる（気孔上に静止した空気を保持するため）。しばしば水損失をさらに減らすべくワックスでおおわれている。気孔は白いワックスの点となって葉のまわりに線状に並ぶ。このような針葉は水の不足時にほとんど水を失わない。針葉はまた雪を落とすために細長くなっていて、凍結に備えて樹液をほとんど含まない。

大部分のイトスギ類とマキ科のダクリディウム類（*Dacrydium* spp.）、タスマニアンシーダー類（*Athrotaxis* spp.）、スギ科のスギなどの数種の樹木では、葉はさらに小さく鱗片葉になり、ほんの数ミリの長さになって幹にくっついている（図2.6）。多くのネズミサシ類を含むいくつかの樹木の自由な先端は、長く伸びて針状になっている。

偽葉、葉状茎、無葉

いくつかの樹木は、さらに大幅に葉の表面積の削減を行っている。アカシア類の多くは、葉身が小さくなるか、またはまったく葉をもたなくなり、光合成反応は幅広の

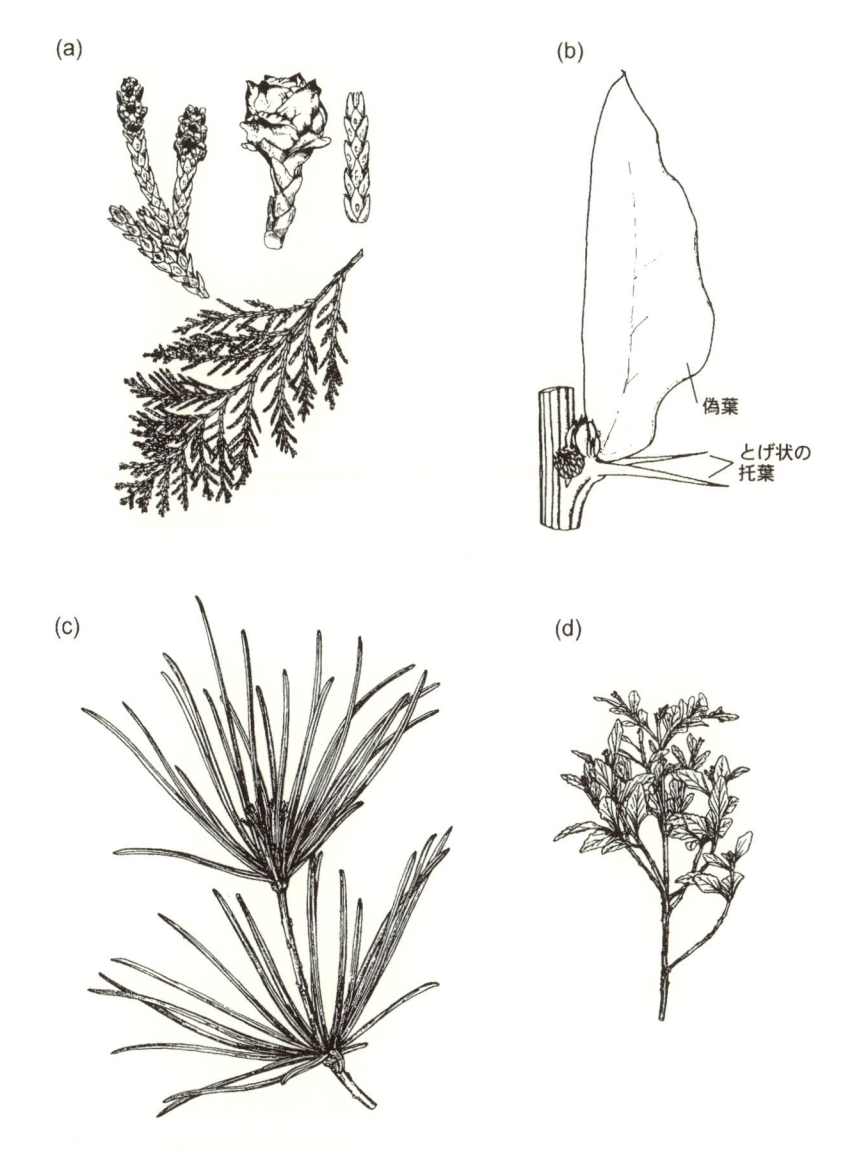

図2.6 (a) **ローソンヒノキの鱗片葉**
(b) **アカシアの葉** 葉は小さくなって広く平たい葉柄（偽葉）になっており、上には1対のとげ（托葉から形成された）がある
(c) **コウヤマキ**
(d) **エダハマキの一種**(*Phyllocladus alpinus*)
(c) と (d) では葉は小さくなって褐色の鱗片になり、光合成をする枝を残している。後者では、枝は平たくなって葉状茎になっている

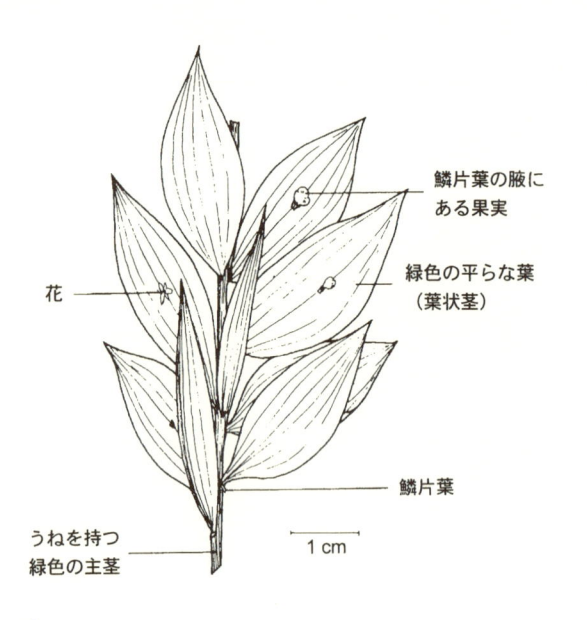

図2.7　ナギイカダ
　主要な光合成器官としての平らな茎（葉状茎）をもつ。葉は小さい鱗片になっている。これで「葉」の中央に花をもつことになる

平滑な葉柄（偽葉）で行われている（図2.6b）。多くの水損失が出る葉の部分が落ちて、乾燥した日照の条件下でも植物は生存を続けることができる。条件がよければ、ある種類の樹木や低木は葉を使うが、乾燥期間中は緑色で光化学反応をする幹がそれを代行する。たとえばクレオソートブッシュや北アメリカの砂漠に生えるその他の低木、ヨーロッパのエニシダ類などに見られる。

　光合成反応のための緑色器官つまり葉を放棄することは、ある種の樹木や低木では一時的なことではない。南半球の乾燥地域に自生するモクマオウ類は、すべての葉が幹の関節のまわりを包む歯状の鞘になって、木全体をまるで巨大な枝つきのトクサのように見せている。光合成反応は緑色の円筒形の枝で行われる。同様に、日本産のコウヤマキやマレーシア産のエダハマキ類では、葉が縮小して小さい褐色の鱗片になり、光合成反応をする枝を残している（しかしコウヤマキでは光合成用の枝が本当に枝か、あるいは2本の針葉が融合したものなのか疑問である）（図2.6c,d）。エダハマキでは、枝はなるほどと思えるような方法で、平らな緑色の葉のようなシュート（葉状茎、仮葉枝、偏茎などと呼ばれるが、同じことを意味する）になり葉の役目を果たす。それは、ちょうど1枚の葉のついたセロリのように見える。葉状茎（葉をもつものと、な

いもの）は世界中でその他の数多くの木本植物に認められ、その中にはイギリス南部や地中海に産するナギイカダが含まれる（図2.7）。時にはセイヨウヒイラギのような普通の樹木が、リボンが葉をつけたような平らな枝をつけることがある。この「リボン」化したシュートは、枝が伸びそこなったもので（偶発的な葉状茎）、あまり害にはならないようだ。

多くの温帯の樹木や灌木は葉緑体を樹皮の中にもっていて、休眠期間にも光合成をすることができる。これは生きている組織が呼吸で消費する分を相殺し、貯蔵物質を節約するのに役立つが、養分の貯蔵の正味増加にはつながらない。他方、その生活時期の大部分を葉なしで過ごす砂漠の低木は、年間の養分の半分近くを緑色の枝から得ている。

その他の変形──托葉、巻きひげ、よじ登り葉

托葉（図2.2）は小さいことが多く、鱗片状で、葉の生涯の早い時期に落ちてしまう。他方、日本産のボケのような樹木では、托葉は大きく、葉のようであり、生存期間を通して葉の光合成にかなり寄与している。托葉には他の働きもある。ユリノキやモクレン類では、膨らんでいく葉の基部にある托葉が、シュートの先端にある若い発育中の葉のまわりで閉じたままでいる。いったん次の葉が膨らむと、それを保護していた兄貴分の托葉はすぐに落ちていく。多くの樹種では托葉が芽鱗を形成する。ブナ類、オーク類、シナノキ類、モクレン類、多くのイチジク類の属する科などがそれである。しかしニセアカシア、アメリカ西部産のデザートアイアンウッド、アカシア類などの托葉は木化し、防御のための2本のとげとなって小枝に付着している（図9.1c）。

葉はまた、木本のつる植物がよじ登るのに使われている。ヴァージニアクリーパーやブドウ類などにはよじ登り用の巻きひげがあるが、それは幹の変形である（芽から形成される）。クレマチスのそれは、ダーウィンが述べたように、ねじれ動作をする葉柄である。葉は通常のものだが、感覚の鋭敏な葉柄が対象物にからみ、巻きつくのである。熱帯アジアのラタン類はその葉を同じようにして使う。上部の小葉はとげのある「引っ掛け針」になっていて、これで木の樹皮や幹にとりつき、つる状のヤシが森の頂点にまで這い上がるのを支援するのである。

未成熟な葉

樹木の成熟とともに葉の形も変化することがある。ある種類の樹木では、葉の形や配列がいくつかの完全に違った変化の段階を通過する。若い植物の葉はしばしば成熟したそれとは形、配列ともに異なっている。たとえば多くのユーカリ類、マツ類、ネ

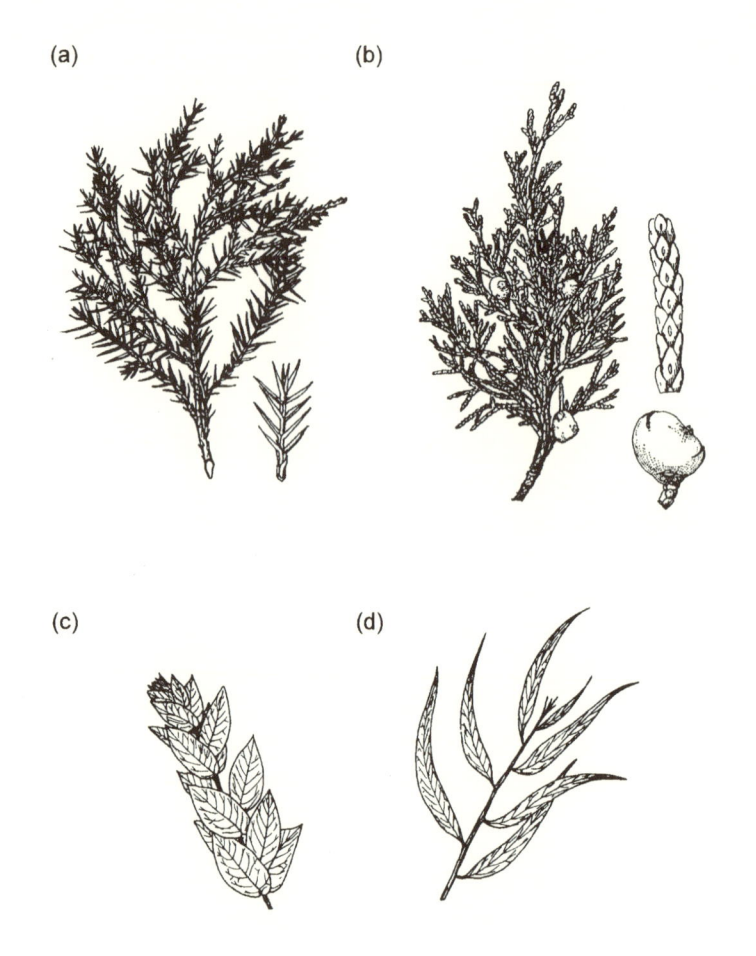

図2.8 イブキの未成熟な枝葉(a) と成熟したもの(b)、ブルーガムの未成熟枝葉(c) と成熟したもの(d)

ズミサシ類は成熟した葉をつくる前に、未成熟の葉を生産する（図2.8）。ユーカリ類では、細長い葉柄をもつ成熟した葉に比較して、未成熟の葉は丸く、幹を包んでいる。若い樹木では樹冠の中に未成熟の葉のついている部分が円錐形をつくっていることが多い。一般に樹齢が5年くらいになると、頂端部のものが同時にすべて成熟葉に変化する。多くの広葉樹では、未成熟葉と成熟葉とで種類が完全に違うわけではなく、異なるのは大きさと形だけである。これをよく示しているのがユリノキで、10年生くらいまでの幼年期の葉の長さは25～30cmであるが、成熟した木では10～15cmと小

さくなる。同時に形においても4裂する葉から一対あるいは二対の余分の裂け目をもつ葉に変わる（これは前述の陽葉と陰葉に関連しているはずだ）。同じような経過は萌芽によっても再開されるが、大きさの差はさらに開いてくる。

常緑性対落葉性

　落葉樹と常緑樹の違いは歴然としているが、それはとてつもない混乱のタネを宿している。落葉樹では葉の寿命は1年以下であるが、不利な時期（温帯地域では冬、地中海的な気候では夏）には葉を落としている。このグループには、ほとんどの温帯樹、いくつかの熱帯広葉樹、それに、メタセコイア、ラクウショウ、カラマツ類などの数多くの落葉針葉樹がある。常緑樹はこれに反して、一年中葉をつけている。常緑樹としては、ほとんどの針葉樹、多くの熱帯産の広葉樹、ロードデンドロン類のような高山性の低木、セイヨウヒイラギのような広葉樹がある。針葉樹の大部分と温帯産の広葉樹（セイヨウヒイラギなど）では、葉は3〜5年間くらいついているが、イチイやモミ類、トウヒ類ではおそらく10年間くらいついているだろう。やや例外的なものとしてはブリッスルコーンパイン（世界でもっとも長寿の樹木；第9章）やチリマツは通常は15年間葉をつけ、30年を超えるものもある（馬の寿命と同じだ）。常緑樹の葉は標高が高くなると長命になる（2〜3年ほど長い）。反対に短いものでは、ヒース類のような常緑の低木の葉はほんの1〜4年の寿命しかない。つまり常緑林の樹冠は年齢の違った葉によって構成されており、とくに緯度と標高が増すにつれて、また土壌が貧弱になるにつれて、この傾向が強くなるようだ。一般的にいって、葉のついている年数が長くなるからである。ほとんどの樹木では成長の年数を数えることで葉の年齢を推察することができる。成長が連続している熱帯樹では葉の年齢を知ることは難しいが、標識をつけて実験すると、6〜15カ月が普通の範囲で、あるものは2〜3年に及ぶとされている。

　長命の常緑葉は必ずしもそれがつくられた1年目に成長を止めてしまうわけではない。マツ類の針葉はその基部から長さと太さの成長を毎年にわたって続行する。チリマツの葉は長い基部にそって枝につき、数十年間生きつづける。そのため拡大する枝に葉がつきつづけるためには、その基部で幅を大きくしていかなければならない。

　落葉と常緑の習性の差異は常にはっきりとしているわけではない。常緑樹のユーカリやミカン類は暑い乾燥した夏のストレスでいくらかの葉を落とすことがあり、部分的な夏落葉性ということになる。当然のことながら、若くて元気な葉と争うのは古くなった日陰の葉である。イギリスの天然生のセイヨウイボタでいえば、穏やかな冬には半分以上の葉が生き残るけれど、厳しい冬にはすべてが落葉する（数多くの常緑の樹種で問題を起こすのは春の干魃である；第9章）。温帯と熱帯の樹木は「葉の入れ替

え」を行うので、前述の几帳面な定義はさらにおかしくなる。この場合、新しい葉が出てくるのは、ほとんどの古い葉が落ちるころか、その直前または直後である（同じ樹種であってもこの時期は違ってくる）。したがって特定の個体が短い期間、完全に葉を失うことがある。これが見られるのは、数多くの熱帯樹や地中海産の樹種で、常緑のマグノリア、クスノキ、アボカド、それにコルクガシを含む種々のオーク類である。葉を入れ替えるこれらの種が温帯の条件で生育する場合は真の常緑のように振る舞うが、温帯の条件下でも葉を入れ替える樹種がある。たとえばスパニッシュオーク（落葉するターキーオークと常緑のコルクガシとの雑種）や、スペインや北アフリカ産のマーベックスオークなどは早春まで葉をつけていて、新しい葉が出る前に落としてしまう。葉を入れ替える樹種は、ほぼ年間を通じて葉をつけているので常緑の資格がある。しかし葉は、ほぼ12カ月生きているものの毎年一度に全部の葉を落とすことから落葉樹でもある。熱帯の多くの若い樹木は連続して常緑樹としての成長をするが、大きくなるにつれて葉を入れ替えたり、落葉樹になったりする。

　さて、ある樹木が常緑で、他のものが落葉になるのはどうしてか。まず考えられるのは、もし年間を通じて成長に不利な期間がないならば、熱帯に見るように、植物は常緑になるのが普通である。まだ機能している葉を捨てる理由はどこにもない。逆に1年の間に冬や暑い乾燥した夏のような、成長にとって好ましくない期間があれば、落葉樹が優位に立つ。シーズンオフを生き延びる強い葉をつくるよりも、薄くて無防備で簡単に捨てられる葉をつくる方が安上がりである。暖かい温帯地域ではこれが最適だろう（ただし、熱帯から極北にかけて常に最低数種の落葉広葉樹の高木と低木が分布している）。

　ところが、もっと成育環境が悪くなると、再び常緑の葉があらわれる。その第一は北方や高山地域のように成育期間の非常に短い地域である。常緑の葉は条件が許せば、すぐに光合成を開始し、新しい葉のひと揃いが成長するまでの時間を浪費しない。ヨーロッパの森でいえば、常緑のセイヨウヒイラギとセイヨウキヅタが同じような恩恵を受けている。これらの樹木は通常背の高い樹木の陰になっているから、上木の葉が出ていない早春と晩秋にできるだけ成長しなければならないのだ。常緑の葉が出現する第二の環境は、栄養物の少ない貧しい土壌（砂質土壌や多くの熱帯土壌）、あるいは根の発育が制限されるような非常に湿った土壌である。こういうところで毎年新しい葉をつくるのはあまりにも不経済で、厳しい時期にも生き残れる丈夫な葉をつくる方が効率的である。最後に、地中海地域のような乾燥した地域にはホームオークやコルクガシのような常緑樹が出現する。厚い皮革のような葉は、相当に乾燥する冬の成長期間を生き延びるのに必要なものだが、暑い乾燥した夏にも耐えられるほど強靭である。たくさんのエネルギーと養分を葉に投資しているわけだから、数年間使うのが経済的である。

　ところが、極北や高山上部のように成育条件がさらに厳しくなると、樹木は再び落

葉性に戻る。短い成育期間と少ない養分に対処するという問題があるにしても、冬があまりに厳しいので、葉を生かしたまま越冬するよりも葉を落とした方が経済的なのである。極北に分布する樹木はカンバ類であり、山岳上部の最後の樹木は、カンバ類、ヤナギ類、カラマツ類であることが多い。

枯死と老化

　落葉樹は、過酷な時期が到来する前に、日の長さや温度、土壌水分の減少に反応して、大部分の葉を落とす。熱帯の樹木はもっと複雑だ。種として一斉に落葉することもあるし、孤立木として葉を落とすこともある（ただし、樹木が年を経るにつれ同一種内で同調する傾向がある）。また、一つの枝あるいはもっと多くの枝が一時に葉を落として、木全体がまだらの外観を示すことがある。葉の消失は不規則であったり、規則的に生じたりするが、必ずしも12カ月の暦に連結しているわけではない。樹木は数週間から半年も葉をつけていないことがある。落葉は近づいてくる乾季、場合によっては近接する雨季に反応しているのかもしれない。

　出所は多少怪しいが、ある冒険的な庭師は「常緑樹は葉が落ちず、落ち葉掻きがいらないから、常緑樹ばかりを植える」と言っていたそうだ。この庭師は落胆したにちがいない。常緑樹が毎年失うのは葉の一部だが、確実に落葉しているのである。いくつかの常緑樹は年間を通して葉を落としており（イトスギ類ではたぶん真夏に最高の時期がある）、そのために気づかれないだけのことだ。これとは対照的に古い葉を一気に落とすものがある。春と初夏に落葉するセイヨウヒイラギがその例だ。

　常緑樹と「葉を入れ替える」樹種で古い葉の老化を促進するのは、たぶん日長ではなく、新しく成長する葉との競合であろう。これは重要なことだ。葉はアパートの一部屋と同じように独立した単位で振る舞っている。賃借者がその部屋代を払わなければ部屋から追い出されるだろう。1枚の葉が樹木にとって、生産するより消費することの多い「純持ち出し」になっていれば、落とされてしまう（第7章）。

　落葉の原因がなんであれ、それは単に葉が死んだということではない。枝が折られたり、葉が突然のストレスの被害を受けると、葉はその場でしおれるが、枝から引き離すことは非常に難しい。葉が落ちるときは注意深い切り離しが行われている。それは樹木の他の部分、たとえば果実や花、枝の切り離しと共通する。葉の基部や小葉の柄を横断して、リグニンをもたない小さい細胞からなる柔弱な線（離層帯）が走っている（図2.9）。落葉時期になると、これらの細胞を一体化している接着剤が弱くなり、最終的にはクチクラと配管（維管束）だけで保持されるようになる。そこへ風が吹けば葉は飛ばされる。また霜で落ちることもあるが、この場合は膨張する氷の結晶の力で葉が離れ、溶氷時に落葉する。秋の暖かい朝、突然落葉の洪水が起こるのはそのた

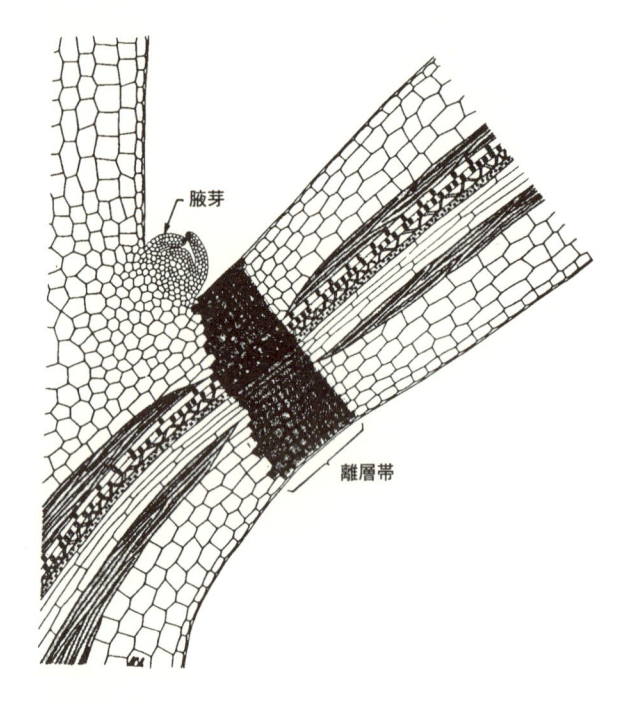

図2.9 葉の基部にある離層帯、コルク細胞でできている

めだ。葉が落ちるとき（あるいはそれ以前に）離層帯はコルク層をつくり、枝から破断された端を封印する。
　ブナ類、オーク類、シデ類、アメリカンホップホーンビーム、サトウカエデなどの樹種は、枯れてしおれた葉をいくらかつけていることで知られている。地上から2mくらいまで葉がついているのが普通だが、時にはそれが10mの高さにまで及ぶことがある。葉身と大部分の葉柄は枯死するが、そのいちばんの基部は離層が完成して落葉する次の春まで生きている。冬には一部の葉が風で飛ばされるけれども、葉柄の基部は頑固についている。これらの樹木では、秋に離層をつくりはじめるのがやや遅く、寒さでそれを中断し、春になって残りを再開するようだ。その理由として考えられるのは、新しく成長する芽を霜から守ることである。しかし、ある調査によると、ブナとオークの春に落ちた葉は秋に落ちて冬中地上に置かれていた葉よりも、溶解性のミネラルの量が多かったという。たぶんそれは、樹上に残った葉は乾燥していて菌や微生物の攻撃を受けにくかったからである。春に葉が落ちると、根は活動的になり、葉から浸出するこれらの養分を取り入れることができる。下部にある枝の葉のみを残し

ておくということは、その木自身の根が届く範囲内に落ちる機会を増やすことになる。また死んだ葉柄の基部を残すのは、ヤシ類やシダ類では普通に見られる性質である。

葉の色

　ほとんどの樹木の葉は緑色である。これは光合成が青と赤の光を使って行われ、光の反射や通過によって緑色が残されるからである。だが、すべての葉が緑色というわけではない。とくに熱帯の耐陰性の樹木や温帯の大部分の樹木では、新しい葉の色が非常に薄い緑色から白色、さまざまな桃色、またカエデ類のような鮮明な赤色、さらにはサクラ類、ブナ類、ナンキョクブナ類、ポプラ類、カツラ、シンジュ、キササゲ類の褐色まである。このようなケースでは、葉緑素の前に他の色素（とくにアントシアニン；レックスベゴニアやニシキジソの豊かな色をつくり出す）が形成される。この意味を正確に推論するのは難しいが、パナマでの研究から、軟らかい若葉は食べられやすいので（典型的な例では一生に受ける食害の60〜80％は若い葉の時期である）、樹木は葉が十分に成長して強くなるまで葉緑素をもたないという推論がある。

　カッパービーチやセイヨウカジカエデなどの自然にできた変種の中には、葉の生涯を通して葉緑素をおおってしまうほどアントシアニンを生成するものがある。アントシアニンの生産には光が必要なので、もっとも赤い葉が樹冠の外側に出、内部の陽の当たらない部分はおおむね普通の緑色になる。葉緑素がこのように遮蔽されることは大した障害にはなっていないようだ。

　色素の利用法はほかにもある。ハナミズキやハンカチノキでは、花の下の葉（専門的には苞葉という）が鮮やかな白色に変わっていて、非常に小さい花に昆虫を呼びこむ手助けをしているが、斑入りの花は庭師に大いに好まれている。斑入りの原因は、遺伝的な突然変異（キメラを含む；第8章）、ウイルス性（チューリップなど）、あるいはミネラルの不足などであろう。

　木の葉の色づきでとくになじみ深いのは秋の紅葉である。あるものは緑色のままで落ちるが（ハンノキ類、トネリコ類など）、多くは鮮やかな黄色、橙色、赤色の混色をつくり出す。カナダ東部やニューイングランドでの秋の色は素晴らしい。それなのに、ヨーロッパに生育している同じ樹種で、同じような色合いになるものはまれである。なぜか。

　その原因の一部は個体間の遺伝的な差異である。兄弟分とも見られるひと並びの実生苗でも、秋の色の度合いや持続性に大差があることがある。苗木の選択の際にただ運が悪かったというしかない。しかしヨーロッパでは何を植えても秋の色はよくないから、他の原因があるにちがいない。

　秋になって葉が枯れはじめると、タンパク質や葉緑素のような再利用される物質は、

分解され樹木に戻される。葉からは有用な物質が組織的に抜きとられていくが、葉にはまたシリコン、塩素、重金属など不必要な物質が詰まっている。葉はいわば廃棄物の捨て場であり、ロケットにゴミを詰めて宇宙に発射するようなものだ（外部への排出）。黄色の色素（カロチノイド、すなわちカロチンとキサントフィル）は普通、葉の中にあって葉緑素に隠されているが、それが表に透け出てくる（同じような現象はバナナやミカン類の熟成過程でも起きる）。赤色の色素（アントシアニン）が異なった割合の黄色と混ざって橙色、赤色、紫色、時には青色が生み出される。これらの赤色の色素アントシアニンは、葉に残っている糖類から枯れかかっている組織の中で大量に生産される。しかしまだ残っている葉緑素が働くためには、日中の暖かさと明るい光が必要であり、また葉からの糖分の移動を遅らせる寒い夜がなければならない。これはまさに北アメリカ東部における晴れた秋の日の一般的な特徴である。ところがイギリスの秋は冷涼で曇りがちなため、そうはならない。イギリスの灰色の海岸で典型的な褐色の葉は他の色素（プロアントシアニン）によるもので、それはまた心材を濃くしたり、ある種類の樹木の辺材に桃色を帯びさせる。

　日本での調査によると、開放地に侵入して年間連続して葉をつくっている樹木（たとえばカンバ類；第6章）では、葉は樹冠の内側から秋の色になり、それから外側へ移っていく。逆に、春先に1年分の葉を一度に芽生えさせる樹木（たとえばカエデ類）では、秋の色が樹冠の外側から始まる。

なぜ複葉をもつのだろうか

　枝に「普通の葉」をつけた樹木と、全体の大きさと形がそれと同じで複葉をもつ樹木があったとする。どちらが有利か。一説によると、安価な使い捨ての枝であることが複葉の利点であり、それは二つの条件下で樹木にとって有利になるという。

　まず第一に、乾燥した季節の水損失の減少に役立つ。小さい枝（容積に比して表面積が大きく、樹皮が薄い）は、一度葉が落ちてしまうと大きな水損失の原因になる。そのため複葉が一般的なのは、サバンナのような乾燥が厳しい夏のある地域や、とげ林、暖地砂漠である。アフリカの砂漠にあるアカシア類やバオバブ、北アメリカの砂漠の草地に生育するメスキート類やパロベルデ類、さらにはトチノキ類などがそれだ。イギリス中部の石灰岩の岩屑堆積地に生育するセイヨウトネリコもこれに含められよう。このような水損失は大部分の温帯産樹種では重要な因子ではなく、複葉のものが少なくなる。

　使い捨て枝のもう一つの利点は、上長成長が急がれる場合である。複葉の葉軸は主として水の膨らみと繊維によって支持されており、木質の枝をつくるよりもコストがかからない。速く成長する樹木は安価な枝の先に葉を出すことができ、その葉もやが

て日陰に入るから必要なのは一時である。節約されたエネルギーを樹高の成長に投資すればよい。樹木は耐久的なものへの不必要な投資を避けているのだ。複葉が多いのは初期の遷移段階にある樹種である。とくにギャップ（閉鎖した林の中にできた開放部）に侵入する熱帯樹木がそれで、早く背丈を伸ばして競争で優位に立つ必要がある。センダン科のいくつかの種は数カ月あるいは数年枝をつけず、大きな複葉を枝代わりに使う。温帯ではスマック類、シンジュ、ケンタッキーコーヒーツリー、アメリカタラノキなどがこの部類に入る。これらはすべて少数の枝をもち、多数の複葉を使い捨ての枝として使っている。そのほか、トネリコバノカエデとトネリコ類は、主に氾濫原の樹種であり、周期的な災害に対処するため複葉をつけているといわれる。

　もちろんこうした説明も全部の答えにはなっていない。湿潤熱帯にも常緑の複葉をもつ樹木があるし、また遷移の早期にあらわれる枝の少ない、成長の速い樹種でも大きい葉をつけるキササゲ類やキリのような例があるからである。非複葉の樹種にもそれなりの理由がある。ポプラ類のような成長の速い単葉の種は非常に簡単に小枝を落とすが（第7章）、これらの小枝は痩せていて、しっかりとした木質にはなっていない。

第3章　幹と枝——連結水道管以上の働き

木材でできた骨格

　樹木が他の植物と違うのは、木質の骨格をつくっている幹と枝である。この丈夫で長持ちする幹と枝の大切な役割は、光の争奪戦で他の小さな植物よりもずっと高いところに葉を広げることである。幹と枝は支柱としての働きのほかに、二つの重要な仕事を行っている。水を根から葉へ送ることと、樹木の中で養分を移動させ、(根を含む) すべての部分を活動的にしておくことだ。しかし樹幹は離れた木の両端をつなぐ大きな連結水道管にとどまっているだろうか。おおむねそうだが、その構造は単なる水道管以上の、多くの働きができるようになっている。

　まず外側から見ると、耐水性の層である外樹皮があって、これが内樹皮あるいは師部と呼ばれる層をおおっている (図3.1)。この師部は生きた組織でできていて、糖分を含んだ樹液を葉から他の部分に輸送する。師部の内側には形成層があり、後で示すように、樹体を太らせる役目を担う。さらにこの内側には木材あるいは木部がある。一見「空のない木材」のように見えるが、根から樹体のすべてに水分を運ぶ働きをしている。水分は死んで空になった細胞の中を通って上の方に移動する。しかし木材の全部が死んでいるわけではない。樹体の中心部から生きた放射組織 (薄壁の柔細胞で構成される) が放射状に走り、樹皮の中まで続いている。後述するように、これらの生きた細胞は養分の移動や貯蔵に、さらには心材の形成にかかわっている。心材は大きくなって木材の芯となり樹木を支える。中心には髄があり、枝が幼いときには支持組織となる。

幹はどのようにして大きくなるか

　どのような植物でも、先端にある成長点 (頂端分裂組織) から新しい枝が長く伸び

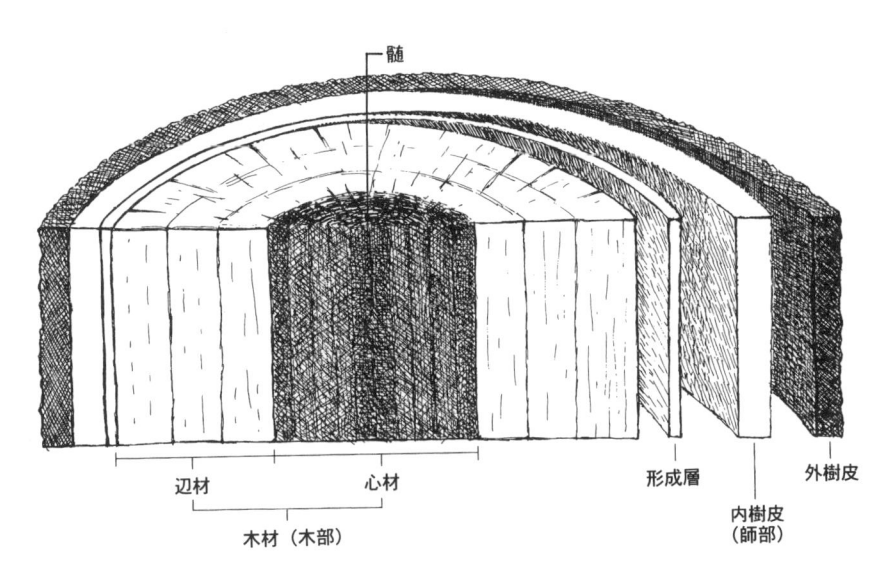

図3.1 木の横断面

ていく。内部においては中央の髄と皮層が新たな成長の大部分を構成する。髄のまわりにあるのが管のつながり（維管束組織）で、その外側には師部、内側には木部がある（図3.2）。草本植物は一般にはこの一次成長以上の成長は行わないが、木本植物は背が高くなるだけでなく横に太ってもいく。この成長を二次成長といい、小枝が伸びはじめた後に起こる。枝の先端に新しい一次成長が付け加わって枝が長く伸び、二次成長によって太っていく。若い小枝では、新しい細胞をつくれる組織、すなわち形成層（図3.1）が師部と木部の間にでき、さらにこれらが横方向につながって、枝の内部の全周を囲む形成層の帯になる。これは、前年にできた形成層につながり、樹木の皮の内側すべてを包む鞘となる。理論的にいうと、形成層は一つの細胞の幅しかなく、タマネギの鱗片の間にある薄い透明な組織の膜のようなものだが、現実には1ダースほどの細胞幅になる。この弱々しく薄い透明な膜は、新しい二次師部と二次木部をつくる唯一のものだ（したがって厳密にいえば、維管束形成層というべきもので、維管束組織をつくる）。これが小さな苗を森の巨大な木にまで太らせる。新しい木部（木材）は形成層の内側に付け加えられ、新しい師部は外側に付け加えられる。木材が蓄積され、樹木が太っていくと、それが形成層と樹皮を引き伸ばす。形成層は横方向に成長することでこれに対応していくが、樹皮（師部を含めて）の場合は少々事情が複雑である（後述の「樹皮」参照）。

　二、三、付け加えたいことがある。もっとも古い木材は樹木の中心部にあり、外側にいくにつれて若い木材になることに注意されたい。若い小枝の髄がずっと離れた幹

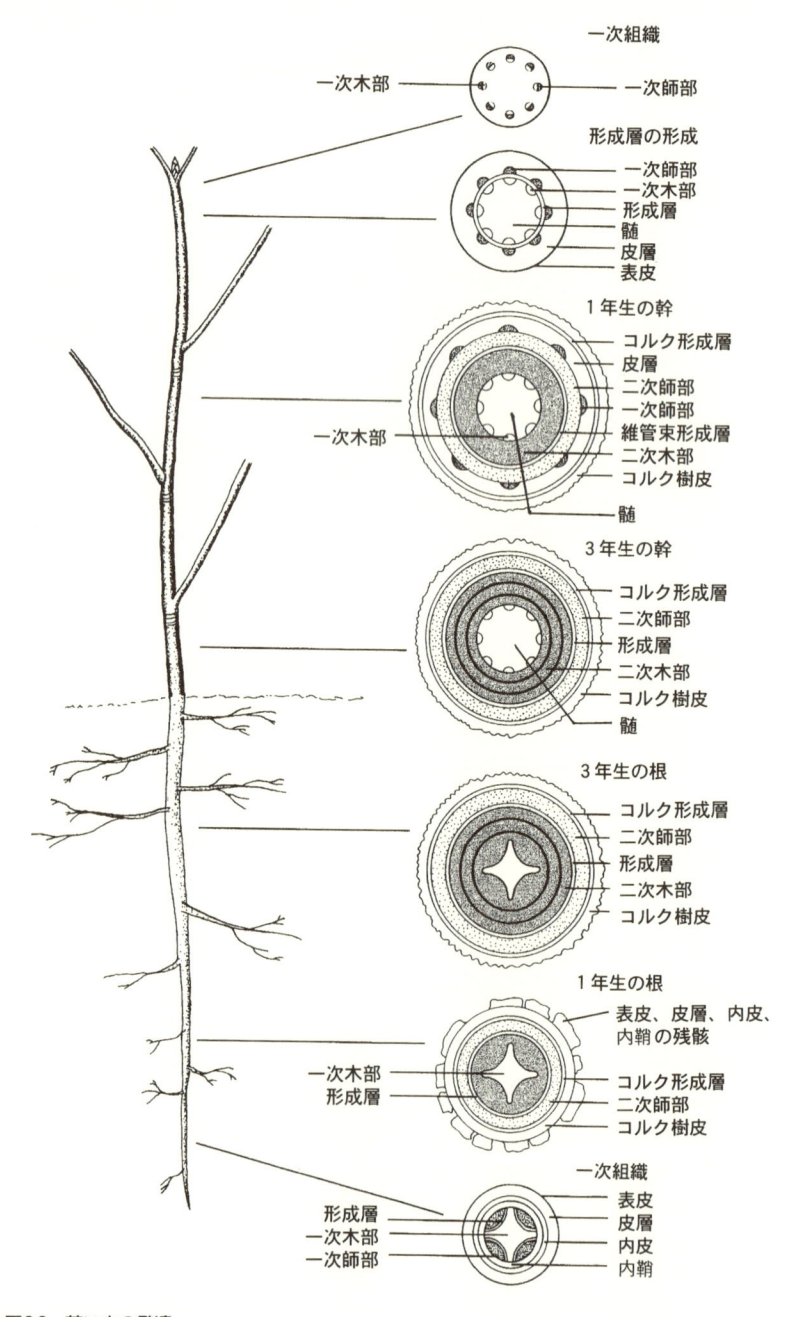

図3.2 若い木の発達
若いシュートと根がいかにして木材構造（二次成長）を形成するかを示す

図3.3 木の縦断面
新しい木材の鞘が古い木材の上にかぶさるようにして成長する

の中央に見出されるのはそのためだ。事実、樹木が大きくなっていくと新しい木材の鞘が樹木全体にかぶさっていき、古い木材は中の方に化石のように残されていく。したがって樹木の断面を見れば、かつてどのような生活をしてきたのかを知ることができる（もちろん折れた枝はすでになくなり、完全な樹木が残っているわけではない；図3.3）。このことから導かれる重要な推論は、樹木は上に伸長して成長するのではなく、古い木材の上に新しい木材をかぶせていくということだ。もしナイフを幹に突き刺し、十年後に戻ってくれば、木はずっと太っている（おそらくナイフは中に埋もれているだろう）。しかし、その鋭利な先端は木の古い部分に包みこまれたままで、その部分の太さは以前と変わらないし、ナイフは以前と同じ地上からの高さのところにとどまっている。信用できない向きは、木の板を引き伸ばしてみればよい。あなたにできなければ、木にもできない。枝につけたブランコが子どもの時より高くなったというような話を聞くが、これはたぶん地面が浸食されて低くなったか、横に出た枝が太くなってブランコを地面から持ち上げたからであろう。

　すべての樹木が完全な円筒形（あるいは円錐形）になるわけではない。サンザシ類やイチイ類はよくフルート状の幹をもち、いくつかの樹木が融合したような形をしている。このような樹木では形成層のいくつかの部分がとくに活発に成長して突出してくる。極端な場合には突出した部分が接触して押し合い、融合して、樹皮がその間に包みこまれてしまうことがある。フルート状になる理由はほとんどわかっていないが、しばしば遺伝的に決まっているようにも見える。つる植物の場合は葉の重量を支えるという問題はないが、ねじれの圧力に抵抗するという問題があり、フルート状になるのが普通である。つる類は形成層の活動が部分的に不活発になり、幹の形は円形にならず、平らなリボン状あるいは星形になり、ねじれたり曲がったりするようになる。

すべての樹木は太るか

　一般的にいえば、すべての樹木はなんらかの形で肥大する。木生シダは本当の樹木ではないともいえるが、これだけが主要な例外で太らない。単子葉植物には幹の中に維管束組織の針のような束が散在している（このためヤシ類の木材はしばしば「ヤマアラシ木材」と呼ばれる）。ヤシ類やスクリューパインなどは上述の二次成長で太っていくのではなく、幹の根元に柔組織の細胞を追加形成するか（ただし新しい維管束組織はつくらない）、古い葉跡の層あるいは不定根（第4章）の塊の下にその痩せた体を隠すことで太る。その他の単子葉類（ボックス1.1）、たとえばユッカ類、リュウケツジュ類、リュウゼツラン類、センネンボク、ススキノキなどはある種の二次成長をする。すなわち新しい針状の維管束が幹を垂直に貫いて形成され、ちょうどフォームラバーの円筒中に鉛筆を突っこんだようにして幹を太らせる。ヤシに似たソテツ類

（原始的な針葉樹であるが）は形成層の連続による正真正銘の二次成長をし、大きな髄の周囲に目の粗い成長輪を形成する。ただしその速度は非常に遅い。

ところで、直径20cmの木生シダやヤシ類は芽生えの時からこんなに大きくはなかったはずだ。それが二次成長なしでこのように大きくなったのはどうしてか。芽生えが大きくなるにつれて、葉と葉の間の連続した節間はほんの少しずつその下の部分より大きくなり、それと同時に成長点の太さと長さが増していく。これらの節間の部分はかなり短いので、幹の直径はすぐに根元に届いてしまい、その安定性は不定根によって維持されるようになる。

木材は何でできているか？──木材の構造

セルロースはすべての植物を形づくる材料であり、リグニンは植物を木質にする。木材の主な構成物質は40〜55％のセルロース（紙の主成分）、25〜40％のヘミセルロース（セルロースに似た化合物の非常に多様なグループ）、18〜35％のリグニンである。針葉樹は広葉樹に比べてリグニンを多く含み、セルロースとヘミセルロースは少ない。

第1章で説明したように、針葉樹（裸子植物）と広葉樹（被子植物）の間には数多くの違いがあるが、とくに大きく違うのは木材の構造である。

針葉樹

図3.4にあるように、針葉樹の木材は主として死んで空になった仮道管と呼ばれる細胞がきっちりと並んでできている。これらの仮道管は水が上に運ばれるチューブであるが、木材全体の容積の90〜94％を占めているため、樹木を支える役目を担っている。残りの6〜10％は放射組織だ。これは木材の直径にそって走る生活細胞の薄いシートで、裸子植物では一細胞幅である。

きれいに削られたマツの板を肉眼で見るかぎり、それが管の集まりで、身がすかすかしているとは思いにくい（孔のようなものが仮道管に平行に走るか、放射組織の中を貫いているのが見えるけれど、これらは後述する樹脂道である）。この仮道管はそれほどに細いのである。北アメリカ産の木材でいうと、その直径はパシフィックユーの0.025mmからセコイアの0.080mmの範囲である。1mm当たりにすると40〜12.5本の管があることになる。長さもそれほどでなく、おおむね1.5〜5mmの範囲にあり、中にはチリマツのように11mmに達するものもある。1立方インチのダグラスファーは実に300万本の仮道管を含んでいる。したがって針葉樹の根から葉まで水を運ぶのに、数十万本まではいかなくとも、数万本の仮道管を通過しなければならない。個々

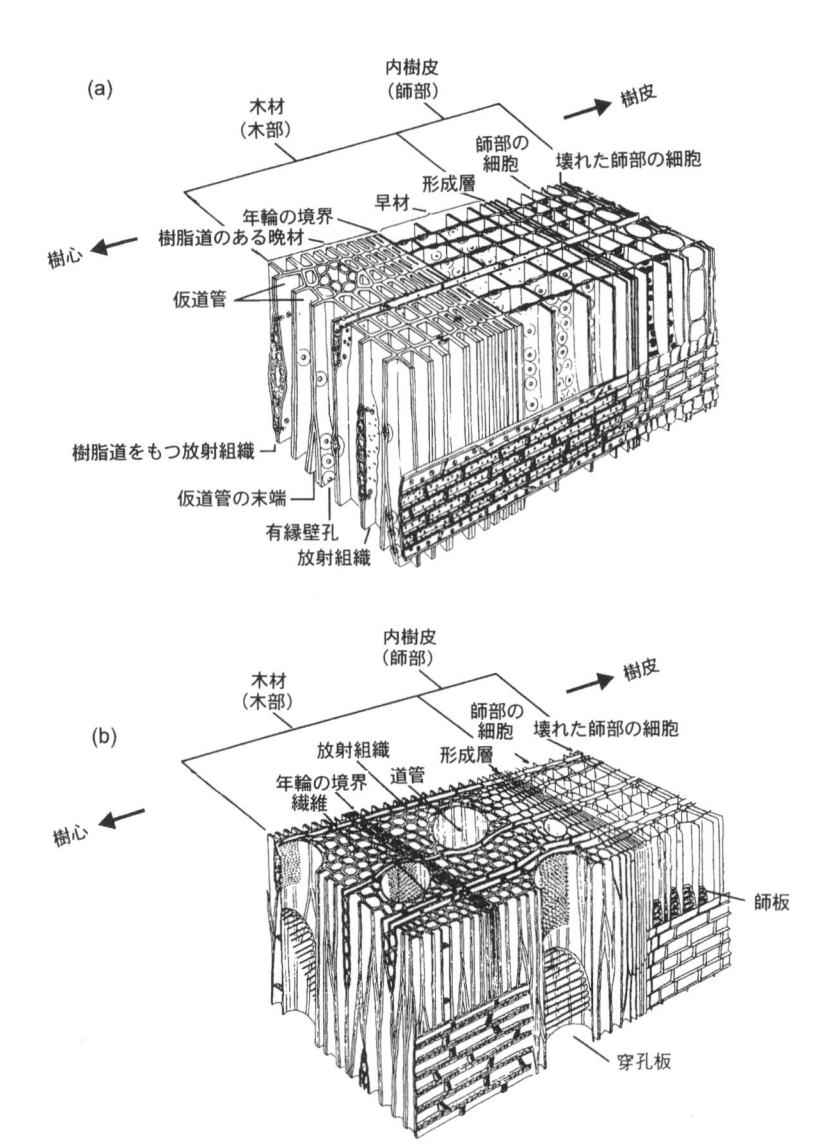

図3.4 針葉樹（a）と広葉樹（b）の構造

の仮道管の末端が閉じていることを考えると、これは大変な離れ業である（図3.4）。その秘訣は仮道管がさまざまな壁孔でつながっているからである。いちばん普通のものは有縁壁孔で、孔のまわりにドーナツ状の盛り上がりがある。その真ん中には厚い塊（トールス）があり、セルロースの糸の網（マルゴ）で支えられている（あたかも弾性のある紐でつくった網で支えられたトランポリンのように）。これらの壁孔はバルブの働きをする。水は自由に流れることができるが、仮道管に傷害が起きて一方に空気が入ってしまうと、両側の圧力差がトールスを壁孔の上に引きつけ閉じてしまう。これが樹木に対してどのような意味をもつかは後で論議するが、われわれ人間にとっては厄介なことにもなる。トウヒ類のような木材を乾燥すると、このように壁孔がふさがれてしまい（閉塞）、薬剤による保存処理が困難になる。生の状態で処理するしかないのだ。

広葉樹

　被子植物の木材はより複雑で、水を通導する道管（木材の容積の6.5〜55％、平均で30％を占める）、幹に強度を与える小径の繊維（同27〜76％、平均で50％）、放射組織（同6.5〜30％、平均で20％）などから成り立っている。直径の大きい道管（0.5mmあるいはそれ以上）は、しばしば図3.4のように木材の断面で見ることができる（管孔と呼ぶ）。道管は、長さが1mmに満たない道管要素といわれる細胞が軸方向につながって、生命活動を始める。これが死ぬと横断面の細胞壁が大部分なくなり、長いチューブが残る。その長さは数センチから樹木の全長にわたることもある。かつての横断面の細胞壁は「穿孔板」となって残り、その形は単純な丸い孔「単穿孔」から、スリット状あるいはいくつかの孔のある「多孔穿孔」になる。隣りあった道管同士が接したり、放射組織に接したりすると、針葉樹に見られるような壁孔となる。

　繊維は細長い細胞で、厚い細胞壁と小さな細胞腔があり、先が細っている。それが密に結合して道管を支える基礎組織を形成する。広葉樹では放射組織も複雑である。ヤナギ類やポプラ類では、針葉樹と同様、一列の細胞が並んでいるが（単列）、広葉樹では一般に幅が広く、多くの細胞が並んでいて（多列）、時にはオーク類のように数ミリになることがある。加えて広葉樹は軸方向の柔組織細胞の糸ないしはシートをもっており、道管の間や周囲にあって木材を軸方向に貫いている。放射組織は、樹木を防御するためのガム道をもつことがあり、ガム、樹脂、ラテックスなどが詰まっている。また放射組織には油脂もあり木材に特徴的な香りや味を与えている。

　広葉樹では木材や樹皮の中に鉱物の結晶がしばしば認められる（針葉樹では例が少ないがマツ科にある）。これらの白色の結晶は一般にはシュウ酸石灰で、柔細胞の中で生成される。細胞液の中に含まれているシュウ酸と土から吸い上げられた水の中の余分なカルシウムが結合してつくられたものだ。また熱帯産材はシリカを含むことが

ある。小さい円形のシリカの塊が辺材から心材に向かってだんだん大きくなっていく。これを製材すると鋸の刃はたちまちボロボロになる。

例外的な木材構造

　生物学には単純明快なものは何もないらしい。公式にはマオウ（*Ephedra*）とグネツム（*Gnetum*）の二つの属（原始的な針葉樹；ボックス1.1）は道管をもっている。それを埋め合わせるかのように、南米とニュージーランド産の*Drimys*属やいくつかの東アジア産の属では広葉樹なのに道管はなく仮道管しかない。

成長輪

　針葉樹と広葉樹に共通する一つの特徴は成長輪があることだ。通常は1年のうちの不都合な時期（温帯であれば冬）に成長を一時中断して一つの年輪を刻む。成長輪があらわれるのは色の濃淡の帯が繰り返されるからだ。針葉樹の断面を顕微鏡で見るとこの理由が簡単にわかる。春早くつくられた細胞（早材；図3.4）は直径が大きく壁が薄い。春と初夏の活発な成長に必要な大量の水を移動させるのに適している。季節が過ぎていくと、細胞の直径はだんだんと小さくなり、壁は厚くなる。新たな成長の追加が終了すると樹木の水要求が減り、強い木材をつくることに力点が置かれるのである。このようなわけで、成長輪は淡い色の低い密度の木材から始まって、密で色の濃い晩材に移行し、最後に突然の境界（冬の到来を示す）に行きつき、次の年の早材へとつながる。

　広葉樹の場合はもう少し複雑で、環孔材と散孔材とがある。環孔材に属するのは、トネリコ類、ニレ類、オーク類、ニセアカシア、ヒッコリー類、キササゲ類、チークなどだが、大きな道管が早材を占めていて、晩材にある小さい道管からはっきりと区別される（図3.5）。きれいに削った木材の横断面を見ると、早材にある大きな孔あるいは管孔は成長輪にそって並んでいる。環孔材と呼ばれるゆえんだ。散孔材に入るのはカンバ類、カエデ類、ブナ類、ポプラ類、シナノキ類、クルミ類、マホガニー、ユーカリ類である。管孔はだいたい同じくらいの大きさで、成長輪の中に均等に分布しており、成長輪は見えにくくなっている。それでも壁の厚い小さな細胞が濃色の細い線をなして早材に接しているから、成長輪の境界を識別することができる。

　どの樹木が環孔材で、どれが散孔材であるかは、はっきりと決まっているわけではない。1本の木の中でも変化することがある。環孔材でありながら、いちばん中側の成長輪（1年目の成長輪）や、非常に強いストレスのもとで生育したものでは、散孔材になることがある。近縁の樹木、ないしは同じ種の異なった個体でも、北方で育っ

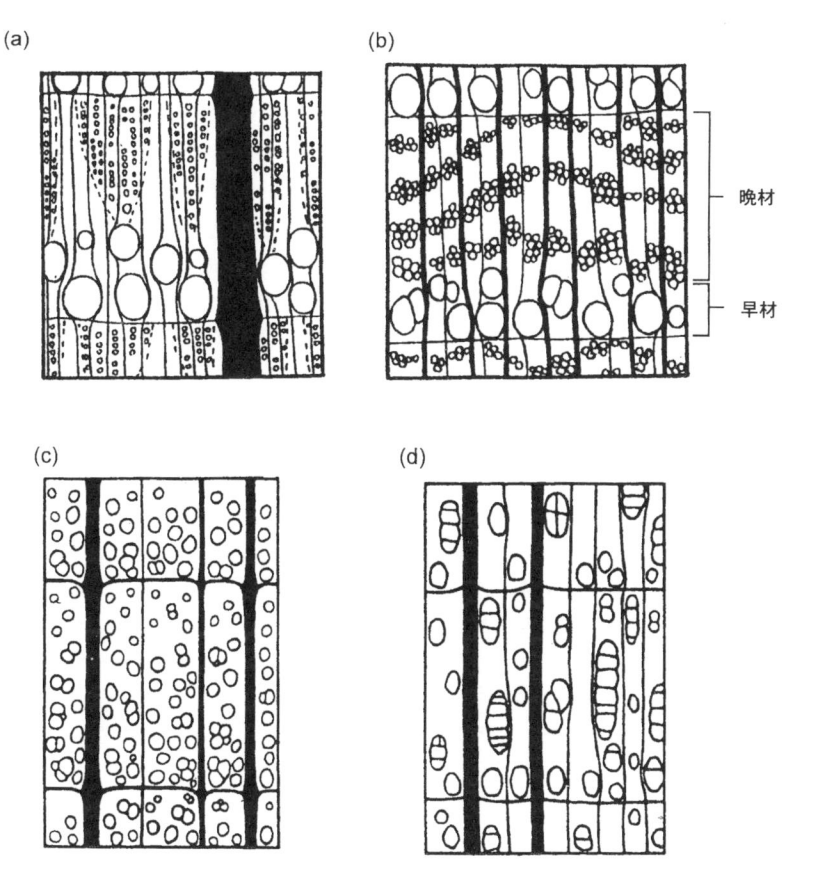

図3.5 環孔材の(a)オーク(ナラ類)と(b)ニレ類。散孔材の(c)ブナ類とハンノキ類。樹心部はこの図の下の方にあり、水平の線は年輪の境界、垂直の線は放射組織

たものは環孔材、南で育ったものは散孔材になる。事実、中緯度の地域では環孔材が多いが、熱帯地域になると樹種のわずか1%でしかない。この見かけ上の混乱が生態学的に何を意味するのか、次の項で議論しよう。

温帯の地域では年に一度成長に不適な時期が規則的にめぐってくる。樹木は1年に1個の成長輪をつくるので、それを数えれば木の年齢を知ることができる。これは一般論としては間違っていないが、常に正しいとはいえない。1年に1個以上の成長輪がつくられることもある。霜、火事、洪水、干魃、落葉、その他の原因で成長が一度中断され、その後再開されるからである。ミカン類の樹木は1年に10個以上の成長

輪をもつことが観察されている。また一部の樹木で成長輪が欠落することがある。イチイ類は成長輪がないことでよく知られ、時には数百も欠けている。形成層の局所的な傷害がその一因と考えられるが、もっと一般的には成長輪のでき方と深いかかわりがある。

　早春、膨らみはじめた芽の基部で形成層は活動を開始し、それが枝から幹、根へと広がっていく。環孔材ではこの木材形成の波が数日内に下方に広がり、樹木全体でほぼ同時に起きたような印象を与える。散孔材の樹木では下方への拡大がゆっくりしていて、幹の根元で新しい木材があらわれるのは、枝で始まってから数週間後である（老齢の樹木では2カ月かかることがある）。針葉樹の場合はその中間で、一般にはほぼ1週間かかる。この全プロセスを支配しているのは芽から出るホルモンである。環境が厳しいときには（寒さ、干魃）、成長輪は幹の根元まで届かなかったり、あるいは幹の片側に限られることがある。事実、幹の基部での成長輪の欠落は環境ストレスの増大とともに増加する。成長輪が失われるのは散孔材や針葉樹でより一般的であるといえるかもしれない。もう一つ興味深いのは、早材の形成は上から下に進み、晩材の形成は樹木の基部に始まって上に向かう。そして成長の停止は上から始まって下にいくことである。そのため晩材は樹木の基部で厚くなり、上部では消えてしまう。

　季節変動の少ない熱帯気候のもとでは、樹木は連続的に成長し、成長輪を形成しないのが普通である。たとえ成長輪をつくることがあっても、毎年である必要はない。葉が入れ替わる樹木の場合（第2章）、ほんの数日葉がなくなることがあっても、形成層はおそらく完全には休眠しないだろう。したがって成長輪は目立たないか欠落する。アマゾン流域に生育する種の半分は成長輪をつくらない。インドではそれが4分の3に増える。

成長輪の幅の変動

　成長輪の幅は環境の変化によって大きく変わり、気候のよくない年に狭くなる。これについては第6章で考察するが、ここで言及しておきたいのは、針葉樹で成長輪が狭くなると早材が狭くなり、晩材はあまり変わらないということだ。そのため成長輪が狭くなると木材の密度は全体的に高くなる。逆に、オーク類のような環孔材では成長輪が狭いと晩材が比例して少なくなり、早材にある太い道管のために、成長輪の狭い木材では密度が低くなる（これが散孔材ではあまりはっきりとはしていない）。結論的にいえば、密度が高く、強いオーク類が欲しいなら早く成長させればよく、マツ類のような針葉樹ではよりゆっくりと育てればよい。実のところ、イギリスではほとんどの針葉樹はメキシコ湾流の関係で成長がよく、建物の構造用には不向きで、建築材はヨーロッパ大陸から輸入されている。

水はどのようにして樹木の中を登るのか

　木材を貫通して水を運ぶ管は死んでいる。死んだ管で100mもある木のてっぺんまで水が引き上げられるのはどうしてか。考えられる答えは二つある。押し上げられるか引っ張り上げられるかだ。この二つについて順に考えてみよう。

根圧

　カエデ類やカンバ類のような樹木では、春先に葉が開きはじめる数週間前に木材（木部）で圧力が高まってくる。根の細胞（時には幹の細胞）が木部の中にミネラルや糖分を分泌すると浸透で水がそれに続き、水を木の上に押し上げる圧力が生じる。とはいえ、カエデ類の樹液の移動は根圧のみによるものではない。活発な移動が見られるのは、日中暖かく晴れて気温は4℃以上だが、夜間には厳しい霜が降り–4℃になるような条件下である。正確なメカニズムは不明だが、凍結した木部に圧縮されたガスがたまるのと関係があるようだ。原因が何であれ、大部分の樹木における水の上昇を根圧で説明できるだろうか。いくつかの理由で答えはノーである。まず第一に多くの樹木（たとえばマツ類）は根圧を生じたとしてもまれであるし、多くの温帯産の落葉樹では葉が出てくると根圧はなくなってしまう。第二に発生する根圧が1～3気圧（0.1～0.3メガパスカル）を超えることはまれである。これは樹木の水を10～20m上昇させるのには十分であるが、高い木の先端まで上げるには足りない。

　では根圧は何の役に立つのか。これにもいくつかの答えが可能である。蒸散が非常に少ない湿潤熱帯の樹木やつる植物では、水を押し上げる力が働くと鉱物質を先端まで確実に運ぶことができる。余分な水分は葉の先端や縁から水滴として排出されるし、多くの種は同じ目的のために、特別な孔（排水組織）を葉脈の末端にもっている。私の家のホウライショウは朝方葉の縁のまわりに大きな水滴がたまっていて、払いのけて通るのが不快なくらいだ。第二の理由は、空気でいっぱいになった管を（ずっと後に）再度満たすことである。三番目の理由は、温帯産のいくつかの樹木では、師部の働きを補足して、貯蔵された糖分を根から吸い上げる一つの方法である。糖分は木部の樹液に溶質として加えられる。カンバ類、カエデ類、さらにアメリカ東部産のバターナットなどからワインやシロップ（糖分60%）がつくられるが、それには冬の終わりころ幹に切りこみを入れ、早春に糖分の多い樹液（カエデ類で2～3%w/v、バターナットでは少ない）を集めるのである。1本のカンバから20～100ℓのシロップがとれ、カナダのメープルシロップの生産量は1992年には1870万ℓ、そのために約10億ℓの樹液が必要であった。

幹の中の揚水——引っ張り・凝集説

　ジョリーが1894年に行った研究以来、通常、水分は引張力で移動するとされてきた。これは水が押し出されるのではなく、引っ張られて移動することを意味する。毛管現象はおそらくいちばんはっきりしたメカニズムだが、幹の中を1m上げるだけである。水分を吸い上げるメカニズムは単純ですっきりしている。このシステムで「ポンプ」の働きをするのは葉である。葉が気孔を通して水分を失い（蒸散）、内部の細胞が乾燥すると、それらの細胞は次に乾いた細胞から水を吸引する。これが次々と進んで葉脈にまで達し、さらに木部の水分の吸引（あるいは引っ張り）を行う。水は凝集性が飛びぬけて強いので（水は二極性の分子で、陰と陽の末端をもち、それらの分子は互いに磁石のように堅く結合している）、引っ張りの力は樹木の下部にまで届き、木部の管を通して、つながった水の柱を引き上げる働きをする。事実、水の柱が無傷であれば450m以上も持ち上げることができ、もっとも背の高い樹木（現在のところ112.2m）でも十分だ（第6章）。引っ張りと凝集力によって高い木の頂上まで大量の水（第2章）が上げられる（引っ張り・凝集説）。世界最高の木の先端まで水を動かすために必要な引っ張り力を計算してみると、-30気圧（-3メガパスカル）である。これは生半可な圧力ではない。幹の直径の変化を注意深く観察すると、暑い日の日中には吸引によってごくわずか縮小し、夜間に増加して元に戻ることがわかる。個々の管が強靭なので、こんなに巨大な力が働いても樹木が破裂することはない。
　しかしながら精密な測定でこのような強い張力が常に検出されるわけではない。キャニー（1995）は、幹の中の生きている細胞（放射組織細胞、軸方向柔細胞、師部）が木部に圧力をかけているという補償圧力説を提起している。つまり木部に発生する強い引っ張りの力は、生きている細胞が幹に加える圧縮の力で引き下げられるというわけだ。ジェット機のパイロットがきつい旋回をしている間、飛行服を膨張させて下腹部を締めつけ、全身の血液が下半身にたまってしまうのを防ぐのに似ている。針葉樹の場合は、樹脂道で生じるプラスの圧力がこの働きを助けているのであろう。論議はまだ続いている。

木部中の空気の存在

　樹木の中で水が吸い上げられるのは、このシステムの内部に空気がないときに限られる。これは細いプラスチックの管を使って簡単に試すことができる。水の入ったバケツの中に管をぶら下げ、先端で吸い上げたとする。水は30フィートくらいしか上ってこない（これはかなりの吸引だ）。それ以上いくら吸引しても水は上昇しないのである。というのも水の円柱が重くなったために、管の先端にある空気が引っ張られて部分的な真空状態をつくるだけになってしまうからだ。しかし最初から管が水で満

たされていれば、水を数百フィート吸い上げることができる。ポンプを使う前にあらかじめ呼び水を入れておくのはそのためだし、また仮道管や道管が飽水の状態（呼び水を入れた状態）で生命活動を始めるのもそのためだ。

したがって樹木は水柱を空気のない状態にしておかなければならない。水の柱が壊れると水が引き上げられなくなる。空気が入ってしまう原因としては、過度の張力、傷害、あるいは凍結などいくつかある。暑く乾燥した条件下で、葉は吸い上げるより早く水を失い、木部の中で引っ張りの圧力が増加する（最初の防護として葉は気孔を閉ざす；第2章）。引っ張りの力が非常に強くなると、それぞれの水柱が聞き取れるほどの音をたてて壊れることがある。この「空洞現象」は100分の1秒以下で起こり、パチンと音をたてる。太い水の柱ほど空洞現象が起きやすい。樹木の上にいくほど管の直径が細くなっているのは、上部ほど引っ張りの力が大きくなるからだ。根圧が利用できれば、これが管の充填に役立つ。おそらくもっと有用なのは「ミュッチの水」だろう。根や幹下部の師部から糖類がなくなると、水が木部へ戻されてくる。これは木部を移動しているすべての水の1〜3％にすぎないが、主として外側の成長輪に放出される。そこでは全含水量の45％にもなり、空洞のできた管を十分に補填することができる。

冬にはまた、違った問題がある。一般に信じられているのは、いくつかのつる類を除いて冬になると樹木から水がなくなる（秋に樹液が下がり春になって上がってくる）ということだ。しかし実際には樹木は水で満たされたままになっている。木部の水分が冷えて凍結すると、その中に溶けていたガスが少なくなって（氷は液体の水に比べてガスが1000倍も少ない）、空気の泡としてあらわれる。春になって管が働くためには、これらの泡は再び水の中に溶けていかなければならない。空気の泡の問題を克服するのには二つの方法がある。安全な方法と効果的な方法である。

針葉樹と散孔材では水を運ぶ管の直径が小さい（上述の「木材の構造」参照）。これは暑さの続く夏の時期でも管に空洞ができにくいことを意味している。また冬にできた泡は小さいままであり、春には根圧の助けを借りて数分あるいは数時間で水に溶けこんでいくだろう（ポプラ類やカンバ類のような強い根圧をもたないものではもっと時間がかかる）。いずれにせよ、葉の本格的な吸引が始まるころには木部の管は再び水で満たされている。ここに至って、役立たずに見えた穿孔板と壁孔の出番になる。氷が溶けたときに泡をつかまえ、また小さな泡が融合して大きく長命の泡になるのを防ぐのだ（海抜高と緯度が増すと冬の気温が下がるので、複雑な穿孔板をもつ散孔材の比率は増加する）。この方法でそれぞれの管は数年間は働きつづけ、水は何年分かの年輪を通して吸い上げられる。これは安全確保への数の戦略である。つまり多数の細い管が相対的に少量の水をゆっくりと吸い上げる。これは凍結がよくある寒い地域で理想的なものだ。これがはっきりと機能している例はイタリアンオールダーで、冬の間透水係数は80％以上も減少するが、早春になるとその減少は20％以下になり、

（管が充填された）夏の間は30％以下にとどまっている。

　針葉樹と散孔材の戦略は以上のように保守的なものだが、これに対して環孔材は効率的だがリスクの大きい使い捨て戦略をとっている。環孔材は早材部に長くて直径の大きい道管をもち、これが大量の水の移動を可能にしている（管の直径が4倍になると流れる水の量は256倍になる。おそらく直径の最大値は0.5mmまで）。[注1] 環孔材の中を流れ上る水の速さは1時間当たり20m台であるが、針葉樹や散孔材の樹木では1～3mである。ただしこの高速道路には空気泡という大きなリスクがある。

　多くの道管は暑く乾燥した条件下で空洞現象を起こし、秋までに生き残るものは冬に大きな泡をつくるが、その泡も春になると数日か数週間で消え、役に立たなくなる。ある研究によると、レッドオークでは、道管の20％は8月までに、90％は最初の厳しい霜の後に閉塞される。これを解決する方法は樹木がどのようにして春に活動を始めるかによるだろう。春、環孔材の樹木は散孔材の樹木よりも遅く葉を出すが、早春に幹の太さを測ると環孔材の樹木はすでに新しい春の木材で太っていることがわかる。環孔材の樹木は、葉が出て成長に必要な水分を供給する以前に、春早くから新しい早材の成長に頼っているのである（すでに水で満たされた状態から開始）。つまり、ナラ類のような環孔材では、ほとんどの水分が厚さ数ミリ程度の最新の成長輪の中を移動する。

　この戦略は印象的だが非常に危険なように見える。散孔材の樹木はおそらく1ダースほどの成長輪を通じて水分を吸うのであるが、環孔材の樹木は「全部の卵を一つの籠に入れる」危険をおかしている。少なくともそのように見える。幸運なことに、晩材部に小さい道管があり、これが万一の時の保険になっている。たとえば外側の成長輪の道管が空気で満たされて通導が止まったとしよう。葉からの吸い上げが非常に強くなり、水分は通導性の劣る小道管を上昇する。この小道管は晩材部にあって、いくつかの成長輪に散在している。それはあたかも高速道路の事故で細い道への迂回を余儀なくされた自動車のようなものだ。少し効率は悪くなるが、とにかく目的地へは到達できる。単一の成長輪はニレ類とニレ立枯病にとって重大な意味をもっている（第9章）。

水のアーキテクチャー

　樹木の幹はまだまだ複雑である。樹木の先端にある葉は重要なもので、光の取り合いからすると最良の位置にある。その位置が高くなればなるほど、水を運ぶ距離は長くなり、水を吸い上げるのにより強い力が必要になる（おまけに空気の栓が発生する危険を少なくするため管が細くなっている）。さらにいえば、水分のほとんどを蒸散させている。ミルクセーキをストローで飲む二人の子どもにたとえてみよう。一人のストローの長さは20cm、もう一人のものは2mとして、同時に吸いはじめるとした

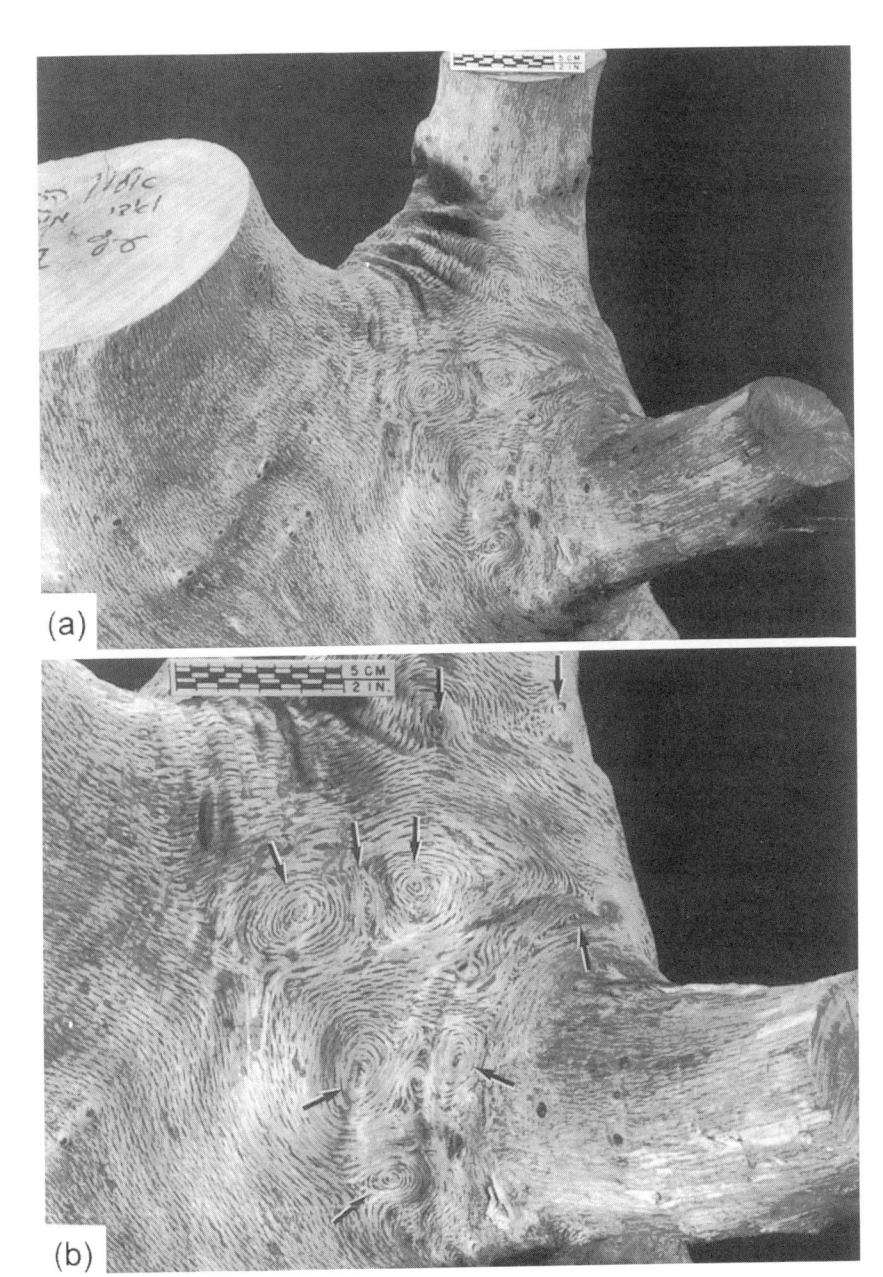

図3.6 樹皮を取ったオークの枝
機能を停止した道管の輪が見える。これによって幹から枝への水分の分離が進む（bの矢印は輪ができている部分を示す）。これらによって、枝は自身の分け前以上の水分を吸いこむことができなくなる

ら、短いストローを使った方が余計に飲むことができる。では幹の先端にある葉はどうやって根の側にある葉よりたくさんの水をとれるのだろうか。樹木には幹と枝の接しているところに狭窄部がある。これが出現するのは、管の直径が狭くなることと、広葉樹ではこの部分に道管の端末部が多くなるからである。イスラエルの木材解剖学者のレブ-ヤダンとアロニによると、針葉樹と広葉樹の枝の接合部にできる円形の模様には機能を停止した道管の輪が含まれていて、幹から枝への水分の流れを規制しているという（図3.6）。この接合部分における通導性はしばしば枝のそれの半分以下である。これは、両方のストローのミルクセーキの取り分を同じにするために、短い方に折り目を入れるようなものである。ただこの機能は完全ではなく、水が足りなくなると普通は先端の葉が最初に被害を受ける。

　干魃時には、この狭窄が枝にできた空気のふさがりが幹の方まで広がるのを防ぐ。どのような樹木でも、葉はもとより枝も再生が簡単なので、水不足時にそれを犠牲にして幹を生かすのは理にかなっている。ヤシ類は一生を通じて、ただ一つの成長点をもち、一組の木部の管があるが、その葉基には相当な水分への抵抗性がある。

水のネットワーク

　レオナルド・ダ・ヴィンチは、樹木は一連の配水管のようなもので、いくつかがまとまっておのおのが根からの水を樹冠の一定の場所に送るのだと考えた。この考え方にはそれなりの利用価値はあるが（日本人研究者による水吸収のパイプモデルによって支持されてきている）、水を通す管はフォークから下がったスパゲティのように互いに絡み合い、あちこちでつながっているのは明らかだ。これによって、水が成長輪のまわり（ある程度は成長輪の間）を1度くらいの角度で広がりながら上昇することができる。どの根からきた水であっても、上にいくにつれて広がり、一本の枝にだけではなく、樹冠の大部分に行き渡っていく。これは賢明な安全策である。というのも、ある特定の根の働きが失われたとき、特定の枝に影響するのではなく、樹冠への全体的な水供給を減らすことになるからである。

　このように、幹の中を上昇する水のとりうる経路は複雑に込みいっていて、耐えることのできるぎりぎりの状況下でも、水が吸い上げられるようになっている。よく知られているダブルソーカットの実験を紹介しよう。地面に平行な二つの鋸目を、幹の両側から段差をつけて入れる。鋸目には重複があるから、上から見ると幹は完全に切られているように見えるが、切断した部分の間隔が極度に狭くなければ、水は上昇していく（図3.7）。考えられる一つの理由は、道管がねじれて成長しているため、二つの鋸目を縫うように水の一部が通ることができるということだ。さらに重要なのは、空気がどのようにして切断された道管に吸いこまれるかである。道管が鋸で切断されると、上からの吸い上げは管の中に空気を引き入れる。しかしこの空気は最初の複雑

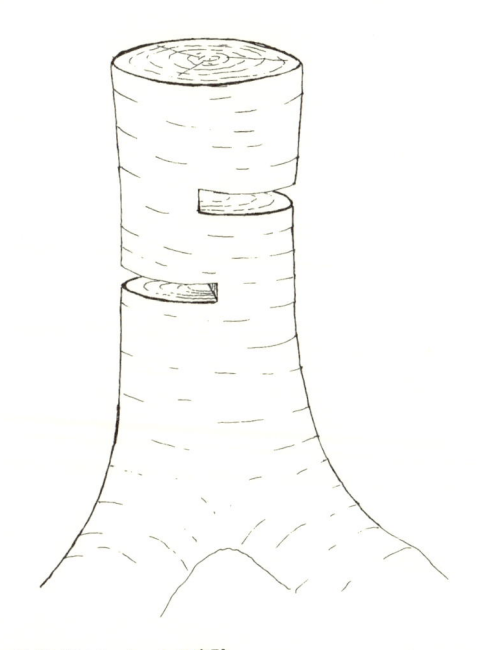

図3.7　よく知られているダブルソーカットの実験
幹の反対側に二つの切れこみを上下に入れる。切れこみが十分に離れていれば、すべての木部の管が切れていても木は水分を吸いこむことができる

な穿孔板、あるいは道管の末端までの間を行き来するだけである（道管はすぐにチロースやガムでふさがれてしまう；第9章）。針葉樹では仮道管がそのバルブ状の壁孔で遮られる。これらの障壁の先では管は水で満たされている。したがって二つの切断面の間に飽水した管があれば、水分は管の間を遠回りしながら吸い上げられる。カエデ類のように道管長の短いものでは、切断面の間隔は非常に狭くてもよいが（約20cm）、道管が長くて単穿孔をもつものでは、オーク類のように間隔は50cm以上必要である。

木理

　木材の「木理」をつくっているのは、樹木の細胞の縦方向の配列である。樹木を横断して切ると木理は切断される。しかし厳密にいうと、木理が垂直であることはまれであり、むしろ幹の軸に対して数度の角度の螺旋を描きながら上に向かっている。こ

の角度は40度になることもあるし、木の根元ではほとんど水平になることもある。若い針葉樹では、木理は最初左旋回でスタートし（樹皮の上にＳの中央部分のような傾きができる）、それがだんだん立っていき10年くらいになると直立に近くなる。さらに25年前後には右旋回になっている（Ｚの中央部分のような傾き）。旋回木理は、風や雪の重みで木材が（紙のシートをはがすように）成長輪にそって裂けていくのを防ぐ働きをする。また水や養分が幹のまわりや樹冠全体に均等に行き渡るのを手助けしているようだ。

　材の表面にあらわれる好ましい「杢」や模様は木理の影響を強く受ける。バーズアイメープルの木理は髄に向かって小さな吹き出物状になっているため、それを鋸で切るとまさに「鳥の目」の模様が出てくる。カエデ類の「ヴァイオリン杢」（ヴァイオリンの背に使われる）は軸方向に波状にできる木理によるものだ。そのほか木理の形状には過剰なひずみによってもたらされるものがある。放射組織にそって起こるひび割れ（心割れ）や成長輪にそった割れ（目回り）がそれである。

木材の収縮・膨張

　木材の主な構成物質であるセルロースには吸湿性があり、湿気の出し入れを通して膨張したり収縮したりする。生きている木部は常に湿っているのでこの現象が起こりにくく、これに気づくのは木が死んでからである。旋回木理の強い電柱が乾いたり濡れたりするとねじれが起こり、その腕木についている電線にまで影響が及ぶ。細胞は軸方向よりも周囲方向に伸び縮みする。木材は木理にそった方向ではかなり安定しているし、放射組織は放射方向の収縮を抑える働きをする。したがって収縮がいちばん大きいのは接線方向（木の周囲方向）である。乾燥した木の横断面には常にひび割れが中心に向かって走っている。こうした寸度の変化は正常な範囲の温度や湿度条件でも明瞭に認められる。たとえば、クイーン・エリザベス2世号の錨のヘッドは16〜17トンで、その鋳造用木型にはマツが使われたが、冬と夏の収縮率の違い（0.5〜1.0％）が100〜150kgの重さの差異をもたらしている。

　木材の乾燥は生きている樹木でも重要で、まず凍裂が問題になる。この現象はとくにオーク類、スズカケノキ類、トネリコ類、さらにはモミ類などで知られている。イギリスのかなり温暖な気候条件でも、冬、林の中で銃声のような凍裂の音を耳にすることがある。その幹を見ると乾燥による割裂が下に走っている（図3.8a）。寒い冬の夜、幹の外側は、包まないで冷凍庫に入れた食べ物と同じように「凍結乾燥」する。外側が乾燥しても内側の木材は水分を含んでいて、それが締めつけられる（寒さによる締めつけも多少ある）。結局、木材の割裂によって幹の中の圧力が解放されるというわけだ。大陸性の気候のもとで大きな樹木が真冬の凍裂にあうと、割裂の幅が数セ

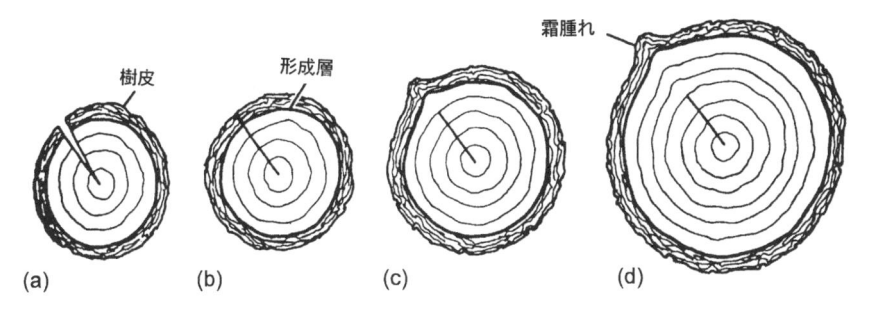

図3.8 霜腫れ
(a)最初に割れたとき、(b)その冬に割れが閉じたとき、(c)ひと夏の成長によって割れがおおわれたとき、(d)その後の数年の成長によって割れはおおわれ、幹に霜腫れを残すようになる

ンチになることがある。春には割裂の部分は閉じ、その夏にできた新しい木材がその上をつくろうが、次の年に起きる割れに抵抗するだけの強さがないかもしれない(割れ目の中の既存の木材は決して再結合することはない)。これらの割裂の上に十分強いおおいができて、それ以上の割裂を防ぐようになるには、温暖な年が数年必要である。割裂と修復が何度も繰り返されると、幹の外縁にそって霜腫れと呼ばれるカルスの出っ張りが形成される。

放射組織

　放射組織は樹木の中心から形成層を貫き樹皮に達する、細長い生きた組織である。つまり木部と師部を結びつける一つの大きな回路をつくっている。その大事な役目の一つは養分を貯蔵することにある(放射組織は心材の形成にもかかわっている：後述)。光合成された養分がすぐに使う量よりも多い場合や、秋になって窒素のようなミネラルが葉から再吸収された場合に、その余剰分が木部の放射組織と樹皮の生きている細胞に貯蔵される(師細胞、師管要素、伴細胞を除く。貯蔵すると機能が妨げられるからである)。貯蔵に最適な場所は根の木部と幹の基部であるが、小さい枝も使われる。事実、カリフォルニア産のナガミマツやメキシコホワイトパインの辺材は傷害を受けると甘い樹液を出す。師部によって運ばれた糖分が貯蔵場所に到達すると澱粉あるいは脂肪に変えられる。約1900本の樹木について主たる貯蔵物質を調べ、澱粉の木(ほとんどが環孔材でモミ類やトウヒ類などの針葉樹を含む)と脂肪の木(ほとんどの散孔材とマツ類)に分けられたことがある。しかしこうした明瞭な境界が常にあるとは限らない。同じ種あるいは同じ個体の中に糖分と脂肪の両方が含まれることがあ

るからである。一般に低温では脂肪としての貯蔵が多くなる。

　予想できるように、年間を通した貯蔵のサイクルがもっともはっきりしているのは落葉樹だ。落葉樹は養分生産の開始に先立って春に新しい葉をつけなければならず、環孔材では、すでに述べたように、その前に新しい成長輪を形成する必要がある。新しい成長のためのエネルギーと材料は、冬の間の蓄えでまかなわれ、そのため春に成長の中休みが起こる。多くの常緑針葉樹では（ドイツトウヒなどの例外がある）、前の年からの古い針葉が早春に十分な養分を供給することができ、それが春の新しい成長を支えている。年間を通して見ると貯蔵はずっと均等になる傾向がある。

　養分が貯蔵されるのは春の成長・発進のためだけではない。それはまた、突風による樹冠の欠損、虫による落葉、腐れなどのような悪い条件に対する保険でもある。樹木は通常安定した貯蔵養分を保持していて、緊急時にだけそれを使うのである。この貯蔵が底をつくと枯死する一因となる（第9章）。さらに果実が動物の餌になる樹木などでは、貯蔵物質が結実年に備えた銀行預金になっている（第5章）。ヤシ類は開花に必要な大量の澱粉を幹の中央部に蓄えているが、人間がこれを見過ごすはずはない。東南アジアではサゴヤシを切り倒して中央部の組織を取り出し、それから澱粉を洗い出してサゴとして用いている。あるいは花茎を叩くと出てくる豊富な甘いシロップは砂糖やアルコール飲料に使われる。

辺材と心材

　丸太の横断面には濃色の芯の部分（心材）があり、その周囲を淡色の輪が取り巻いている（辺材；図3.1）。辺材には生きた組織が含まれており、そこにある成長輪は水を通過させる。他方、心材の方は生きた組織がなく、色が濃くなるような物質（ポリフェノール、ガム、樹脂など）を含んでいる。いくつかの樹種では心材の色が辺材とあまり変わらないが、存在しているのは事実だ。また規則的な心材形成が見られない種もある。ヨーロッパハンノキ、クエイキングアスペン、カエデ類の一種などでは、直径が1 mになっても生きた細胞があり、中心部まで澱粉をためていることが知られている（マツ類のように糖類のあることもあるが、これは心材形成の際の副産物だろう）。菌による腐朽は木部を変色させ、一見、見間違えることがあるが、これは心材形成とは関係がない。心材の形成については第9章で論じよう。

　さて、樹木にとって心材はどのような役割を果たしているのか。普通、心材は強さに加えて、後から付加された化学物質により菌に対する抵抗性がある（この部分が木材として一般に用いられる）。とすれば、心材は樹木をしっかりと立たせる強い芯と見ることもできる。しかしこれは、第9章で述べるように、回答のすべてではない。というのも、中が空洞になって心材の少なくなった樹木が、強風の中で健全な樹木よ

りもしっかりと立っていることがあるからである。あるいは貯蔵しているすべてのミネラルを再利用するための方法として、樹木がわざと心腐れをさせている可能性さえある。また、心材は除去しにくい廃棄物のまたとない捨て場だという論議もあるが、いくつかの化合物は、心材に組み入れるという特定の目的のために、高いコストをかけて生産されている事実に留意すべきであろう。

　成長の速い樹木では辺材の幅が広くなる。ただし樹種による違いが大きい。北の温帯に生育する環孔材、ナラ類、オセージオレンジ、ノーザンカタルパ（Catalpa speciosa）、ニセアカシアなどは、辺材に1〜4個の成長輪があり、製材のとき樹皮と一緒にはがれ落ちてしまうことが多い。一方、温帯産の散孔材や針葉樹では辺材の中に100以上の成長輪を含んでいたりする。またコクタンのような熱帯産の散孔材では、ほとんどが辺材のようになり、大木であっても高価な心材を少ししかもたないことがある。前記の成長輪の論議を思い出してもらいたい。散孔材の木では水の吸い上げを数多くの成長輪で行うのに対して、環孔材の木では水の移動が外側の成長輪に限られている。だから当然の結果なのだ。しかし生きた細胞は樹木の養分収支からすると持ち出しになっていることがある。にもかかわらず、樹木はなぜ水移動や養分貯蔵に必要以上の辺材を生かしておくのか。心材はいったんつくられるとこのようなコストがかからない。

　心材は、幹の中で必ずしもはっきりと成長輪にそって円錐状に形成されるのではない。樹木の横断面を見ると、心材は成長輪を越えて曲がりくねっていることが多い。また辺材は樹冠に向かって厚くなり、根元に向かって薄くなっている。

樹皮

　樹皮とは維管束形成層の外側にあるすべての組織である。形成層は樹皮をはがすと一緒についてくるので、実用的にはそれの一部とも考えられる（形成層と樹皮との接着具合は木材の伐採にも影響する。形成層が活発に活動している夏に伐ると乾燥によって樹皮ははがれるが、冬に伐採するとそうはならない）。樹皮は二つの部分から成り立っている。一つは糖分を含んだ樹液を木の全体に送る内樹皮あるいは師部であり、もう一つは外樹皮で、耐水性のある幹の被覆として働き、脆弱な生きている組織を病気や極端な温度、火から保護している（図3.1）。

内樹皮（師部）

　葉でつくられた糖分は必要な場所へ移動するが、その動きは木部を上がる水の動きとは非常に異なっている。糖類が通る内樹皮の細胞は壁が薄く、生きている。広葉樹

の場合、師部の活動部分を構成するのは生きた師管要素で、それが積み上げられて管（師管）になっている。これらの細胞の末端壁には穿孔（師板と呼ばれる）があり、樹液がその中を通ることができる（図3.4）。広葉樹のそれぞれの師管要素は、一つ以上の伴細胞と密接な関係をもっている。師部の細胞には遺伝情報を担う核がない（おそらくこのように大きなものは樹液の流れを妨害するからであろう）。また伴細胞が師管の働きが維持されるよう援護している可能性もある。針葉樹の師部の管（師細胞）は、どちらかというと木部にある仮道管に似ている。つまり別々の細胞で、部分的に重なり合い、壁孔でつながっていて、伴細胞をもたない。広葉樹、針葉樹ともこれらの細胞は強い繊維や、放射組織を含む柔組織のマトリクスの中に組みこまれている。内樹皮の強い「靭皮繊維」は原材料としての利用範囲が広い。ウガンダ人はイチジク類の木から布をつくるし、かつてアメリカの人たちは（とくにアメリカシナノキで）綱や紐をつくった。また太平洋地域、中国、朝鮮の人びとは木材パルプが使われるずっと以前に、カジノキ（*Broussonetia papyrifera*）の樹皮から紙を漉いていた。

　師部の管は木部の管のようにリグニンで肥厚することがない。薄壁のままである。木部の管は上部からの吸い上げに耐えるようにつくられているが、師部の管がこうした引く力を受けると壊れてしまう。むしろ師部の管は押す力で樹液を運ぶのである。正確なメカニズムについては論議が続いているが、「マスフロー」の仮説が多くの支持を得ている。葉でつくられた糖分は師部の管にどんどんつぎこまれ（これにはエネルギーが必要）、浸透によって水が管に引きこまれる。これによって高い水圧が生まれて樹液を押し進める。糖分が消費されたり、貯蔵される場所でそれらが取り除かれると、再び浸透によって水が追いかけてきて、管の中の圧力を低下させる。一つの端（源；ソース）の圧力が高く、他端（シンク）の圧力が低いと、管の内容物は圧力の低い方に動いていくだろう。それがどれほどの速度かというと、樹液の流れはヨーロッパカラマツで時間当たり10cm、ホワイトアッシュで125cmである。

　樹液の流れは必ずしも葉から根への下向きであるとは限らない。春、貯蔵された養分は上へ向かって（樹液中の糖分とともに）運ばれることがある。樹冠の先端にある果実を発育させるためには、樹冠の下部にある葉から養分を吸い上げなければならない。加圧下にあるこの系の一つの問題点は、どのような傷害であっても出血して死んでしまうかもしれないことである。幸運なことに、パンクによる突然の圧力低下や急激な流出があると、速やかな反応で師板の孔が封じられ、傷害を受けた要素を隔離してしまう。樹液はその損傷部を迂回して流れつづける。

　日中には光合成により、糖分は移出されるよりも早く生産される。余った糖分は澱粉として貯蔵され、夜になると糖分として運び出される。移される樹液は糖分が主体だが、少量のアミノ酸やその他の有機物が含まれている（アブラムシが蜜をつくるのにこれらの少量の窒素を必要とし、それには大量のねばねばした樹液から漉し取らねばならない。不要な樹液をところかまわず吐き出すから、下に車を停めた所有者は迷

惑する)。

　木からはがした樹皮の一片を見ると、内樹皮（師部）は比較的薄いことがわかる（図3.1）。これには二つの理由がある。第一に、あまり多くはつくられない。典型的には形成層が新しくつくる木部は師部の1〜14倍にもなる（木部の形成は師部よりも環境の影響を受けやすく、気候のよくない年には木部と師部の幅がほとんど同じになることがある）。第二に、師部は通常1年しか活動しない（シナノキ類などは例外で5〜10年）。外側にある古くなった師部は、木が太るにつれて外樹皮の締めつけでつぶされ、速やかに新しい外樹皮に同化していく。実際に通導をしている師部の層は通常1mmよりは薄く、ホワイトアッシュで測ったところ、0.2mmしかなかった。なお成長輪が木部と同じように樹皮に出ることがあるが、これは短い期間に限られる。

外樹皮

　保護的な働きをする外樹皮は、主に古い内樹皮（師部）によって構成され、後者はその下に新しく形成された活動的な師部に置き換えられたものだが、これにコルクが付け加えられて耐候性が強められる。このプロセスを最初から説明しよう。若い幹では、苗木であれ大きな木の小枝であれ、表皮が外側の保護層として働いている。しかし、すぐに表皮と緑色の皮層はコルクの層（専門用語では周皮；図3.2と図3.9）によって置き換えられる。新しい成長帯（コルク形成層）が皮層のいちばん外側（時には表皮）にあらわれてくる。この層が外側にコルクの層（コルク組織）を、また時には内側にコルク皮層と呼ばれるいくらかの細胞をつくり出す。コルク細胞が成熟するにつれて、空気、タンニン、蠟状物質を含むようになり、その細胞壁には脂肪物質（スベリン）、時には蠟がしみこんでいる。したがってコルクの層は水とガスに強い。耐候性の卓越した層ではあるが、不都合がないわけではない。第一に、表皮が養分と水分の供給から引き離され、表皮は死んではがれ落ちる。緑色の表皮は樹木全体の光合成にかなり寄与しているので、これは惜しいことである（第2章）。ところが、いくつかの樹種では、コルク皮層（コルク形成層の内側につくられた特別の細胞）が葉緑素を含んでいて、コルクの樹皮で光合成ができる（とくにサクラ類やポプラ類のように樹皮が薄い場合）。コルク層の第二の帰結は、樹皮を通してのガス交換が妨げられることである。樹皮、形成層、木部などの組織は、生きているあらゆる細胞がそうであるように、酸素を必要とする。これを解決しているのが、樹皮にある孔（皮目）である。皮目はコルクの層が裂けてできた粗い細胞の隆起で、ガス交換のできる空隙を多数もっている。通常若い枝の気孔の下に形成され、樹皮の上に小さい吹き出物のように出ることもあるし、カンバ類やサクラ類のように水平方向に隆起した線として出ることもあり、樹皮表面の2〜3％になる。

　樹皮は耐候性のある被覆であるとともに、バクテリアや昆虫、哺乳類の攻撃から樹

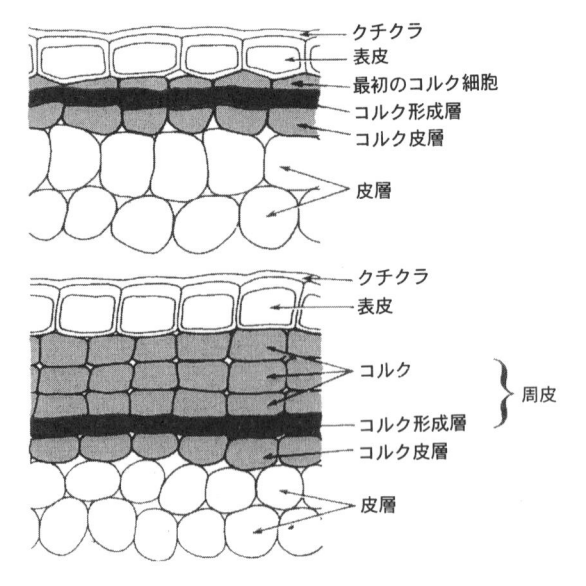

図3.9 若い樹皮の断面
コルク形成層の発生とコルク細胞の成長を示す

木を保護している。樹皮は一般的な強さに加えて、多くの化学物質を含み外敵の攻撃を減らしている。中には人間に有用なものもある。キニーネ（アメリカンキニーネ：マラリアに有効）、スリランカ産シナモン、クロウメモドキ属の樹皮からの下剤、皮なめし用のタンニン剤はオーク類、カンバ類、ハンノキ類、ヤナギ類、ユーカリ類、熱帯マングローブなどの樹皮からとれるなど、数多くのものがある。

ほとんどの単子葉植物は樹皮を形成しない。そのかわりタケの場合は表皮が非常に硬くなるし、数多くのヤシ類ではそこにある組織が表面のすぐ下でコルク状になる。二次肥大をする単子葉植物（ユッカ、センネンボクやリュウケツジュなど）では、ある種のコルク層ができて、双子葉植物のような樹皮になる。

樹皮はどのようにして幹の肥大に対応するのか

大部分の樹木では、春になると師部は木部よりも6〜8週間も早く活動を開始する（ある種の環孔材ではその差がより小さい）。新しい木部が樹皮の下で成長を始めると、新しく形成された師部はすぐにその圧力を受ける。放射組織にとって手っ取り早い対応は、横方向に成長（ないしは拡張）することだ。そのため断面を見るとトランペットの吹き口のようになる（図3.10）。これはきつくなったシャツにパネルをいくつも

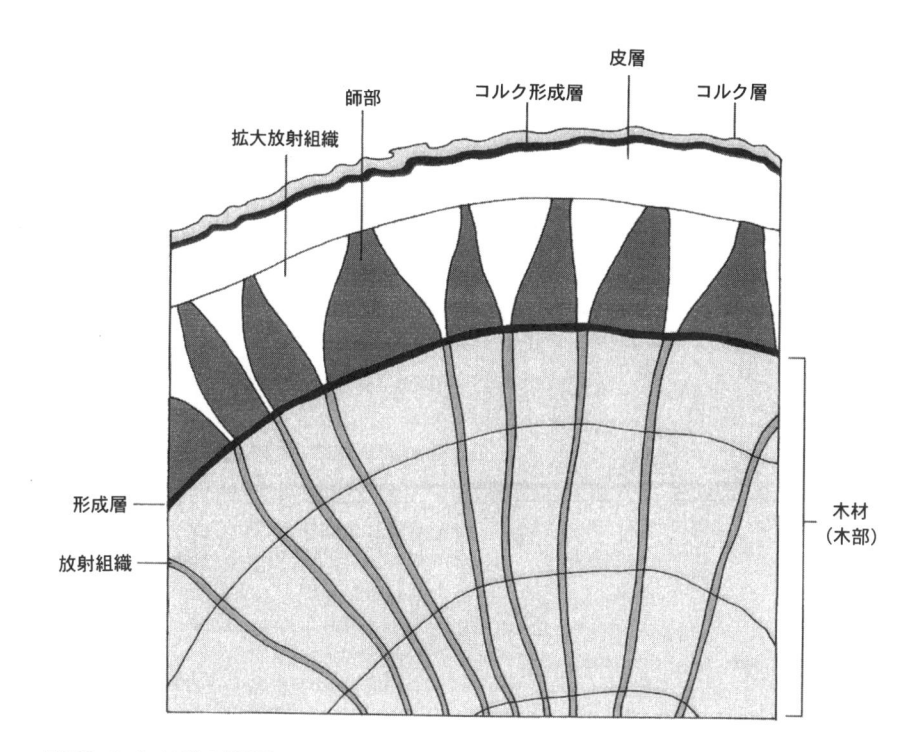

図3.10 シナノキ類の横断面
　　　膨張した放射組織を示す。この拡大によって内樹皮がその中側に形成される新しい木材（木部）で引き延ばされることに対応する

縫いこむようなものである。拡張成長が一般的なのはミカン類とシナノキ類である。しかし樹木が毎年大きくなるとどうなるだろう。木の直径は年々大きくなり、数センチから時には1mにもなるから、最初にできた師部と樹皮は不釣り合いに小さくなってしまう。

　一つの解答はどんどん拡張成長をすることだ。実際にブナ類の場合、われわれが手に触れる樹皮の外側は完全に拡張した組織である（図3.11）。これは、毎年できる内樹皮の厚さが非常に薄いことによって助けられている。この解答の第二の要素はコルク形成層である。ある種類の樹木ではコルク形成層からコルクをつくらない。そのかわり、木の生涯を通して皮層と表皮が成長し幹を被覆する。モチノキ類、カエデ類、アカシア類、ユーカリ類、ミカン類などに見るように、これらの樹皮は有能だが非常に薄い。しかしブナ類にはコルク形成層があり、普通は樹木の一生の間活動を続け、木の肥大に対しては横方向の成長で対応している。生産されるコルクの組織は非常に

(a)

— 薄い外樹皮
— 内樹皮
  膨張組織（ハッチの部分）が顕著
— 木材

(b)

— 外樹皮
  コルク形成層が多数
— 内樹皮
— 木材

1 cm

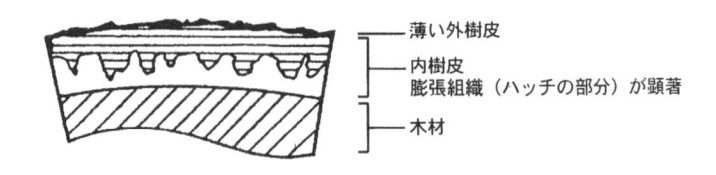

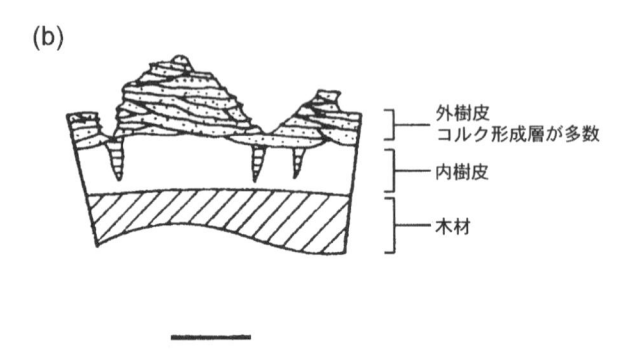

図3.11　樹皮の横断面
　　　　(a) ブナ類、(b) オーク類

少量で、薄い樹皮は埃のような微粉となって落ちてしまい、樹皮は平滑のままである。同じような様式の成長によってカンバ類、サクラ類、シデ類、いくつかのカエデ類、モミ類などの樹皮は平滑になる。しかし、これらの樹木では、最初のコルク形成層の交代は生涯のずっと後になって（おそらく1世紀後には）起き、古木のサクラ類に見られるようなゴツゴツした樹皮になるのであるが。

　大部分の樹木では、内樹皮がブナ類の場合よりも4倍あるいはそれ以上に速く成長するので、処理すべき組織はずっと多くなる。この場合は新しい形成層が連続して内樹皮のより深くにつくられる。これらの形成層は普通曲がった貝殻が外向きになった形（板状になって）をとるか、あるいは樹皮の中で長めの線になり、強い靭皮繊維とともに、オーク類に見られるような畝をつくる傾向がある（図3.11）。これらの形成層は数年は生きているが、その後下にある新しい形成層との連絡を絶たれて生命を失う。外樹皮の死んだ組織は拡張組織をつくることができないので、樹木が周囲を拡張すると、その表面は裂けて若い時の平滑さを失い、成熟した木のゴツゴツした樹皮に

変わる。このような変化に要する期間は、ヨーロッパアカマツで10年、セイヨウシナノキで12年、ハンノキ類で20年、オーク類で30年である。

この二つの樹皮形成は、食べすぎて着ている服がきつくなったときの対処法にたとえられる。体に服を着たままにしておくには二つの選択肢があって、一つはブナ類と同じように薄くて伸び縮みのする服を着ること（ただしブナ類の樹皮は直径が増加するほどには伸びない）、もう一つはきつい服の下に大きな服を着て（これは簡単なことではないが、永続的な被覆が保証される）、きつい方が破れ落ちるのを待つことである。後者はオーク類がやっていることで、古い層が外側にゴツゴツした畝として残されるのである。

これまで見てきたように、樹皮の大部分は死んだ師部で構成され、しばしば強化のための繊維をもち、少量のコルクが薄い層をなしてつくられている。一つの例外はコルクガシである（図3.12）。コルクガシはブナ類のように単層のコルク形成層をもっているが、8〜10年にわたって厚いコルク層をつくり出す能力がある。コルクの層が

図3.12　コルクガシ（*Quercus suber*）アイルランド・バーキャッスルで

厚くなると、樹皮に垂直方向の切れ目を入れただけで、ほとんど純粋のコルクがすぐに離れるようになり、古いコルク形成層にそって円筒になってはがれてくる。その後の幹は桃色になるが、すぐに黒色に変わり、新しいコルク形成層が古い内樹皮の深いところに形成される。コルクの生産速度は以前にも増して速くなり、黒色の皮は裂けてしまう。このように連続的にコルクガシをはがすと、コルクの品質はますますよくなり、3～6回の剥皮まではワインのコルクに十分なものがとれる。コルクが完全不透過でないことに注意してほしい。コルクは皮目をもっていて、樹皮の中をガスが通れるのである。瓶に使うコルクは、皮目がコルクを横断するように切断され、アルコールやその他の液体が漏れ出ないようになっている。たいていの樹木は幹のまわりの樹皮がはがれると枯れる。これは樹皮が維管束形成層にそってはがれ、内樹皮がすべて失われるからである。コルクガシの場合は、樹皮はコルク形成層にそってはがれるが、内樹皮はそのまま残っている。

　雷に撃たれたときには、オーク類はしばしばブナ類よりもひどい被害を受ける。この理由は簡単である。樹木が雷を受けると、電流はもっとも抵抗の少ないところを通る。ずぶ濡れになっている木では、電流は幹の外側を通るが（ほとんど被害にあわない）、乾燥した樹木では木部の水を通っていくので、水が爆発的に沸騰する。ガサガサしたオーク類の樹皮が完全に濡れるまでには、ブナ類よりずっと多い雨を取りこむのである。オーク類はその分危険が大きい。

樹皮の厚さと樹皮の剥離

　平滑な樹皮は驚くほど薄く、直径30cmのヨーロッパブナでその厚さは6mmしかない（同じ直径のオーク類では数センチに達する）。林業技術者は伐採された丸太の樹皮量の目安として、ブナ類で7%、オーク類で18%としている。これは、樹皮がいかに早く成長するかではなく、古い樹皮がいかにしつこくついているかを示すものだ。オーク類やセコイア、その他の厚い樹皮をもつ樹種では、次々とできるコルク形成層がお互いにくっついていく。そのため、ジャイアントセコイアなどは樹皮が80cm以上にもなり、何百年も経た師部があって、幹は火に強いスポンジ状の軟らかいおおいに包まれている。

　樹皮を落とす樹木では、プラタナス類のように、薄壁のコルクの細胞がコルク形成層によって分離され剥皮が起こる。したがって、剥離の形や大きさは、次々に連続する形成層の構成を反映している。カンバ類やサクラ類は薄壁と厚壁のコルク細胞が交代で層をつくるので、この結果薄い紙のようなシートを落とす。またユーカリ類の中には、樹皮に薄壁の細胞の塊が形成され、樹皮が死ぬとばらばらの繊維状の紐になるものがある。樹皮を落とすのは、成長の季節の終わりごろによく起こることで、とくに暑い気候の後では、乾燥による収縮がゆるくついている樹皮片を樹木から切り落と

す手助けをする。樹皮はなぜ落ちるのか。場合によっては、樹皮に寄生する生物への対抗措置になっていることがある。カリフォルニアに生育するマドローンは、派手なオレンジ色の樹皮を規則的に落とすので、周囲にある樹木とは違い、宿り木が寄生しない。モミジバスズカケノキが都市で長生きできるのは、規則的に樹皮を落とすからである。樹皮とともに汚染物質で詰まった皮目が除去され、新しく出てきた皮目がこれにかわる。

　日陰に育った樹木の樹皮は薄くなる傾向がある。周辺の樹木が突然伐採されたりすると、とくに樹皮の薄い樹種（カンバ類、シデ類、セイヨウカジカエデ、トウヒ類、シルバーファーなど）は陽にさらされて太陽に当たる側が損傷を受ける。木を移植する場合は、紙やラフィア（ヤシ類の葉の繊維）で包んだり、麻袋に入れたりしてこれを避けている。

こぶ、芽と萌芽

　異常な出っ張りあるいは隆起は、ほとんどすべての樹木の幹や枝に見られるものである。これらのこぶはごく普通に見られるが、それがどのようにして形成されるかは

図3.13　ダーマストオーク（*Quercus petraea*）の巨大なこぶが幹のほとんどをおおっている。小さいこぶの一つ一つはゴルフボールからフットボールの大きさにまでなっている（イングランド・スタッフォードシャー・キャノックチェースで）

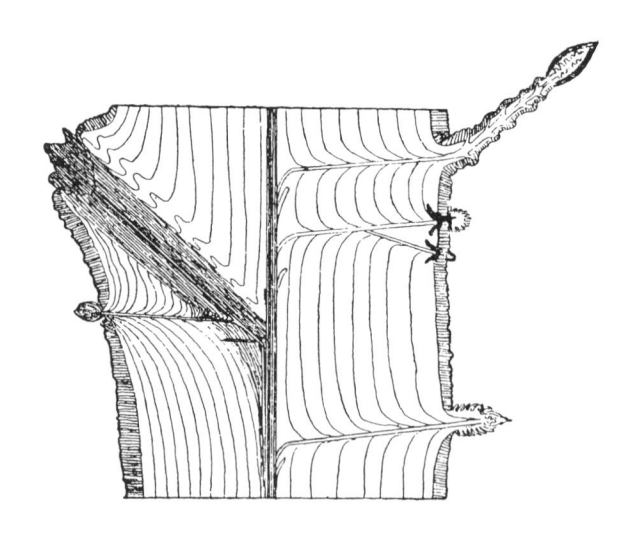

図 3.14　樹幹の縦断面
　　　樹幹の中央部でできた萌芽をもち、毎年樹皮の表面に出るように成長している。時に分岐する

あまり知られていない。昆虫類、バクテリア、ウイルスなどが形成層にさまざまなタイプの異常をもたらし、いったん始まると新しい木材が付け加えられるとともに、こぶは年々その大きさを増していく。その意味では癌に似ている。もう一つのタイプのこぶは、芽の集団が樹皮の中に埋もれているところに形成され、それが幹の成長をゆがめる（図3.13）。このような幹の芽は実際には休眠しており、若い葉の腋に正常な形で形成されたものの、それ以上は発達しなかったものである。しかし休眠のままとはいえ、毎年何がしか成長して樹皮の表面かその直下にとどまっている（図3.14）。これらは成長するにつれて、しばしば枝分かれするので、ひと塊になって木材のどこか1カ所で発達し、なじみのあるこぶをつくる。実際、こぶを切り開いてみると芽の痕跡が幹の中心まで伸びていることがわかる。すべての芽は春には開き、休眠芽はごく少ないように思われるだろうが、実際にはそうではなく、レッドオークなどでは約3分の2が、春になっても休眠芽の状態で残っているという。その後、多くのものが発育不全になるが（第7章）、あるものは生き残る。こうした休眠芽は木の保険のようなものだ。樹冠が損傷を受けたら（あるいは人間が枝打ちしたら）、急に伸び出して新しい枝をつくる。セイヨウシナノキやオウシュウニレなどでは、健康で正常な樹木でも、休眠芽がたくさんあって幹の根ぎわにシュートを集団的に生成する。芽はオーク類のように幹の上方に拡散することもあるし、ユーカリ類やカンバ類のように根ぎわに集中していることもある。

萌芽は「不定芽」の中に入る。何かの傷を受けた後に、幹の生きている細胞であれば、どこからでも新しく形成される。傷をおおう癒合組織の上にできることが多い。ポプラ類、トチノキ類、ブナ類、クルミ類などの伐根上の若枝はどちらかというと癒合組織の上の不定芽からのもので、休眠芽からのものではない。同様に根株から出る萌芽のほとんどは不定芽で、必要になったときに出てくる。

　注意してほしいのは、多くの熱帯産の樹種と温帯産のセイヨウハシバミでは、自身で萌芽することができ、根ぎわから新しいシュートを簡単に出して、小枝の集団をつくることだ。ただし伐り株から出る萌芽に比べると大きさが不揃いになる傾向がある。

　針葉樹は（貯蔵している芽でも不定芽でも）萌芽からの成長が難しいことで知られている（ただし第7章の葉の腋における新しい芽の形成を参照のこと）。針葉樹を根元で切るか枝葉を取り去っておくと死んでしまう。もとよりこれにも例外があって、カナリーパイン、チリマツ、セコイアなどでは再生してくる。

　広葉樹でも年をとってくると萌芽による再生力が失われる。イギリスで古くから行われてきたポラード（頭木更新）では、地上から2mくらいのところで幹を切り、その根株から、当時地元でよく使われていたまっすぐな木材を再生させていた（萌芽更新の場合は地面の高さで伐採するが、公園などで一般的な頭木更新は再生したシュートが鹿やその他の放牧動物の食害にあわないように高いところで切る）。自然保護団体は、100年も前に頭木更新した樹木で再び歴史的な更新方法を復活させようとしているが、このような古い枝にはあまり芽がついていない。ただ幸いなことに、これをうまく行う方法について、かなりの研究成果が集積している。

枝と節

　不定芽（上述）として生じた枝以外のすべての枝は、それが出ている幹あるいは枝の中心までたどることができる。新しい枝が最初の年に伸長すると芽をつけ、その翌年にはこれが若い枝に育っていく（第7章で詳しく説明）。新しい木材の層が毎年、木とその小枝の上に連続した層となって重ねられる（幹の成長輪の方が枝のそれより広いので、枝の直径は幹のそれよりはゆっくりと増加する）。これを長さ方向の断面で見ると、図3.15aのような古典的な模様になっている。埋もれてしまった部分はもう直径が増加しないので、幹の中心に向かって先細りになっている（いわゆる流れ節）。木材を長年にわたって解析してきた林学者のシーゴは、実際にはもう少し複雑だという。彼の主張によれば、新しい木材が、はじめは枝にそって成長し、下に曲がった枝のカラー（首飾り）を形成する（図3.16の(1)）。その後、幹の組織が上から形成されるようになると、それが枝のカラーの先端をおおって幹のカラーをつくり出す（同2）。これら二つのカラーは枝の接合部の上か下かで水の連絡を開始する（同4）。ところ

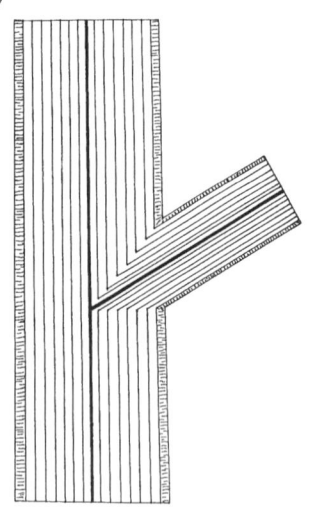

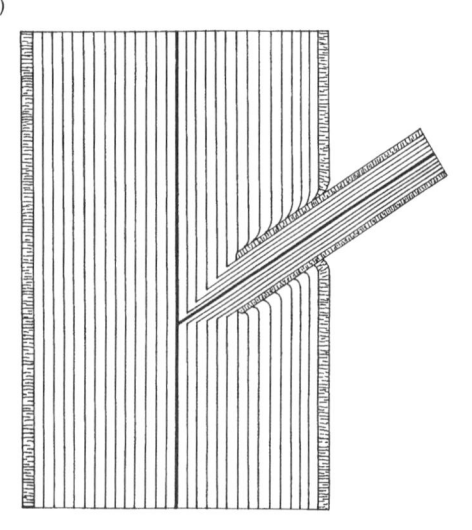

図3.15 幹の縦断面
(a) 樹幹の中で年輪がどのように重なっているか、また樹心に向かっている「流れ節」をつくる枝の状態を示している
(b) 枝が死んだ場合（6年後に）枝に直角に切って板をつくると、幹の中央部付近からの板には「生節」が、樹皮付近からの板では「死節」があらわれる。生節は板から抜け落ちることはないが、死節は抜け落ちる。死節は樹皮に囲まれているか、枝が新しく形成された木材に囲まれる前に樹皮は落ちている

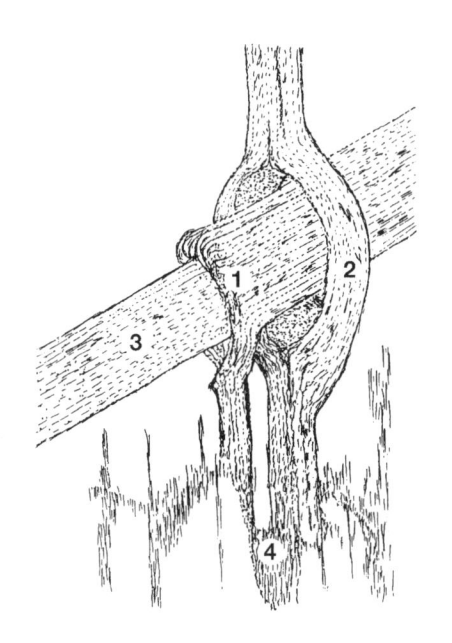

図3.16 枝の幹への取りつき
(1)枝のカラーが枝(3)によって春につくられ、続いて幹のカラー(2)をつくるために木材が幹で形成される。これらのカラーは枝の接合部(4)の上か下のどこかで水分のつながりを発生する

が、二つのカラーはしばしば混ざり合っているので、はっきりとは区別できないことが多い。枝の基部につくられたカラーは図3.17のようになることがある。幹と枝が肥大すると樹皮は股のところで皺をつくるようになり、「樹皮の隆起」を形成する。シーゴは、枝打ちにあたっては、打ち傷の上の癒合組織の成長と閉鎖を最大限確実にするために、この皺とカラーを傷つけないようにと呼びかけている。

木材を買うとき常に気になるのは材面の節である。なぜある節は堅く材の中についているのに、他のものは簡単に落ちるのか。節は幹が直径を伸ばしていくにつれてその中に埋まった枝の部分である。枝が生きていたときには、図3.15にあるように枝は幹につながっていて、節は堅く保持され、落ちることはない（生節）。ところが枝が死ぬと、直径を増やすことをやめ、新しくできた木材がそのまま死んだ枝のまわりを包むので、枝は死んだ組織の円柱として次第に埋もれていく。これを切断して板をつくると「死節」ができ、樹皮に包まれていることも多い。このような節はまわりが黒くなり、木材との接合がとくにゆるくなっていて、脱落しやすい（図3.15b）。

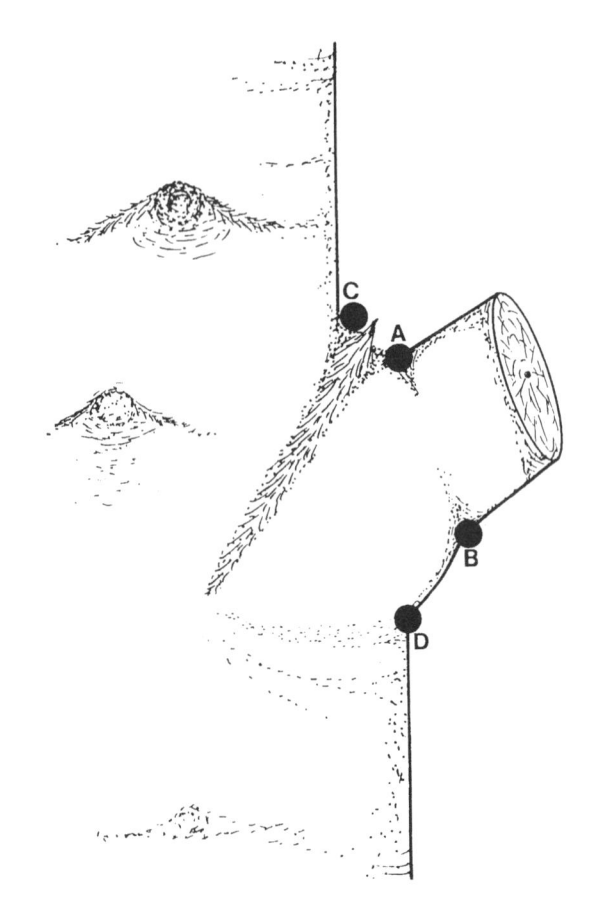

図3.17 正しい枝打ち
切断はAからBへ行い、樹皮の隆起（C）を残し、カラー（B—D）に触れないでおく

あて材

　傾いている樹木は、どうやって自分でまっすぐに立て直すことができるのか。よくあることだが、針葉樹と広葉樹とでは反対の方法をとっている。ほんのわずかの例外はあるが、針葉樹は押し、広葉樹は引いている。傾いている針葉樹では、幹が傾斜しはじめると、圧縮あて材が幹の下側の新しい木材の中に形成される。切り倒した樹木の断面で見ると、年輪が広く、色の濃い三日月形の帯になっている。これが形成され

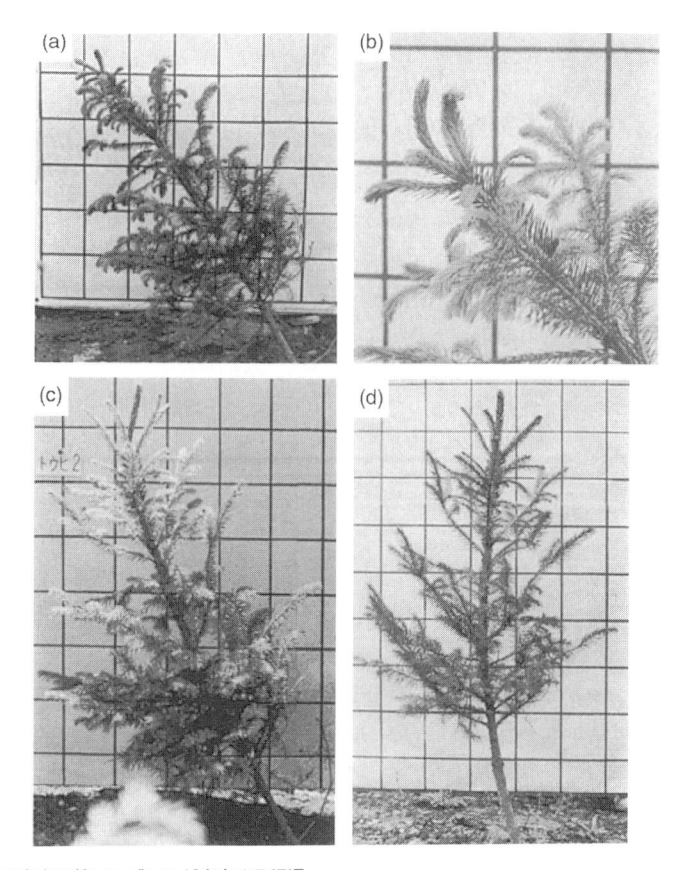

図3.18 日本産の若いエゾマツが直立する経過
(a)傾斜させた直後、幹の下側に圧縮あて材ができることで、徐々に立ち上がってくる、(b) 3日後、(c) 1カ月後（先端は戻りすぎている）、(d) 4カ月後

ると、圧縮あて材が拡張し、樹木が直立するように押していく。圧縮あて材と呼ばれるのは、明らかに圧縮力の下にあるからで、その部分を切り取るとわずかに長さが増える。予期されたように、軸方向への復帰は幹の先端から始まり（いちばん細いところ）、だんだんと下へ進んでいく（図3.18）。樹木の先端部分は、下の部分が太い幹をゆっくりと曲げようとしているのに、直立の位置に戻っていることがある。この結果、何年か経つと樹木の先端は当初の反対側に傾くようになり、再度の立て直しを迫られてより多くのあて材が生産される。幹の形はS型になるだろう。あて材はツガ類ではすぐにわかる。毎年出てくる枝の先端は自然に垂れているが、成長期の終わりまでに

あて材ができ、自身の力で直立（あるいはそれに近い状態）にしている。

　針葉樹のあて材はそれを取り巻く正常材とはっきり違っている。仮道管は短く、断面は円形で、細胞の間に間隙が多い。またリグニン含有量が高く、セルロースのそれは低い。したがって木材はより重く、硬く、弱く、かつもろい。さらに軸方向の収縮率が極端に大きい（正常材の10倍）。木工用には避けるのが最善である。しかし、風の強い地域で育ったヨーロッパアカマツの木材はその20〜50％があて材であることを忘れないでほしい。

　これに対して広葉樹は、傾いた幹の上側にそって「引張あて材」（引張応力を受けて偏心して成長した材）を形成する。この場合は、表面からは正常の木材との違いがわからないので、簡単には見分けられない。にもかかわらず、これが形成されると、縮んで樹木を引っ張り直立させるのである。引張あて材は厚いゼラチン繊維（主として結晶性セルロースでリグニンがほとんどなく、針葉樹と反対）が豊富で、道管は数が少なく、小径である。このため木材は乾燥の際、裂けたり、落ちこみが出やすい。

　あて材は、傾いた樹木の直立のみならず、樹種によっては枝の角度を正しく保つためにも使われる。さらに、ある種の熱帯樹では、引っ張りあて材が密林の中で十分な光を求めて樹冠を動かすために用いられるという証拠もある。あて材をコントロールしている因子は成長ホルモンのようであるが、まだその機構は明らかになっていない。傾いている樹木では、樹木の中を下がっていく成長ホルモンの正常の流れが重力で動かされ、下側に蓄積するようになる。そして、同じ因子が針葉樹と広葉樹で正反対の反応を引き起こすのである。

注1——枝の一端から石炭ガスを押し入れて他端で火をつける実験がかつて行われたことがある。この実験を行った枝の長さは水の相対的な通りやすさを推定する目安を与えてくれた。最小限の長さはトネリコ類（環孔材）の枝で10フィート、カエデ類（散孔材）で2フィート。針葉樹では1.5フィートでもガスの流れは止まった。1インチ×1インチ×2インチのレッドオークの木片の一端を石鹸液の中につけて息を吹きこむと泡を吹き出すことができる。

第4章　根——樹木の隠された部分

　樹木の根といえば、樹冠を逆さにしたようなものが地中深く刺さりこんでいるというイメージだが、実際の樹木はワイングラスのような形をしていて、根系は浅く広がった盤になっている（図4.1）。たいていの樹木は根をそれほど深く張ってはいない。というのは、土が硬くてそう深く根を張れないし、また深く張る必要もないからである。根の主要な機能は二つあって、一つは水とミネラル（無機養分）を吸い上げること、もう一つは樹木を上向きに保持することである。普通の状況では、水分は雨に由来するために地表でもっとも多いし、たくさんの枯死物が蓄積・分解して放出される無機養分（窒素、カリなど）にしても同じことがいえる。したがって、たいていの樹木の根が地表近くにあるのはむしろ当然のことだ。平たい皿状の根系（ルートプレート）は樹木の保持に有効であり、根を深くする必要はない（第9章）。

　根はそのほかの機能ももっている。つまり、後日使うために貯蔵物質を蓄えたり（第3章）、また樹木のサイズを決めるのにも重要な役割を果たしている。根は普通、樹木の重さの20〜30％を占めている（ただしこれには幅があって、熱帯雨林のある種の樹木では15％しかないし、乾燥気候でのそれは50％にもなる）。しかし全重量の40〜60％を占める幹を無視すれば、樹冠と根は大まかに同じ重さと見ることができる。これは根と葉のバランスを判断する目安となろう。あまりに根が少ないと、樹冠は水分不足によって被害を受ける。また葉が少なすぎると、根も十分な養分を得ることができない。両者の間には均衡が必要である。根は水分供給によって部分的に樹冠を制御しているが、同時にホルモンの生産によっても樹冠を制御している。このような調節に疑問をもたれる向きは、矮性の根株の上に接ぎ木して樹高を抑える果樹の栽培技術を想起されたい。

　水分とそれに溶けこんでいるミネラルは土壌の中をゆっくりとしか動かない。したがって根は水分がくるのを待つのではなく、むしろ水分のあるところに向かって伸びていかなければならない。根は一般的には重力の方向に成長するはずであるが、特別の方向、特定のものに向かって成長するわけではない。割れ目や虫の通り道、古い根が朽ちた後の隙間にそって伸びていき、また水分にいきあたったところで急激に成長

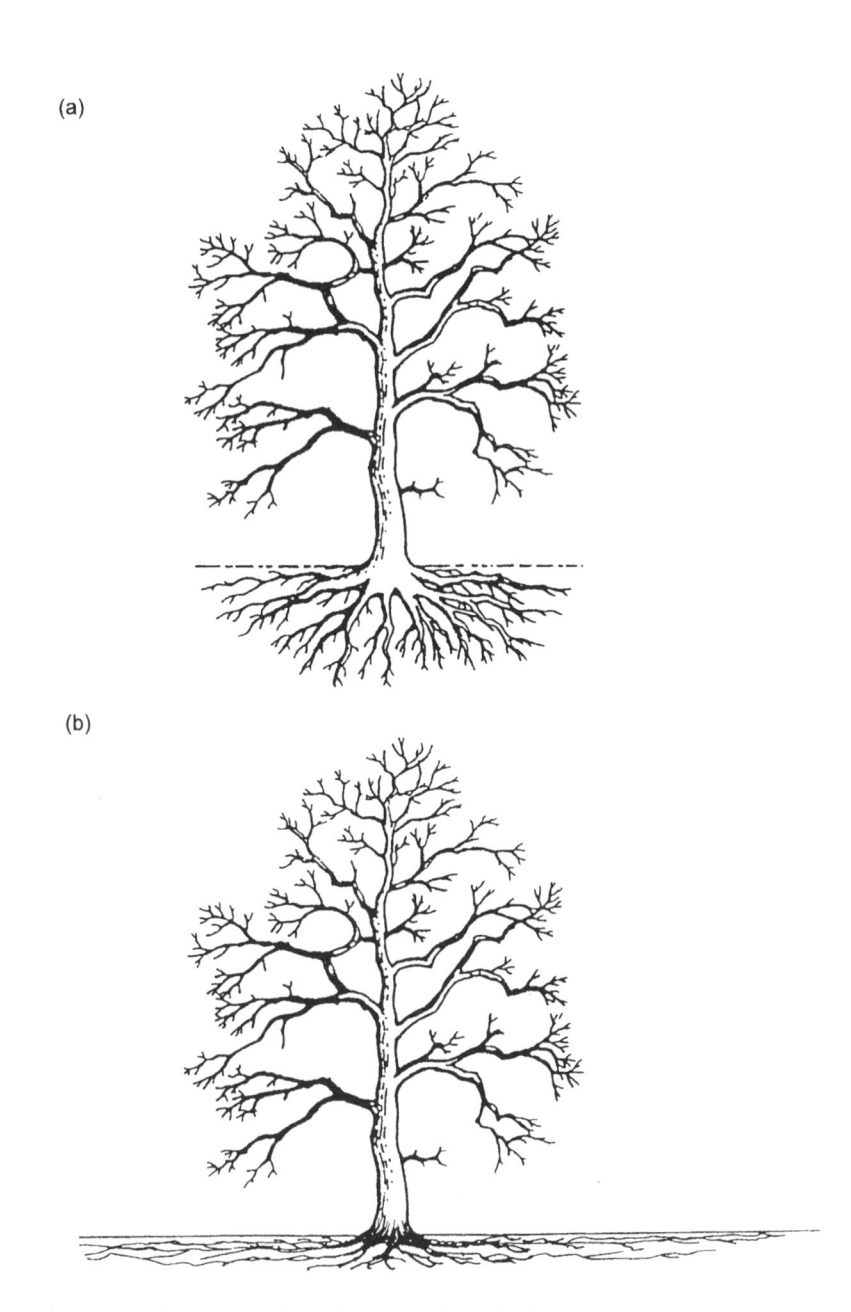

図4.1 (a) 樹木の根系とはどんなものかという普通の概念図
　　　(b) より現実的な描写

する。この点ではむしろ日和見主義といっていい。土壌は少し離れただけで著しく変わることが多いので、根系の形は樹冠よりも変化に富んでいて成長の仕方に特別のパターンがあるようには見えないが、それでもたいていの樹木の根系は、中央部の皿状の根と周縁部に分けることができる。

皿状の根系

　新しく発芽した芽生えは1本の根を伸ばし（第8章）、これが若い主根として下に向かって成長する。ある樹種群、たとえばトウヒ類、シナノキ類、ヤナギ類、ポプラ類、カンバ類のように小粒の種子をつくる樹種の場合には主根は小さく、容易にゆがみ、主要な役割を果たすことはめったにない。ヤナギのような2、3の樹木では、主根の成長が非常に遅いので、ひげ根系をもつと記載されている。マツ類、オーク類、クルミ類、ヒッコリー類などを含む別の樹木では、主根は勢いよく成長し、はじめのうちは根系を支配する。オーク類などは最初のシーズンに50cmに達するほどだ。しかしこの場合でも、主根が必須というわけではない。裸地にじかに播いた種子から育てた樹木は普通、移植の時に主根を失うが、とくにマイナスの影響は見られない。

　すべてではないにしろ多くの樹種では、主要な「枠組み構成型の根」（普通には3〜11本）が主根の基部からいくつも成長するにつれて（図4.2）、主根の重要性は減少する。これらの水平根は、トウヒ類やモミ類のように地表面近くに位置するか、オーク類のようにまず斜め下向きに数十センチも成長して、それから水平に伸びることがある（根は斜面の上部に向けて成長することもあるので、むしろ地表にそって伸びるというべきか）。

　樹木の根元にある水平根は直径が30cmにもなることがある（そのため幹の基部：根際部分が著しく膨らんでくる）が、根元を離れると急速に細くなり、1m先で10cm以下、1〜4mのところでは2〜5cmほどになってしまう。それと同時に根は硬さがなくなり、縄のようになる。これらの側根は幹から車輪のスポークのように伸びてきて、叉状になったり、枝分かれしたり、重なったりする。十字に交差する枠組みの中では、硬く大きな根は互いに遠く離れることはできない。これらの側根は太くなり、互いに強く押されて中の組織は互いに癒合する（幹の動揺によって交差する根の皮がはげ、癒合が促進されることがある）。

　こうして根と根の結合が強まり（図4.2b）、樹冠と同じかやや広い、がっちりした皿状の根系がつくられる。樹木が揺れる際にはこの皿がひと塊になって動き、樹木を支える錨のような役割を果たす。癒合した根が伸長する間に石を抱えこむと、皿状の根系はさらにがっちりし、重くもなる。ダーウィンは『ビーグル号航海記』の中で、太平洋のラダック諸島の住人たちは海岸に漂着した樹木の根系から石を取り出して彼

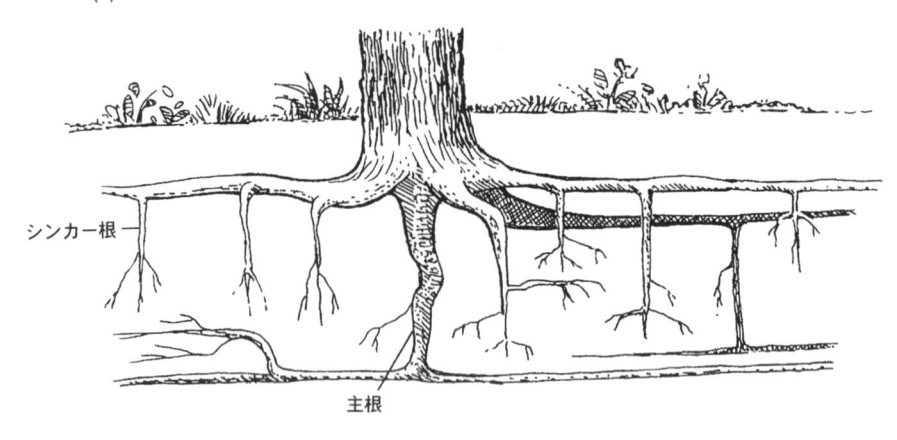

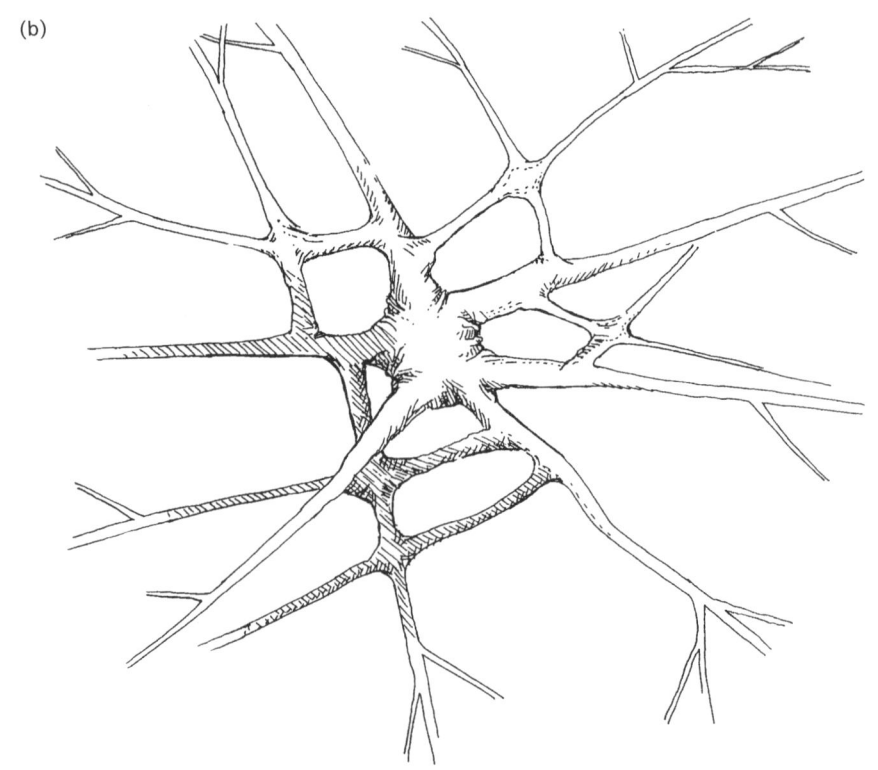

図4.2　根の一連の特性を示す枠組み図
　　　横から見た図(a)と下から見た図(b)

らの道具を磨いていた、と記している。

深い土層に張る根

　土壌が深い場合には、樹木の支えがその分強化され、またシンカー根によって深層の水源にアクセスできる。シンカー根というのは、普通には幹から1～2mまでの範囲の水平根から成長する根をいう。シンカー根は、長さも太さも主根と同じくらいで、いずれも障害物や地下水面、または低酸素濃度の部分につきあたるまで成長する。このようなわけで、温帯土壌でも熱帯土壌でも、根は普通1～2mは貫入しているが、水はけのよい土壌なら3～5mに達する（すべての熱帯樹木は根が浅いというのは作り話にすぎない）。もっとも深い層にいったん到達すると、水平に成長して下層の水平根層を形成する（ただし地表に近いところほどには活発でなく、また枝分かれもしない）。あるいは繰り返し枝分かれして箒のようにふさふさした構造を形成することもある（図4.2a）。さらに話は複雑になるが、レッドオークでは、水平成長を再開する前に水平根が地表へ向かって斜め上向きに伸びる。

　遺伝的な成長パターンを土壌条件に適合させる能力は樹種によって異なっている。たとえば、長い直根と優れた水平根をもつマツ類は、浅い土壌でもよく成長する。同様に、ひげ根系をもち、原産地では普通浅くて冠水性の土壌に見られるヤナギ類やトウヒ類は、乾燥土壌でも深く根を張ることができる。反対に、ヨーロッパモミ、セイヨウカジカエデ、オーク類を含む他の樹木は深い直根に強く依存しており、そこから水平根が形成されるが、浅い土壌ではうまく機能しない。これは調整能力がまったくないということではなく（セイヨウカジカエデの苗木は日照りにあうと根を深く伸ばす）、適応力に限界があるということだ。

　たいていの樹木は1～2mより深くは根を伸ばさない。しかし乾燥地の世界ではそれよりもずっと深くまで根を伸ばして水にアクセスする例がいくらでもある。スエズ運河の掘削で掘り出されたアカシアでは12m、アメリカのシエラ山脈の西斜面にあるマツ類では15m。もっと深いのはアリゾナ州トゥーソンに近い露天掘りの鉱山の礫岩床で、地下53mに見られたメスキート類の根である。最初は化石化した根だと思われたが、炭素14による年代測定の結果、6年生以下であることが判明した。ボツワナのカラハリ砂漠の深い砂の中に、シェファードツリー（*Boscia albitrunca*）と呼ばれる在来樹木の根が、試掘孔の68mよりも深いところで発見された（地下水面は141m）。また南アフリカではイチジクの仲間の根が120mの深さのところにあったと報告されている。

　これらの場合で根が深く伸びたのは、乾燥土壌で貫入が物理的に容易であり、そこで水にいきついたという単純な理由による。深い地下水面に依存する、こうした極端な場合には、シンカー根と直根は水平根と置き換わって主根となり、多くの樹木で期

待されるような伝説的な根系パターンをつくることがある。「正常な」樹木の地下水面への依存については、後に論議することにしよう。

皿状の根系から外に出た根

　嵐の後、傾いた木や倒れた木を見ると、皿状の根が地面から持ち上げられていることがある。このような光景は、多くの人びとに疑いもなく樹木の根は枝と同じくらいの広さに広がっているものだという印象を与える。しかし水平根の先は皿状の根系の端で終わってはいない。細くて切れやすい根がかなりの距離にわたって樹木のまわりの土壌に伸びている。これらの根は細く縄状で、直径は2～5cm、あまり先細りはしていない。一見したところ重要ではないように見えるが、全根量のおよそ半分、表面積でも半分を占めることがある。これらの根の役割は樹体を支えることより、水分を探知することだ。中心的な根系の端では水平根がすでに1～2m離れている。水平根が車輪のスポークのように広がると、その空いたところを満たすべく、根は繰り返し分岐する。枝分かれは本来、傷ができた際の反応として、また先端が障害物を避けて成長する場合に起こるものだ。岩石につきあたった根は普通いずれかの側に枝分かれする。これはきわめて偶発的な過程ではあるが、外見的には十分に機能している。

根はどのくらいの範囲に広がるのか

　温帯樹木では、幹からの根の広がりは普通樹冠半径の2～3倍、乾いた砂質土壌の場合には半径の4倍になることさえある。あるいは木の高さの1.5～2倍といったところだ。実際の距離でいえば、オークの根は幹から30m離れたところにまで到達する（根の広がりがどのくらいか歩いて実感するとよい）。ただしこれにも樹種特有の差異がある。セイヨウトネリコやタイサンボクは、長くて成長が早く比較的枝分かれの多いパイオニア的な根をもっていて、幹からの根の広がりは樹冠半径の4倍にもなる。つまり大量の土壌を利用できるように設計されているのだ。ところがヨーロッパブナやアメリカのグリーンアッシュは、短くて成長の遅い根をもち、それがたくさんの枝根をつけて、少量の土をより効率的に使えるようになっている。ブナが干魃に弱いのもこのためだろう。ブナは使える水分を使いきると、新しい区域の土壌を素早く利用することができないのだ。

根による被害

　根が周辺に大きく広がり、また岩石に割れ目を入れるほどの力があるとすれば、家

の近くに木を育ててよいものだろうか。幸いなことに、根が建物の損壊にかかわるのは比較的まれなことである。建物や道路、歩道（小道）に対する直接的な被害は、幹の周囲や水平根の基部が太くなることによって引き起こされる。しかしひとたび幹から離れると、根は目に見えて太くならず、障害物を避けて伸びる傾向がある。根が歩道や車道のような軽い構造物を持ち上げることがあるが、このような現象が起こりやすいのは、トネリコ類やサクラ類、カンバ類、マツ類のような地表近くにたくさん根を伸ばす樹種である。

　根は締まった、または硬い土層を貫通するのはあまり得意ではない。古い根の跡や家の基礎にできた割れ目などのような構造上弱い線にそうことができなければ、すぐに成長が止まってしまう。しかしひとたびそういう箇所に入りこむと、根が成長するにつれてかなりの側圧を働かすことができる。成層面にそって岩石に割れ目を入れる凄さは石積工も顔負けである。強くて弱いという、この根のパラドックスは、植栽された木でしばしば見られる。とくに粘土質土壌の場合、掘った穴の滑らかな側面は、新しい側根が植え穴の内面にそって成長するようにしむけ、いわゆる「絡まり根」ができる。これは根自身を包みこむように成長するもので、カエデの類で目立つ。安定性と水分吸収の関係で根が植え穴の外にまったく出ないことがあり、樹木が十分に長く生き残ると、絡まり根が幹の増大を制限し、結果として個体の成長をはばむことになる。同じような問題は容器の内側にそって成長する根でも起こる。苗木を容器から取り出して植え替えた場合にも、これが継続する傾向があるため、針葉樹の植林事業では小型の容器（ポット）に隆起線をつけたりして、このパターンを防いでいる。または硫酸銅を塗ってもよい。根は硫酸銅に接触すると成長が止まる。また根切りをしたために、元の根に対して適当な角度でついている新しい側根が、幹を横切って接線的に成長するときにも同様の問題が起こる。

　樹木の根は、プラスチック繊維や銅の網などでできたいろいろな透過性の障害物にあうと簡単に成長を止める。土中に埋まっているときには、たとえば、樹木と車道の間にあるこういった障害物は水を通すが根は通さない。要するに、家の土台がしっかりしていれば、樹木の根はほとんど問題を起こさない。ただし粘土質土壌の上にあると話は別である。

　粘土質の場合は樹木が水を吸い上げて土壌が収縮し、建築物の沈下が起こる。イングランド南東部での調査によると、粘土質土壌のオーク類やポプラ類では樹木から30m、ヤナギ類では40m離れた建物にも被害が出た（ボックス4.1）。

　とくにオーク類とポプラ類は分布割合に比して不相応に多くの被害を出している。トネリコ、ニレ、シナノキ、カエデなどの類、トチノキのようなその他の大型の樹木では、20m以上離れた建物に被害を与えることが判明した。サクラ類やナナカマド類、およびバラ科のあらゆる果樹は、10m離れた建物に沈下を引き起こす可能性がある。粘土質土壌のところでも、最近増えているイトスギ類（レイランドイトスギも含めて）

ボックス4.1 イングランド南東部の粘土質土壌が優占する地域で、樹木が建物に沈下の被害を及ぼす場合の距離

ここに示す結果は、1971～1979年にかけて王立植物園キューによって行われた調査の結果である。なお、— はデータがないことを示している。

和　　名	樹木が被害を与えた最大距離 (m)	被害の90%が見られた距離 (m)	樹木本数
ヤナギ類	40	18	124
オーク類	30	18	293
ポプラ類	30	20	191
ニレ類	25	19	70
トチノキ類	23	15	63
トネリコ類	21	13	145
シナノキ類	20	11	238
カエデ類	20	12	135
イトスギ類、ヒノキ類	20	5	31
シデ類	17	—	8
プラタナス類	15	10	327
ブナ類	15	11	23
ニセアカシア類	12	11	20
サンザシ類	12	9	65
ナナカマド類	11	10	32
サクラ類	11	8	144
カンバ類	10	8	35
セイヨウニワトコ	8	—	13
ペルシャグルミ	8	—	3
キングサリ類	7	—	7
イチジク	5	—	3
ライラック	4	—	9

は20m以上も根を張るが、記録された被害の90%は樹木の周囲5m以内に限られていた。ただ、粘土質土壌で成長した大木を伐採すれば、それまで木が使っていた水分が粘土層に広がっていく。その影響についても同時に考えておくべきである。

　樹木の根が引き起こす問題として広く見られるのは、排水管と下水道管にもたらす障害である。これらの施設は暖かく湿潤で根にとってはまさに楽園であり、非常に大きくなることがある。ユタ州の雨水排水管から取られたヤナギの根は、長さが41mもあった。パイプの開口部や亀裂があると、根はそこから入りこんでパイプのまわりで増殖する。よく侵入してくるのはポプラ類、ヤナギ類、トチノキ、プラタナスなどである。

細根

　皿状の根系や外周の根系を構成する木化した太い根は、根系全体のサイズや形を決めているが、土壌とぴったり接触できるようにしているのは、次第に細くなるおびただしい数の細根である。これらの細根はしばしば摂取根と呼ばれるが、この言葉は使わない方がよい。樹木の「食糧」である蔗糖(しょとう)を製造しているのは葉であって、根の役目は樹木の生命維持と成長に不可欠な水分とミネラルを吸い上げることだ。

　放射状の水平根から、細い木化した枝根が外側や上に向いて形成される。その長さは数メートルに及ぶこともあり、4回またはそれ以上分岐して、結局は短く細い、木化していない根の束となる。レッドオークでは、側根1mにつき10〜20本もの枝根が皿状根系の中にできており、外縁の根系になると1〜5mごとに1本にまで減ってくる。側根は細いままのことが多く、レッドオークでは直径が4〜6mmを超えることはまれである。このような根の役目はいちばん細い根を維持することで、樹体を立てておくことではない。

　もっとも細い根は普通、長さが1〜2mm、直径は0.2〜1.0mmであるが、0.07mm程度の極細もある。このような細根は移植ゴテで簡単に取れてしまうが、普通には気にとめない。アメリカ・マサチューセッツ州にあるハーバード大学演習林で行われた入念な調査によると、レッドオーク林の深さ数センチの土壌から取った1cm^{3}の土塊の中に平均1000個の根端が含まれていた。それらの根端は6cm^{2}の表面積（立方体の1面の面積の6倍）をもった根の2.5m以上に相当する。なおここでは菌根も根毛も数えていない。こういうと、ここで取った土壌塊が根の塊であったかのように聞こえるが、ほとんどの根は非常に細く、実際には土塊のわずか3％を占めるにすぎない。この数字をもとに成熟したレッドオークは5億本の活性な根端をもっていると推測されている。また、ダグラスファーではすべての根の長さの合計のうち、その半分は0.5mmよりも細く、95％は1mm以下であるとする調査結果がある。

　すでに見てきたように、全体として樹木の根は土壌の表面に近いところにある。典型的な粘土ローム土壌では根の99％が地表1mの層に分布しており、しかも大部分は地表から20〜30cmのところにある。しかし細根だけについて見れば、分布の浅さはさらに顕著で、アメリカ・ノースカロライナ州のオーク林では、直径2.5mm以下の根量のうち90％は土壌表面から13cmのところに分布していた。またドイツの酸性土壌のブナ林では、直径2mm以下の根の67％は地表5cmの範囲に、また74％は地表7cmの範囲にあるという。熱帯樹木ではこのパターンはそれほど明瞭ではないが、細根は地表5cmくらいの厚さにきっちりと収まり、しばしば地表に根のマットを形成する。たとえばコスタリカでは、このような根のマットが細根全量の3分の1から2分の1を含んでいるらしい。

森林の環境下では、これらの非常に細い根は実際にはリターの（落葉落枝）中で、もう少しこまかくいえば最近の落葉層の下にある湿った、押し固められたリターの中で成長している。ここでは、非常に細い根は、もともとは力によって（時には通り道を溶かすことによって）葉の層の間を貫通・分岐し、層化した葉のリターと同じ平面に広がっていく。したがって森林や原野、庭園では、もっとも細い根は草本植物の根の間に分布しており、水分やミネラルをめぐって競争する。このようなわけで、根というものは大きくて深いところにあるという、われわれの常識を変えなければならない。つまり、放射状に出たロープ状の根によって頑丈な枠組みが中央につくられ、それを地表のごく近くで小型の木本植物や非木本植物の非常にデリケートな根系が補完しているという図式に置き換える必要がある。

　細い根は非常に浅いところに分布していると述べたが、一部の細根は骨組みの根と関連してもっと深いところにも常に分布していることを忘れてはならない。コスタリカの事例をもう一度使うと、細根量の約5％とすべての根の13％は、85～185cmの深さに分布している。一部の根が深いところにあるという事実は、樹木と作物を一緒に育てるアグロフォレストリー（混農林業）で利用されているが、その場合、作物は地表の近くの水分を使い、樹木はもっと深い層、おそらくは20～30cmのところにある水を使っているという仮説にもとづいている。しかしながら、この仮説はこれまでのところまだ確認されておらず、作物と樹木の間になんらかの競争があることは確かである。事実、作物の収量は普通、樹木に近いところで少なくなる。

細根と樹木の健全度

　細根が地表の近くに多いという事実は、樹木を世話するうえでいくつかの意味がある。樹木に施肥する際には、溝を掘る必要もなければ、穴あけ棒を使う必要もない。試験の結果によれば、肥料を溝に施用した場合も地表にばらまいた場合も、肥料に対する樹木の反応に違いはなかった。樹木と草の根は、同じものに対して同じ空間で競争しており、新たに植えた樹木のまわりの雑草の抑制がなぜ重要であるかを説明している。実際、直径2mの円形に除草してやると、植栽木の根量は著しく増加する。同様に、芝生や歩道や車寄せ（継ぎ目や亀裂に浸みこむ）に除草剤を撒くと、樹木の根も殺すことになる。このことはそれほど重要なことではないように思われるが、図4.3のような道路の傍らに生育している樹木のことを考えると、ほとんどの細根は水と養分の大部分が所在する道路沿いの芝生にあり、この部分にかけた除草剤は樹木にとって有害である。15m離れたオークの木のことを気にする庭師は何人いるだろうか。実際には、すでに見たように、根は30mにわたって伸長することができるわけだから、庭で穴を掘ると樹木の根を傷めることになる。では、耕耘された畑の中の孤立木が生存できるのはなぜか。それは繰り返し傷められて、鋤の届かない部分で根が増えてい

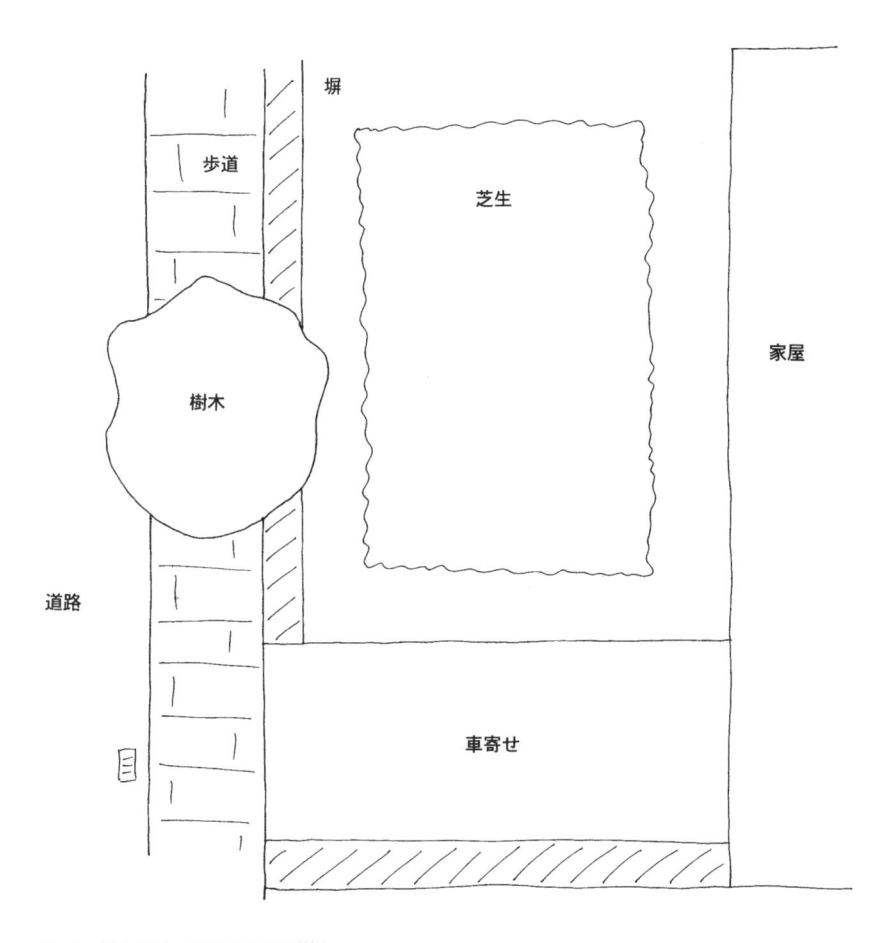

図4.3 都市環境で生育する仮想樹木
この樹木の細根のほとんどと太い構造的な根の多くが芝生の下になることは避けられず、歩道の内側にそって行うどんな溝掘り操作も、空き地にある場合に比べ樹木に対してはるかに深刻な影響を与える

るためである。問題は最初の耕耘であって、その時に多量の根を傷めることになる。

　図4.3にあるように都市域の樹木はこのほかにもいくつかの潜在的な問題を抱えている。水を通さない道路の表面や中庭があると根の拡張が深刻な影響を受ける。空き地の土壌も足で踏み固められるとよくない。1 cm^2 当たりで見ると鳩の足は重機械よりも大きな圧力を及ぼすことになり、主要な加害者となりうる。踏み固められると地表面が閉ざされて、ガス交換や水分の浸透が妨げられるとともに、根が貫入できなく

第4章　根——樹木の隠された部分　　81

1
樹木の生命はあなたの手中にある
大木でさえ、ほとんどすべての根は地表面のすぐ下にある。これらの根は樹木の生命を支えており、根が切られると、樹木は痛めつけられて、枯死することもある。

2
前もってよい計画を
街路樹は特別な処置が必要。ケーブル用の溝掘りは前もってうまく計画しておく。

3
重機は使わない
機械的な掘り機や、電動ドリル、石板切断機などは、気がつかなくても、いずれも根を傷める。また頭上に枝が伸びている場合にも機械は使わない。

4
注意深く手で掘る
親指より太い根にはとくに注意。根を切ったり、こすったりしないように。根は乾かさない。濡れた麻袋などでおおうか、水をかけてやる。

5
根の下にあるダクトはずらす
浅いところに埋められているケーブルは、普通よりも深く埋める必要がある。

6
注意深く埋めもどす
根のまわりの埋めもどしには砂を使う。根のまわりや間は手で突き固める。タールマック(瀝青膠着剤)のごく表層は別として大型機械は使わない。どうしたらよいかわからないときは親方に相談する。

図4.4 樹木のある街路にそって溝を掘る場合の手引き

なる。幸いなことに、多くの樹木はこれらの障壁の下にある低濃度の酸素や水分に勇敢に立ち向かうことができ、もっと有利な空間に根を押し出したり（サクラのような樹木は道路の反対側に根萌芽を出すことが知られている）、あるいは舗装石の間の亀裂から頭を出すことがある。日本のカツラで示されているように、ある樹種は、根系の上を舗装でおおわれることには耐えられそうにないが、乾燥や強風に遭遇したときのように根の広がりを制限しているはずである。もっとも大きな問題はおそらく、それまで自由に成長していた樹木の根元が舗装されるときに発生する。それまで活動していた根の多くは、土壌中の酸素の消耗で死に至り、新しい根が酸素も水分も十分にある新たな環境で生育できるようになるまでは、樹木の生死はどちらともつかない不確かな時期になる。

　同様にして、すでに定着している樹木のまわりの土壌が土木工事で高くされたり、あるいは洪水によって泥土が運ばれて自然に根のまわりが盛り上がったりすると、不健康になったり、死に至ることもある。シンカー根や深い水平根は酸素不足に陥りそうだが、おそらくもっと重要なのは、被覆物がとくに多孔性でないかぎり、細根は多くの水分やミネラルがあるはずの層より下で終わってしまうことである。運動場の管理や庭のマルチ（保護被覆）では木材チップを使えばよい。50cmほどの木材チップでも十分に多孔質で樹木の根に問題を起こさない。ある種の樹木、とくにヤナギ類は土に埋もれた幹から数日のうちに新しい根が出てきて、付加された土壌に対応することができる。

　土中の施設も樹木の健康にとって破壊的であることがある。いろいろなケーブルやパイプは普通、根よりも深いところに埋められている。トラブルはそれらを設備する際に起こる。図4.3の歩道の内側に掘られた溝は、樹木の主要な根の大部分を確実に切断するので、樹木が乾燥で枯死したり、強風によって吹き倒される可能性がある。しかし溝掘りの害がそれほど大きくても、道路沿いに枯れ木の列ができることはめったにない。どうしてか？　都市の弱った木は枝を順々に落とされるか、枯死に至るよりずっと以前の段階で切り倒されてしまうためである。われわれが問題に気づくのは普通、樹木が見えなくなったときである。近年、思いやりのある取り扱いで都市の樹木を救おうという動きが出てきた。図4.4がその例である。

根の損耗と死

　根の損耗にかかわって提起される問題は、どのくらい根を失うと木は枯死するかである。これは明らかにいくつかの要因に左右されるが、一つの実務的な目安としては、たとえ根が樹冠の片側の縁を越えて切り離されても危険は小さい。樹冠の縁にそった接線で切ると根の約15％が失われ、樹冠の縁と幹の中間で接線と平行に切ると約30％の根が切り離される。しかし、それまでどの方向の根も順調に伸びてきた健全

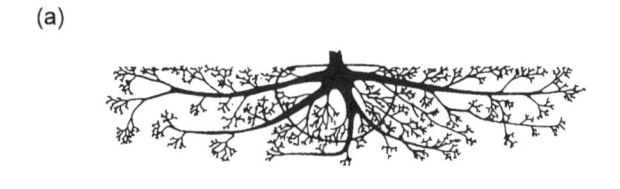

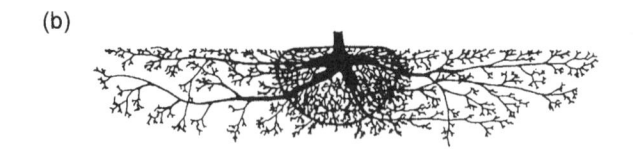

図4.5 根切りと新しい根の形成に及ぼすその影響
　(a)根切りしなかった樹木：根系塊に根量が少ない、(b)根切りした樹木：根系塊に細根が多い

な樹木なら生存できるはずである。事実、残された部分に活力の盛んな根があれば、根の50％が除去されてもほとんど問題がない。もちろんこれくらい根がなくなると一時的にせよ樹冠の成長が遅れ、時には先枯れを起こすこともある。年齢も関係があって、若い木はかなりの損耗にも耐える。苗木を裸根で移植すると、90〜98％もの根を失うことがあるが、それでも生きている。このような苗木には太い木質の根しか残っていない。移植時の簡単な経験則としては、1本の樹木の直径2.5cmにつき直径30cmの根系塊を残すという目安がある。

　根切りをすると細い根が密に出た根の塊ができ、移植苗木の活着率が高まる。移植の少し前に、遠くまで届く根を幹に近いところで切ればよい。ひとたび木質化した太い根を切ると、2〜3カ月のうちに傷がついた部分のすぐ手前に新しい枝根が形成され、直径3〜5cmの根には30ほどの新芽が出てくる（図4.5）。ただし、仮に移植がうまくいったとしても、長い目で見た生き残りは新しい細根の成長に左右される。温帯の樹木は、秋か冬のはじめに植えるのがもっともよく、この時期には枝条からの水分要求が大きくないので新しい細根の発達が促進される。常緑樹は普通、水分損失（第2章）の制御に長けているため春の植栽にも耐える。

どのくらいの土壌が必要か

　植え穴の側面が押し固められていたり、建物や道路に取り囲まれていたりすると、植え穴に植えても容器に植えた場合とあまり変わらない。この時どのくらいの土壌が

必要か？　温帯地域（欧米）であれば、1本の木の投影樹冠（真上の太陽から投下される影）1 m²当たり約1/2～3/4m³の土壌を必要とする。中型の樹木であれば約5 m³、大型の樹木なら60～150m³といったところであろう。実際には、土の量が少なければ少ないほど樹木は乾燥害を受ける可能性が大きい。このような樹木は、（この章の冒頭で説明したように）根の成長が制限されるので、開放された場所に植えられた兄弟木よりもずっと成長が遅い。しかし成長はする。もちろん樹冠が大きくなるにつれて、水分を余計に必要とするが、根は広がることができず、ひたすら成長して枯死するしかない。

地下水は必要か

　樹木は限られた量の土壌で生育するが、そういう条件下では成長が遅く、早く枯死することになりがちである。さらに第2章で見たように、樹木は1日当たり数百リットルという驚くほど大量の水を消費する。この事実から、大きな樹木を支えるには豊かな地下水へのアクセスが不可欠のように思える。しかしその必要はない。樹木は必要とする水をおおむね天水（雨）に依存しているからである。

　高い断崖の縁に生えている樹木を想起されたい。そこでは地下水にはまったく届かない。雨の少ない年には樹木も他の植物と同じように乾燥害を受ける。しかし飲料水を井戸から汲み上げて、仮に地下水位が下がったとしても害を受けることはめったにない。いうまでもなく、樹木はたいていの草本植物よりも深いところにある水源にアクセスできる。実際、温帯・熱帯を含めて、多くの高木・低木は根を深く伸ばして水を吸収し、その水を浅い層の根や土壌に渡している。ニューヨークの成熟したサトウカエデでは、この量が1晩で約100ℓに達することがわかった。その仕組みとしては、根がろうそくの芯のように働き、水が湿った土壌から乾いた土壌にしみ出るのを助けているのであろう。この利点は明らかで、水は夜のうちに持ち上げられて、翌日の使用に備えられる。しかしこの水も、地下水よりもむしろ雨水から直接とられている。土中に保持される水の量についての数量的な解析についてはボックス4.2を見ていただきたい。結論は同じである。

　とはいうものの、中には地下水に達する長い根に頼る樹木もある。地下水植物（または井戸植物）と呼ばれるもので、これにはタマリスクの仲間が含まれる。タマリスクは世界中に分布しており、塩性土壌に生育する。そのほか極端に乾いた地域に分布する多くの樹木にも見られる。

ボックス4.2 　地下水を使わなくとも樹木は十分な水分を土壌から得られるか？

　樹冠の半径4 m、樹高15 mほどの中程度の大きさの樹木は年間約4万ℓの水を使うと想定する。これは6カ月（180日間）の成長季節にわたって1日当たり220ℓ消費する勘定になる。

　根の広がりは半径約8 m程度と考えられるが、計算しやすくするため8.4mとしよう。半径8.4mの円から根の広がる面積は220m²（π r²）。

　1日にこの木は220m²の土壌から220ℓ（1 m²当たり1ℓ）の水を必要とする。

　さて1ℓは1000cm³、1 m²は1万cm²であるから、1 m²からの1ℓは、1万cm²からの1000cm³ということで、土壌表面1 cm²当たりにすると0.1cm³となる。

　つまり、成長季節の間、毎日、土壌表面1 cm²から高さ0.1cm（＝1 mm）の水量をとることになる。これは穏当な数字であって、全林分としては1日当たり2〜3 mm、この樹木は180日で180mmの水を必要とする。

　イギリスの平均降水量は年間600mmである。この量のすべてが根に届くわけではないが（一部は遮断され、樹冠から蒸発するし、他の植物も同じところに根を張っている）、この木に供給するのには十分すぎるくらいである。

　良質なローム（壌土）は1mの深さに130〜195mmの雨水を保持できる。砂質な土壌または礫の多い土壌は50mmに近い保持能力をもっている。もしもここでいう水分量をすべて樹木が使えると仮定すれば、この量はローム土壌上で全成長期間生育するのに、また礫の上でほぼ2カ月生育するのに十分な水分量である。確かにこういったことを仮定することはできないが、こうした概略の数字から判断して、樹木は普通には地下水を必要としないといえる。

増加する水分と養分の吸収

　1本の樹木がつくる根の数には限度があって、根の生産と維持に要するコストとの関係で決まってくる。これから逃れる一つの方途は、もっとも多く吸収できるところに根を出すことだ。

樹冠根

　熱帯・温帯を含めて、降雨林はしばしば着生植物（ラン、パイナップル科植物、コケなど）の厚いマットで飾られている。これらの着生植物は樹上で入れ替わったりはするが、何も取ったりはしない。大気中や寄主植物の幹にそって流下する水から栄養分を巧みに取りこんでいる。着生植物で飾られた樹木のあるものは、幹や枝からいわゆる樹冠根を出し、マットでつくられる腐植や、枝分かれした叉や虚穴にたまっている腐植の豊かな養分を利用する。オーストラリアの降雨林に分布するクノニア科樹木

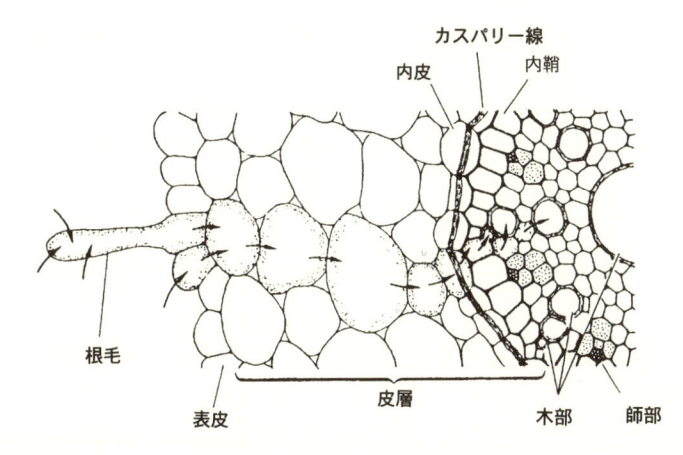

図4.6 根毛からカスパリー線を経て木部に流れる水分と、溶解しているミネラルの流れを示す根の断面図

の一種*Ceratopetalum virchowii*は、群生して繊維質のコートのように幹を包む樹冠根を形成するが、これらの根は土壌まで垂れ下がることはなく、樹冠の上部で漉し出されて幹を流下する水から栄養分を回収している。アメリカヒルギも支柱根の表面に発達する海綿状のもので同じようなことをしている。生きた海綿の中に繊維状の根の塊を発達させるのだ。この場合、両者とも互いに利益を得ている。マングローブは海綿から窒素をもらい、その見返りとして根は炭水化物を与える。他の植物と同様に樹木も地下の根の表面積を増やすいくつかの方策をとっている。

根毛

　根毛は、頂端の背後にある根細胞の派生物で、根が土壌と密着するように働いている（図4.6）。レッドオークの場合、根毛の長さは0.25mmくらいであるが、リンゴでは0.1mm、クロフサスグリでは1.0mmくらいである。たいていの根毛はわずか数時間、あるいは数日、数週間くらいしか生きておらず、成長点が伸びるにつれて新しい根毛が形成される。アメリカサイカチやケンタッキーコーヒーツリーを含めた一部の樹木では、数カ月から数年にわたって根毛が生きているが、このように長持ちする根毛は相対的に吸収機能は劣るようである。他方、根毛の有用さにもかかわらず、多くの樹木では根毛が比較的少なく、ある種の針葉樹やペカン、アボカドではまったく見られない。これは菌根と関連している。

菌根

　菌根というのは、根と菌とが結びついたもので、互いに利益になるように機能する（共生）。普通、樹木は余分な水分と、吸収しにくい養分（とくにリン酸だが、窒素や他の養分）も得ている。そしておそらく菌による病気や重金属汚染のような土壌毒物などから根を守ってもらっているのであろう。かわりに菌根菌は樹木から炭水化物などを得ている。ブナ類、オーク類、マツ類などを含めた多くの樹木は、繁茂するのに共生を必要とする。しかしカエデ類やカンバ類のような樹木では共生は必須ではない。また他の樹木、とくにヤマモガシ科（南半球のもっとも卓越した科の一つで、ヤマモガシ属、バンクシア属、ハゴロモノキ属、マカダミアナットノキ属などを含んでいる）などはきわめてまれに菌根を形成する。菌根は普通、菌根を必要とする樹木でのみ見られる。肥沃な土壌に生育する樹木では菌根をもたない傾向がある。これは経済的に見て合理的なことで、樹木にとって菌根むけの炭水化物は負担であり、必要な糖分が供給できないほどに樹木が弱ってくると、菌は寄生的になってしまう。

　菌根は世界の維管束植物の約80％で見られ、樹木では二つのタイプがある。まず外生菌根は顕花植物類のわずか3％でしか見られず、ほぼ完全に木本植物に限られているが、主に北半球の冷温帯の樹木である（ボックス4.3）。もう一つの内生菌根は、顕花植物類でより一般的に見られ、樹木でも広い範囲のさまざまな種類につく。記録された事例によると、樹木はいずれのタイプの菌根をも形成するが、時には両タイプを同時に形成する（たとえばポプラ類、ヤナギ類、ネズミサシ類、ユーカリ類、ユリノキ類など）。同じ菌根タイプの中では、樹木が同時に数種類の菌に感染し、樹木の加齢にともなって、それらの種構成が移り変わっていくことがある。

　外生菌根は細根の上にあらわれ、滑らかな菌鞘が長さ0.5cmに満たない側根をおおっている。菌は菌鞘の中で根の細胞の間を貫通し、枝分かれした菌糸の複雑な系（ハルティッヒ網）をつくり、ここが物質交換のための緊密で大きなエリアとなる。菌鞘の外側に目を移すと、菌はうまく組み立てられた索の形で土壌に浸透していく。その距離は相当なものなので、根系を効果的に広げることになり、これが樹木にとっての基本的な利点となる。ひとたび感染すると、根は成長をやめて、その根毛を失う。根は1カ所に残り、土壌の探索は放射状の菌糸にゆだねている。同じ樹木でも速く成長する太い木化した根は、これと対照的に通常根毛をもち、菌根を形成しない。菌が形成する外生菌根は、成長の遅い根しか侵すことができないのであろう。熱帯でこのタイプの菌根があまり見られないのは、おそらく細根が連続して速く成長するからだ。さらに担子菌類が相対的に少ないこともこれを助長している。

　内生菌根の根の方は正常に近い。そうした根は根毛を保持しており、根の外側で菌があることを示す唯一の印は短くかぼそい2、3本の菌糸である。菌の活動的な部分のほとんどは根の細胞に入りこみ（外生菌根のように細胞の間ではなく）、著しく枝

ボックス4.3　樹木と共生する菌根のタイプ

外生菌根	たいていの針葉樹を含めて、北半球の温帯性樹木の90%。南半球の一部の樹木：ナンキョクブナ類、ユーカリ類など、フタバガキ類を含めて、熱帯のいろいろな科の樹木 関係する菌：普通は担子菌類、まれに子嚢菌類
内生菌根（またはVA菌根）	いろいろな科に見られる 　カエデ科、クルミ科、ニレ科、モクセイ科、モクレン科、マンサク科、 　ヒノキ科、ナンヨウスギ科、イチョウ科、スギ科 菌：普通は接合菌類

分かれした物質交換のための組織（樹枝状組織）と休止胞子をつくる。このタイプの菌根は、小嚢状―樹枝状菌根またはVA菌根と呼ばれる。

　2種類の菌根は、それぞれの宿主に同じくらいの量の栄養分を供給しているが、機能の仕方が違っている。外生菌根をもつ樹木からのリターは硬く、分解するのに時間がかかるが、菌根菌は直接このリターを消化することができ、養分を宿主樹木にじかに渡すことができる。これは少し高くつくやり方で、樹木が固定した炭素の15%あるいはそれ以上が、関係する多量の菌によって消費される。しかし外生菌根の樹木が生育している典型的な環境は冷涼で養分の少ない土壌であり、便益がコストを上回っている。

　これとは対照的に、内生菌根の樹木ではリターが急速に分解し、土壌にじかに養分を放出する。菌根菌の役割は養分を取り出せる土壌の量を増やすことだ。これは根の周辺の数ミリか数センチのことではあるが、この差は大きい。菌の役割が小さいので樹木にとって効率的で、固定される炭素のうち菌の消費量は2～15%である。

　内生菌根菌は宿主をあまり選ばないため、まったく関係ない植物が共通の菌根・菌糸体系にうまく連結されることがある。これによって優占競争が緩和され、共存や種の多様性が促進されるだろう。また内生菌根性の群落（たとえば熱帯林）で種の数が多くなるのもこれで説明できるだろう。実験の示すところによれば、リンの移動は、ある植物の枯れていく根から同じタイプの菌根をもつ近隣の植物に選択的に行われる。他方、外生菌根菌は宿主特異性をもつ傾向があり、広い範囲にリンクを形成する可能性は少ない。しかしこの場合にも非常に重要なことは、異個体を結合することである。たとえばオレゴンでの研究によれば、ダグラスファーのすべての稚樹は、林床の28%をおおう2種の外生菌根菌の菌糸マットに根を張っていることがわかった。ダグラスファーは耐陰性が低いので、日陰になっている稚樹は生き残るためのエネルギ

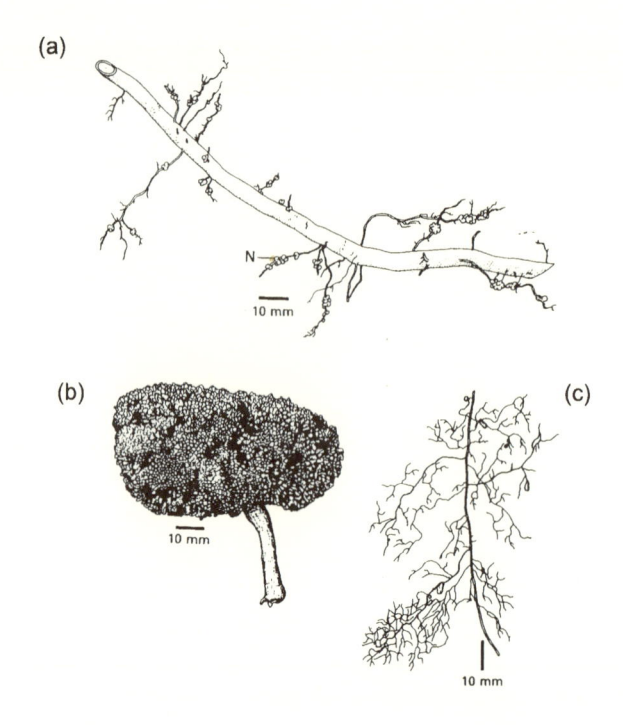

図4.7　(a) ハンノキの一種 (*Alnus glutinosa*) の根についている窒素を固定する結節 (N)
(b) ハンノキの一種 (学名はaと同じ) の根で見られる単一の大型結節
(c) アカシアの一種 (*Acacia pravassima*) の根についている小型の結節

一の大きな部分を成熟木に依存しているはずである。外生菌根性のマツ類のある種のものは、内生菌根性の樹木や草本植物の更新を阻害しているという証拠がある。しかし実際にはそれほど単純ではない。イギリスでの事例だが、外生菌根性のオーク類の樹木の下でもっとも普通に見られる稚樹は、内生菌根性のトネリコ類かプラタナス類である。まだまだ研究しなければならないことが多い。

栄養にかかわるその他の手段

　マメ科の樹木は、同じ科の草本植物と同様、根に膨らんだ結節 (根粒とも呼ばれる) をもっている。この中には大気中の窒素を「固定」して有機物に変えられるバクテリア (*Rhizobium* 属のいくつかの種の一つ) が含まれている。この有機物はバクテリアと植物の双方で使われる (図4.7c)。ここでも関係は双方向的で、樹木は窒素を得、

ボックス4.4　根の結節で窒素を固定する樹木

属　名	普通　名	科　名	当該属の総種数(右)と結節をつける種数(左)	備　考
—	マメ科の高木・低木	マメ科	—	アカシア類、キングサリ類、パゴダツリーなど分布広い
Coriaria	ドクウツギ類	ドクウツギ科	13/15	暖温帯低木
Dryas	チョウノスケソウ	バラ科	3/4	冷温帯低木
Purshia	—	〃	2/2	北米西部
Cercocarpus	—	〃	4/20	米国西部〜メキシコ
Casuarina	モクマオウ	モクマオウ科	24/25	オーストラリア、太平洋沿岸
Myrica	ヤマモモ	ヤマモモ科	26/35	ほぼ世界中
Comptonia	スウィートファーン	〃	1/1	北米
Alnus	ハンノキ属	カバノキ科	33/35	ほぼ北半球の温帯
Elaeagnus	グミ類	グミ科	16/45	ヨーロッパ、アジア、北米、オーストラリア
Hippophae	ウミクロウメモドキ	〃	1/3	ヨーロッパ、アジア
Shepherdia	ムクロジ	〃	3/3	北米
Ceanothus	カリフォルニアライラック	クロウメモドキ科	31/55	北米
Discaria	—	〃	2/10	オーストラレーシア(オーストラリア・ニュージーランドと近海諸島)、南米
Colletia	—	〃	1/17	南米

バクテリアは安全な住まいと炭素の供給を受ける。樹木にとっての便益をニセアカシアを例に見てみよう。この植物は攪乱された土地に侵入するのが得意で、成長が速い(10年で12mまで伸びた記録がある)。菌根と同様に、結節の形成と窒素の固定は土壌窒素のレベルが上がるにつれて減少する。土壌に施肥を行うと樹木はバクテリアをあまり求めなくなる。

　結節は、マメ科以外でも、湿地帯から砂漠に至る広範囲の温帯性広葉樹で見られる(ボックス4.4)。それらの樹木では、窒素を固定する微生物は放線菌(糸状のバクテリアに近縁な*Frankia*属の種)である。結節は、密に枝分かれした短い根の連なった膨らみではなく、珊瑚のような外観を呈する。ハンノキ属の樹木では、結節はテニスボールの大きさに達するものがあり、10年にもわたって生きている(図4.7a,b)。変わったものとしては原始的なオーストラリアのソテツ類 *Macrozamia riedlei* がある。光合成を行う藍藻類の一種(*Anabaena*属の種)が根を侵し、その後成長して地表の近くか地表面にまであらわれ、藍藻は光合成と窒素固定ができるようになる。

　養分を得るためのいくつかの方法が一緒に使われることもある。レッドオールダー

は普通、外生菌根性であるが、結節をもっており、その窒素固定能はマメ科樹木と同じくらいで、年間1ha当たり300kgに及ぶとされる。

よく知られているように、根は養分欠乏に反応して浸出物を放出するが、それらの浸出物は有機・無機化合物を多く含んでいる。これが土壌pHの変化を通して養分の溶解度に影響を与え、また根による養分の吸収にも影響する（直接、または土壌微生物に対する影響を通して間接的に）。このような効果は、土壌中のわずか数ミリまたは数センチの「根圏」に限られるであろうが、それで十分だ。これらの化学物質はアレロパシーと呼ばれる比較優位の獲得に役立っている。これについては第9章でもっと詳しく述べる。

根の癒合

皿状の根系（ルートプレート）のところで述べたように、樹木の基部から出た大きい根は普通、癒合してがっちりした網状組織を形成する。樹木の栄養について考えるとき、これと同じように興味深いのは、異なった樹木の根も互いに癒合することである。樹冠と樹冠は「はにかみ合う」ような関係（第7章）であるのに対し、根は比較的静かな土壌環境の中で簡単に混ざり合う。たとえば広葉樹の混生林の場合、1 m²の同じ広がりの地表面下に4〜7本の個体の根があることがある（図4.8）。また異なった樹種の根が10〜20cm以上離れている区域はほとんどない。同じ樹種の異なる個体の根が癒合することは針葉樹でも広葉樹でも普通である。異なる樹種の間の癒合も可能であるが、それらの多くは見せかけの癒合である。樹皮は癒合しているかもしれないが、根の維管束組織はくっついていない。大きな骨組みの根は早く太くなり、互いに押し合うため癒合しやすい。実際、細い非木質性の根は、たくさんあるのに触れ合う可能性が小さく、したがって癒合しない（その例外はしめころしイチジクの空中根で、触れ合うと互いに癒合する短い毛をもち、太い根を一緒に保持して、癒合を助けている）。骨組みの根は普通入り組んでいるので、異個体間の根の癒合頻度はそれぞれの個体の接近度合いによる。たとえば、アメリカでの研究によれば、すべてのアメリカニレは、2m以内ならば互いに根の癒合を起こすが、5mまでだと43％に減り、8m離れると29％に減少したという。

ひとたび癒合が起きると、両方の根の間を物質が移動する可能性が高くなる。師部を流れている栄養分やホルモンは癒合部位を通ってたやすく移動する（なお木部の水分やミネラルは、主に1本の根の木理の中を流れる傾向があるために交換されにくい）。根の癒合は、太い根が他の根を犠牲にして大きくなる一つの方法であると思われるかもしれない。しかし一般的な動きは、優劣の序列をひっくり返すほどではないにしても、優勢な個体が負け犬になることである。針葉樹を伐採すると、このことがよくわかる。たいていの針葉樹は一度伐ると再生せず、根株は普通、1成長期より長く生き

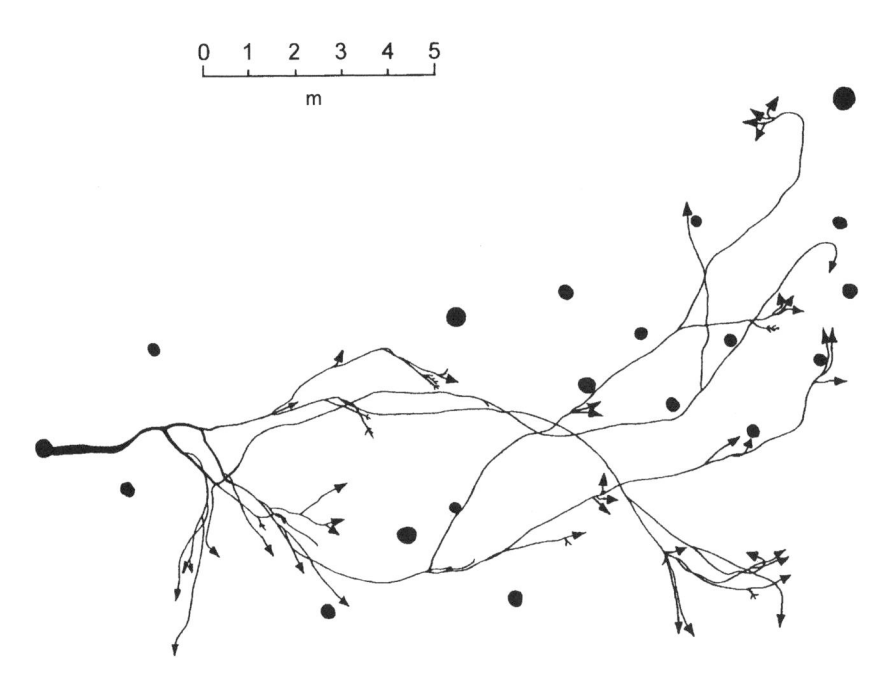

図4.8　約60年生のレッドメープルの１本の水平根の平面図
　　　　黒丸は同じ林分内の他の木の位置を示す。矢印は根端が発見されなかったことを示しており、
　　　　これらの根はここに示したよりもいくらか長いはずである

ていることはない。しかし根株が癒合した根を通して10〜20年にわたって生きつづ
けている例もある。この間樹木は自身の葉をつけないまま、伐られた地上部に新しい
年輪やカルスを形成していた。異種間の根の癒合は、ほかにも奇怪な結果を示すこと
がある。芳香性の樹脂を生産するインド産の *Vateria indica* の根にイチジクの一種を
癒合させたところ、その材は *Vateria* 属に特有な芳香をもつようになり、*Vateria* の
方はイチジクに特有なミルク状のラテックス（乳液）を滲出させた。
　個体間の根の癒合は常に有利だとはいえない。ニレ立枯病やその他の病気は、癒合
部を通して樹木間を伝染する。１本の木に施用した除草剤は、癒合した根を経て他の
個体に影響を与える。ただしこの場合注意すべきことは、根から浸出したものが他の
木に吸収されるか、あるいは根の周辺で活動している菌根菌や他の微生物を経由して、
癒合していない樹木の間でも除草剤は移動することだ。

養分の貯蔵

多くの草本植物は地下にある変形した幹や根に養分を蓄える。地下で食餌する草食動物は比較的少ないのでこれは安全な選択である（地下には牛はいない）。しかし樹木の場合は、しっかりした木質の骨格が地下の木質の根と同じように地上部の保護にも役立っている。澱粉の形態をとる養分は、地上部・地下部の木質骨格の全体に蓄えられる。火災や萌芽更新で幹が除去されると、地下に蓄えられている養分が新しい成長のために使われる。極端な場合には木質のリグノチューバー（塊茎）を形成する。これは多くの芽でおおわれた根ぎわの大きな膨らみで、季節的に乾燥してよく火事に見舞われるサバンナ林の多くの樹木で見られるが、とくにオーストラリア西部に分布するマリと呼ばれる矮性のユーカリに多い。記録に残されているもっとも大きなリグノチューバーは直径が10mあり、301本の枝が分岐している。喫煙用のパイプをつくる *Erica arborea* のような叢生ヒース類のこぶも同様な組織である。

根の発達と成長

第1章で述べたように、根も枝も似た方法で成長する。それらは先端での新しい成長によって長くなり（一次成長）、またあるものは太くなる（二次成長）。

根の伸長——一次成長

草本植物の場合と同じように、根は、根端のすぐ後ろにある一群の分裂細胞（分裂組織）によって伸長する。土壌に食いこんでいく新たな成長は根冠で保護されている。根冠は指の爪でたやすく動かせるような、ゆるみのある保護組織で、後ろから連続的に付加され、しばしば粘液で滑らかになっている。根冠がよく発達しているのは、活発に成長している根であって、短い側根ではこれが欠けている。成長点の後ろでは新しい根がいくつかの組織に分化する。根の中心を占有するのは木部で（第3章）、星状のアーム（学術的にはアーチと呼ばれる）となって放射状に多数出ている。幹と違って根には中央の髄がない（図3.2）。アームの間の隙間に見えるのは師部の束である。この維管束組織のまわりには内鞘と呼ばれる1層の細胞群があり、根の分岐を起こす。この中央の中心柱は細胞1個の厚さのシリンダー（内皮）によって囲まれており、内皮は皮層と外皮によって囲まれている。水分とそれに溶けているミネラルは、皮層の細胞の間を比較的容易に通過することができるが、内皮では細胞が互いにしっかりとくっついていて、それらの細胞が接触するところではスベリン（樹皮に存在する不透

水性の物質）が充満しており、カスパリー線（図4.6）が形成されている。このカスパリー線があるために、すべての水分やミネラルは細胞を通り抜けて内部の配管に行きつかねばならず、細胞の間をすり抜けることができないのだ。

　水は根によってどのように吸い上げられるのか。直感的には、根というのは単に水を受動的に吸収するスポンジのように思えるだろう。しかし実際にはもっと制御されたプロセスである。水に溶けているミネラルはカスパリー線を通して積極的にポンプアップされ、水は浸透作用により受動的にこれに随伴している。この結果、何をどのくらい吸い上げるかは根が調節することになる。たとえば、ある種の樹木ではカスパリー線の内側の組織は冬期に蓄えられた砂糖で包まれている。これらの砂糖は非常に多くの水分を引き寄せるので、プラスの根圧が確立され、それが水分を樹木に汲み上げる（これが樹木で果たす役割については第3章で検討した）。こういうわけで、水とミネラルが根に入ってくるプロセスは、生きている細胞群の調節活動に左右される。しかし、以下に検討するように、一部の水は古い根の割れ目を通して中心柱に直接入ってくる可能性がある。

　側根は、根端から少し戻った中心柱（内鞘）の外層（通常、星状木部の基点の反対側にある）から分岐する。これらは、通路を消化することによってか、あるいは単純な機械的な圧力によって、親木の根を通してあらわれる。新しい側根は、主根の中心柱と結ぶ維管束のコネクションを形成し、水分吸収の役割を担うようになる。

根の肥大——二次成長

　二次成長すなわち根の肥大が起こるためには、形成層が存在しなければならない（第3章）。形成層は、最初の1年が終わる前に、木部のアームの隙間で発達しはじめ、間もなく互いに結合して、木部と師部の間に完全なシリンダー（円筒）を形成する。ちょうど幹の場合と同じように、毎年新しい木部と師部が成長輪の中につくられ（木部は内側に、師部は外側に）、根は太くなっていく。根が太るにつれて、異なったタイプの形成層が、だんだんと引き伸ばされる内鞘の中にできてくる。樹皮形成層だ。このタイプの形成層は、不透水性の蠟質の物質、スベリンをたっぷり含んだコルク細胞をつくる。これは地上部の樹皮と同じようなもので、呼吸孔（皮目）を備えている（第3章）。根を囲む皮層は、中心柱の養分供給から次第に切り離されて養分不足に陥り、引っ張られ破裂して、内皮とともに脱落していく（図3.2）。皮層は新しい根の太さの3分の2を占めることがあるので、若いコルク質の根は多肉な先端よりもいくらか細い。根は成長するにつれて成長点だけがコルク化しないで残る。アメリカ・ノースカロライナ州での調査によると、テーダマツとユリノキの両種で、根の表面積のうちでコルク化されていないのは1％以下であることがわかった。それは一種の競争のようなもので、成長の速い根系ではコルク化されていない部分が多いが、成長が減速

するにつれてコルク化が追いつくのである。内皮は脱落するが、コルク化した樹皮が発達してとってかわるので、必ずしも水が自由に入ってこられるわけではない。根のコルク化した部分が水を吸うかどうかについては長い間論争があったが、枯死した根の末端にあるような樹皮の穴や割れ目を通してかなりの水が根に入っている証拠がある。

　二次的に肥大している根の横断面は、だんだんと枝の横断面に似てくる。しかしながらよく見ると、とくに広葉樹の場合、普通は根の材は繊維が少なく、成長輪の間を区別しにくく、幹の材よりも密度が低い。さらに環孔材は幹から離れるにつれて散孔的になる傾向がある。その結果、根の材はしばしば幹の材のようには見えず、同定には特別な技術が必要とされる。このような構造上の違いは成長環境によるものらしい。というのは、光と空気にさらされた広葉樹の根は、幹の材の特徴のほとんどを備えているからである。

　根の肥大は大きな水平根の基部、とくにその上側に集中している。そのため地上で膨れ上がるような偏心的な根ができ、極端な場合には熱帯の樹木でよく知られている板根をつくる。肥大がなぜこのように局所的になるかは、まだ完全には解明されていない。上側が幹の師部に直接続いていること、養分の供給が良好であることなどが考えられるが、空気にさらされた根の部分で成長がよくなることも知られている。この部分の内樹皮ではクロロフィルがよく発達して養分を供給するとともに、(もっと重要なことだが) 成長ホルモンの生産と、貯蔵養分の局部的な動員を可能にしている。また根ぎわでの一般的な肥大は形成層への刺激によるのかもしれない。この部分は大きな機械的ストレスを受けているからである (第7章)。

　幹から離れた外縁根系では二次的な肥大がずっと目立たなくなる。根の肥大は遅く、根は長いロープ状になる。材の生産は幹のそれよりずっと不規則だ。成長輪の幅は根の部分によって極端に違い、まったく見られなくなることもある。

成長の速さ

　根も枝と同じように頂芽優勢を示す。主要な木質性の根はもっとも速く伸び、側根に比べるとずっと長期間にわたって成長する。レッドオークの木化していない小さな根は1日に平均2〜3mmの割合で伸長し、一方もっと大きな直径の水平根は1日に5〜20mmの速さで成長する。雑種ポプラ *Populus x euramericana* とニセアカシアでは、それぞれ1日に50mmおよび56mmまで成長する。すでに述べたように、菌根の先端は1年間まったく成長しないか、そのまま生きている。ほかの極端な例は、新世界熱帯に分布するブドウ科のつる植物 *Cissus adnata* の繊細なピンク色の気根で、太さは1mmほどであるが、長さは8mを超える。これらの根は、雨が降った後には1

時間に3cm以上も成長することが記録されている。ごく近縁のC. sicyoidesは昼も夜も常に1時間に4cmも成長するが、これは1日当たりではほぼ1mの割合になる。たいていの樹木の根は夜間の方がより速く成長する。

成長の制御

　樹木の地上部の成長は、熱帯の樹木でさえ、変化する季節と協調するように注意深く調節されている。しかしながら地下部では、生命はもっと無秩序な状態で、根は条件が適当な時にはいつでも成長する。もっとも頻繁に制限因子となるのは温度である。根は普通、20～30℃の間でいちばんよく成長するが、多くの樹木は5℃までは成長を続ける（最低温度は北方系の樹木では0℃と低くなり、ミカン類のあるものでは13℃と高くなるだろう）。熱帯では、パラゴムノキの根は枝の周期的な成長とは異なって連続的に成長する。温帯樹木では、枝条が休眠してからかなり経った冬になっても根が成長を続けることがあり、冬の寒さがそれほど厳しくなければ春まで成長が続く。北アメリカ東部に分布するレッドメープルの根は、普通は11月から4月の間は休眠状態にあるが、20℃の条件下であれば幹が休眠している間も細根は1日当たり5～10mmの速さで成長する。温帯の土壌温度は春に高くなるので、根はいったん成長を止めても、枝条が成長を始める前に成長を再開する。たとえば土壌の踏み固めやガスパイプラインからの漏洩などで酸素が不足すると、根の成長減退や中止が起こるが、酸素が10％（空気中の含有率は21％）に落ちてもまったく問題がない。約3％ではじめて成長が止まる。水もまた、おそらく相対的にはほとんど根の成長には影響しないだろう。水分ストレスは葉から始まって下方に向かうから根は最後になるし、回復するときには根がいちばん早い。しかし温帯の樹木では土壌が乾くと盛夏の中休みをする。その後、枝条がほとんど成長しない晩夏から秋にかけて根の成長に新たなピークがあらわれる。広葉樹の根の成長は初夏にピークを示す傾向があるが、針葉樹では季節を通して比較的一定している。これは樹木内の養分をめぐる競合と関係があるのかもしれない。枝条が盛んに成長する時期には、本来のシェアよりも多くの養分を振り向ける方がよく、その分、根の成長が遅れる。

　根の成長が純粋に土壌条件によって支配されているのか、それとも（枝条で見られるように）ホルモンによる制御が根に波及しているのかについては、大きな争点になってきた。樹木から切り離した根端は湿らせた皿の中でまったくうまく成長し、伐り倒された針葉樹の切り株の根は、周囲の残存木の根と同じ時期に成長を始める。しかしその一方で、樹木についている根は均一な環境条件のもとにおいてさえ、周期的な成長を示す。全体として見ると、枝条は養分やホルモンの供給を通して根に対して明白な影響力をもっている。これが必ずしもはっきりしない理由の一つは、幹が休眠し

ているときに根は必要な養分を蓄える能力があるということと、根の中のホルモンはきわめて低い濃度で機能するため検出するのが難しいということである。根の伸長は明らかに、幹の中で生成される1セットのホルモン（オーキシン類）によって制御されているが、新しい細胞や側根の形成は、根端によって生産されるもう一つのセット（サイトカイニン類）とオーキシンとの間の精妙なバランスに左右される。

　すでに述べたように、根量と枝条量との間には平衡なバランスが確保されなければならないので、根の成長は、少なくとも部分的には、枝条によって決まってくる。根があまりに少ないと樹冠の中で水分不足が起きるし、根が多すぎると樹冠の成長と再生に向けられる養分が浪費されることになる。樹木への施肥は枝条の成長を不釣り合いに増加させやすい。一般には、施肥することで樹木は健全で大きな葉をつくり、たくさんの蔗糖を生産し、それで根もよく育つと思われているが、これは炭水化物の不足が根の成長を制限しているという前提に立っている。しかし土壌条件や草との競合がきいていることもあり、施肥がいつも役立つとは限らない。

根の寿命

　構造をつくる主要な根は、いくつかの点で幹や長命の枝に似ており、細根は葉や花や果実に似ていて、規則的に脱落し再生している。樹木の根系は、使い捨ての細根をもった永続的な木質性の骨格と考えることができる。細根はリンゴのある変種のように1週間しか生きていないこともあるし、ひと夏生存することもある。またドイツトウヒなどは年中成長しつづけて（前ページ）3～4年間生きている。温帯では多くの小さな根、ことに地表面近くの根は冬には死ぬ。ペルシャグルミは冬に吸収根の90％以上を失うが、チャのような他の樹木は10％以下しか失わない。細根の脱落は、地上部での葉の落下と同じくらい生態学的に重要であり、両者は量的にほぼ等しい。

　細根がなぜ死に至るかについてはまだ不確定なところがある。一部の人たちは、落葉とまったく同じように、細根の死も樹木の体内時計によって支配される正常な生理過程であると考えている。彼らの論拠は根を生かしておくためのコストにもとづいている。たとえば、土壌が乾いているとき（あるいは土壌と根があまりに低温で活動できない「生理的乾燥」状態では）、細根は養分を消費するだけで何もしないと見られている。これらの根は1週間でそれ自身の乾燥重量に相当する養分を消費するという。このような不経済な根は早々に落とし、木化した根の骨格だけを維持しておいて、環境条件がよくなったときに新しい細根を成長させた方が、経済的に有利である。

　他の人たちは、根の死は樹木の働きによるのではなく、都合の悪い土壌条件やいろいろな病害虫の直接的な影響だとしている。根というのは日和見主義者で、条件がよければ冬でも成長することを考えると納得がいくだろう。細根は乾燥の影響を非常に

受けやすい。乾いた空気にさらされるとわずか数分でしなび、死んでしまう（樹木を植えるときには注意のこと）。残った部分も数日のうちに枯死するおそれがある。根はまた、枝条のように極端な低温耐性を発現することもなく、－4～－7℃以下の温度で死に至る。それゆえ温帯や北方の気候のもとでは、林地のリターの中にある細根が致死温度にさらされやすい。ポットに植えられている樹木や低木は側面からの低温にさらされるため耐寒性がなく、冬には特別な保護を必要とすることがある。細根はまた、樹木の揺れでルートプレートが動いて傷められる可能性があるし、ネマトーダ（線虫）から小哺乳動物に至る各種の地下の侵入者たちも、小さな根を傷つけたり切断したりすることがある（樹木に対するそれらの正確な影響はほとんど知られていないが）。菌や害虫が樹冠を攻撃すると、根に送られる養分やホルモンが減り、根の枯死に強く影響する可能性がある。トウヒ類のメムシの食害を受けたバルサムモミでは、細根の枯死は健全木では15％以下だったのに、70％が落葉した個体では30％以上になり、完全に落葉してしまった個体では75％を超えていた。

湿った土壌での根

　冠水した土壌中の酸素は根や微生物によって速やかに消費される。一部の酸素は滞水した土壌中を拡散するが、このような拡散は普通、地表から数センチの土壌酸素を維持するだけのものである。それより下の土壌は酸素不足（嫌気的な条件）になる。木化した根は、休眠状態であればこのような条件でもある程度の期間は生きていることができるが、細根は速やかに死んでしまう。水分とミネラルの吸収が悪くなると葉がしおれ、光合成ができなくなる。酸素不足の直接的な影響とともに、土壌が生成する有毒化合物（たとえば硫化水素）や樹木自身がつくる有毒物の問題がある。セイヨウミザクラ、モモ、アンズ、アーモンドなどを含めたサクラ属の多くの樹木（プラムは含まれない）の根はシアンを発生する配糖体を含んでおり、酸素が不足すると、これらは分解してシアンガスを発生する。

　樹木が冠水に耐える能力は著しく異なっている。この耐性は、ある程度までは個々の樹木の状態によっているが（高齢の木や休眠している木は一般に耐性が高い）、樹種間でも固有の根本的な違いがある（ボックス4.5）。数カ月あるいはそれ以上も冠水に耐えられる樹木は、ヌマミズキやラクウショウ、ヤナギ類などたくさんある。ハンノキ類のような他の樹木は一部の根を水中にずっと維持している。さらに低湿地や氾濫原になると冠水に耐える樹木が広大な面積を占め、たとえばアマゾン流域の約2％、10万km^{2}は、毎年4～7カ月間も深さ2～3mの水につかる。若木は7～10カ月くらい水面下に沈むだろう。それでもこれらの樹木は葉をつけ、完全に冠水したときでさえ光合成を行っている。このような樹木はどのようにして生きているのだろうか。

ボックス4.5 カナダ・ブリティッシュコロンビア州のフレーザー川渓谷で夏季の冠水にさらされた植栽されている高木・低木の冠水耐性

感受性区分	樹種名	科名
枯死あるいは被害を非常に受けやすいもの	セイヨウヒイラギ ヘイゼル ライラック バイカウツギ シャリントウ サクラ類 セイヨウバクチノキ セイヨウナナカマド スギ	モチノキ科 カバノキ科 モクセイ科 ユキノシタ科 バラ科 バラ科 バラ科 バラ科 スギ科
被害を受けにくいが時に枯死または強く被害を受ける	サンザシ コンモンボックス キイチゴ	バラ科 ツゲ科 バラ科
葉が黄化していくらか被害を受ける	常緑性ブラックベリー ナシ類 バラ類 ブドウ類 シャクナゲ類 ニセアカシア	バラ科 バラ科 バラ科 ブドウ科 ツツジ科 マメ科
はっきりした被害なし	リンゴ類 クルミ類 トネリコバノカエデ クリ類	バラ科 クルミ科 カエデ科 ブナ科

　熱帯の低湿地樹木でとりわけ目立つのは、支柱根（または支持根）、杭根、膝根（図4.9）のような気根（「普通の箇所以外から」出てくる「不定根」）の形成である。旧世界・新世界両方の熱帯の潮間帯の泥土に生育するマングローブ（たとえば、ヒルギ類）は、いわゆる支柱根を幹（しばしば枝分かれしている）からフラダンスのスカートのように発出し、それがひとたび発根すると互いに癒合して堅い三次元の格子状構造となる。まだらで短命な普通の根の場所に支柱根ができ、それがこのマングローブを泥土から浮き上がらせている。他のマングローブ（たとえば、ヒルギダマシ類）と淡水湿地におけるいくつかの樹種（温帯地方のベイウィローや、いろいろなヤシ類）は地下の浅いところに根系があり、そこから生じた短い鉛筆状の杭根が地表に突き出ている。

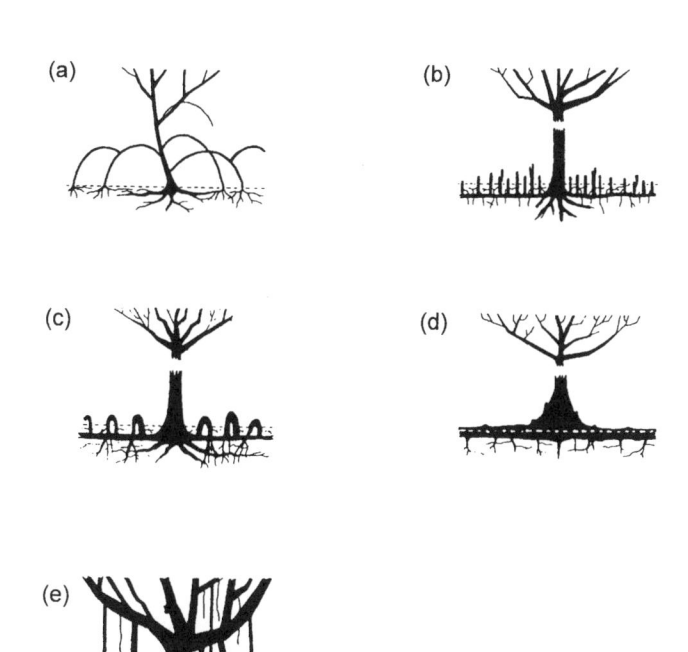

図4.9 マングローブの支柱根（a）とペッグ根または杭根（b）、膝根（c）、熱帯降雨林樹木の板根（d）、およびイチジク類（たとえば *Ficus benjamina*）に見られる柱根（e）

　これらの軟らかな海綿状の根は、直径が1 cm以上になることはまれだが、高さは2 mにも達して、1本の木が1万本もの杭根を出すことがある。支柱根も杭根もともにシュノーケル（潜水用の呼吸器具）として働く（支柱根の場合は軟らかな土壌での安定性確保に役立つのは疑いない）。こうした根の地上部は大きな皮目をもっていて、これが幅の広い空気の通路（公式には通気組織と呼ばれる）に空気を送りこんでいるが、この通路は空気で満たされた海綿状の根と結ばれている。ヒルギ類の支柱根は、地上では5％の気体空間をもち、泥土に貫入した後は約50％に増加する。このようにして酸素は地下の根に拡散され、不完全で好気的な物質代謝によってできた有毒なガスを逃がすことができる（冠水耐性のある多くの樹木はこのような毒性物質の生産、蓄積、影響を減らすための生化学的適応の仕組みをもともと備えているが）。酸素は泥土に漏れ出て、根のまわりに酸化された包み（鞘）を形成し、根が機能できるようにする。この仕組みはまた、ヌマミズキ類やハンノキ類、トネリコ類などのように、

変形された根のない樹木の幹においても機能している。空気は樹皮と材（木部）の空気で満たされた部分を通って流下する。師部はガスを通さないと長い間考えられてきたが、湿地の樹木ではこれは明らかに正しくない。

一部の冠水耐性のある樹木は、酸素が多い水面近くの、冠水した幹の部分に（あるいは空気中にも）新しい不定根を出す。このような根は、南半球のユーカリ類やコバノブラッシノキ類から、北半球のヌマミズキ類、ニレ類、ヤナギ類、トネリコ類に至る多種の樹木に見られる。

マングローブ（ヒルギダマシ類）を含めて、互いに類縁関係のない熱帯広葉樹と、重要なモモタマナ属に加えてフェニックス属の1～2種のヤシ類は、湿地で膝根（適切な用語は通気根）を出すことができ、環状の根が空中にアーチを描いて独特の膝を形成する（図4.9c）。この膝は地中の根のために空気（酸素）を取りこむ器官として働いている。熱帯樹木以外で膝を形成できる唯一の針葉樹はラクウショウで、アメリカ南東部の季節的に冠水する淡水湿地帯に分布している。これらの膝のでき方はいくつかあるが、水平根の上側の表面が厚くなって円錐形の隆起部ができ、それが水面に出てくる。膝が頻繁にできるのは規則的に冠水する場所であって、高水位の通常レベルにもよるが、高さが4mに達することもある。ただこれらの膝根が水面下に沈んだ根への空気供給に実際にかかわっているかどうかははっきりしない。ラクウショウは風に非常に強いのだが、それぞれの膝から広がる根の塊はただ単に錨の役目をして樹木を機械的に支えているだけかもしれない。

板根、柱根、しめころし植物

今述べた気根は、本来的には熱帯湿地の樹種で発達してきたものだが、温帯や乾燥地の樹木でも見られる（ただしそれほど一般的ではなく、大きさも変異も少ない）。たとえば旧世界熱帯のタコノキ類や、さまざまなヤシ類で支柱根がよく発達している。これらの単子葉植物の樹木は二次的な肥大成長をしない。そのため根を使って、だんだん高く広くなる樹冠を支えている。乾燥地の樹木にはさらに奇怪な気根をつけるものがある。

板根

温帯の樹木では、根ぎわのところが漏斗状に少し張り出して小さな板根をつくることがある。これらの出っぱり（フランジ）は一部は根、一部は幹だが、オーク類、ニレ類、シナノキ類、ポプラ類などで見られ、とくに深く根を張れない土壌に多い。しかしなんといってもすごいのは熱帯樹木の板根である。厚さは何センチにもなり、幹か

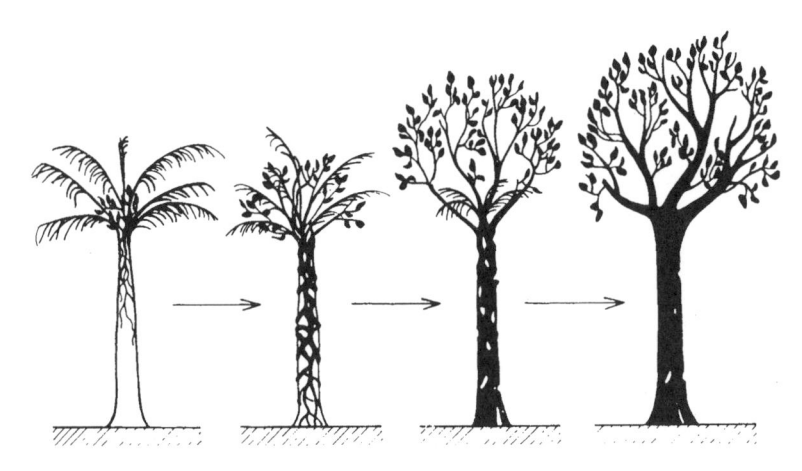

図4.10 アブラヤシ（*Elaeis guineensis*）の樹体上でしめころしイチジク（*Ficus leprieuri*）が置き換わる4つの段階

ら1～2mも突き出て高さは2～3m、時には10mにも達する（図4.9d）。板根のあるものは薄く平らで建物の壁がつくれるほどだ。他の樹木の板根はねじれて癒合し、一連の水たまりのような凹みをつくっている。板根は普通、主根が発達しない高木で見られ、ある樹木では地面に近づくにつれて幹がほとんど消えてしまい、文字通り板根によって支えられている。板根が機械的な安定に役立っていることには疑問の余地はない。板根は、腕木のように幹のつっかえ棒になっており、強風時に根ぎわにかかる圧力を弱めている。興味ある問題は板根にどんな役割があるかではなく、なぜ熱帯以外では珍しいかである。ことによると、表面積が大きくなると温帯気候での温度の変化や火災の被害を受けやすくなるのかもしれない。

柱根

シダレガジュマル（*Ficus benjamina*）、ベンガルボダイジュ（*Ficus benghalensis*）およびその他の多くのイチジク類は、柱根をとてもうまく活用している。自由にぶら下がった細長い根は直径2mmにもならないが、1日に1cm近くの速さで枝から垂れて成長する。ひとたび土壌に根を下ろすと引張あて材を形成し、これが根を縮める効果をもっている。その力は地面から大きな花のポットを引き上げられるほどで、収縮で根がまっすぐになる。枝が横に広がるとその重さに耐えられるように、まっすぐな柱根が形成されていく（図4.9e）。樹木はこのようにして、柱根を「幹」とする木立を外側にどんどん広げることができる。実際ベンガルボダイジュは、生きている植物

としてはもっとも大きな広がりをもっているかもしれない。カルカッタの王立植物園で1782年に植えられた1本の木は樹冠の直径が412mで、1775本の幹があり、1.2haを占有している。

しめころしイチジク

柱根の変形の一つはしめころしイチジクに見られる。しめころしイチジクの典型的な図式によると、種子は1本の木の樹冠上で発芽し、根は急速に地表に向けて成長する。そこで根は急速に太って枝分かれし、癒合すると、根のネットワーク（網状組織）が形成される。その高さは30mを超え、宿主の幹を包んでしまう（図4.10）。しめころし樹木の幹は本当は根であることを覚えておきたい。しめころし植物はそれからゆっくりと、幹まわりの成長を抑え宿主を殺す。*Ficus leprieuri*が30年かけて1本の大木を殺すのが観察されている。絞め殺す部分はおそらく脚色されすぎているだろう。宿主が衰退するもっと重要な原因は、水分と光をめぐる宿主との競争であるように思われる。しかし実際には、取りつかれた宿主のうち死に至るのは平均10％以下で、多くのイチジクは自身の幹を発達させるというよりも、水分を確保するために1本の無害な柱根を地表に下ろすのである。普通のゴムノキ、インドゴムノキ（*Ficus elastica*）、シダレガジュマルを含めたいていのしめころし植物も、土壌中で発芽すれば、小さくとも正常な木として育つ。家庭用植物の愛好家ならご存じのはずだ。しめころし植物はイチジク類だけに限られているわけではない。それらと近縁ではない*Schefflera*属（フカノキ、ウコギ科）、*Clusia*属（オトギリソウ科）、*Metrosideros*属（フトモモ科）、*Griselinia*属（ミズキ科）の植物にも見られる。

温帯地域ではイチョウが下向きに伸長する木質性のこぶ（日本語ではチチと呼ばれる）を大きな古い枝の下側につける。気根のように見えるが、このこぶは芽をつけ、実際には葉のない枝である。地表に向けて下方に伸長し、そこで根を出して新しい枝を形成する。東京で測定されたもっとも大きなものは長さが2.2m、直径は30cmもあった。

第5章　次代に向けて——花、果実、種子

　他の植物と同じように、樹木も代理者を通して性にかかわらなければならない。花粉の媒介者として木から木へと花粉を運ぶのは、風、水、動物である（ボックス5.1）。ただ樹木は多くの他の植物よりも図体がずっと大きい。サイズが大きいばかりに受粉（と種子の散布）においても余計な問題が出てくるのだが、樹木はそれを巧妙な方法で解決している。原始的な樹木である針葉樹は（今に至るも）風によって受粉している。広葉樹を含めて花をつける植物（被子植物）は昆虫と協力しながら進化し、当然のことながら、主として虫媒である。だが一部の植物は、まことにもっともな理由で、風媒という古い方法に逆戻りしている。こうした違いは地理的なものだ。高緯度地方のたいていの樹木は風媒であるが、熱帯に近づくにつれて動物（虫、鳥、哺乳動物）による受粉が重要になり、熱帯では樹木の95％が動物によって受粉されている。図5.1は花の一般的な構造を示したものだ。

動物による受粉

　動物による受粉は何よりも昆虫によるものがもっとも多い。コスタリカのもっとも湿潤な森林では、樹木の90％が虫により受粉されている。しかし虫媒の中にはいろいろな戦略がある。モクレン類、リンゴ類、ナナカマド、セイヨウマユミ、一部のカエデ類、サンザシ類、その他多くの樹木は量を志向する。これらの樹種はいわばゼネラリストで、いずれお目当ての花に到達することを期待して、さまざまなハエ類や甲虫類に花粉を渡すのである。共通する特徴は、上に向いて開く花、トビ色、たくさんのおしべ、たやすく届く蜜腺、とくに夜間に出す強い香りなどである（ボックス5.2、図5.2）。

　他の樹木は質志向である。同じ樹種のほかの木にまっすぐに飛んでいく、数少ない特定の媒介者を選んで花粉を渡すのである。ミツバチ類、チョウ類、ガ類がこのカテゴリーに入る。ダーウィンは、ある種の花粉媒介者がある色の花にひかれることに気

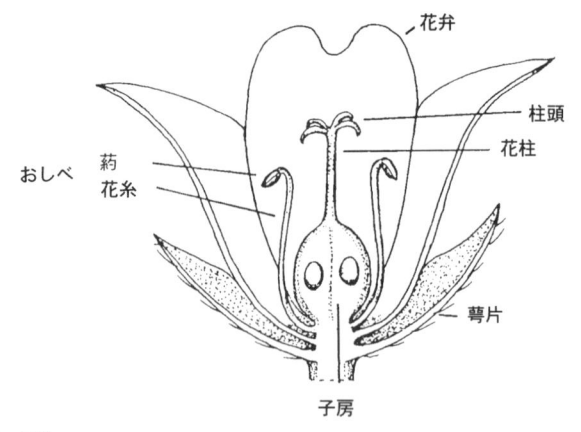

図5.1 花の構造
花弁が集まって花冠を形成し、萼片が集まって萼を形成する。それらが一緒になって花被を形成する。おしべには花粉をつくり出す葯がある。中央の子房には、種子になる胚珠があり、花柱の上には、花粉をとらえるための柱頭がある

図5.2 モクレンの一種 *Magnolia wilsonii* の花は、上向きに開き、茶色の、多数のおしべがあり、多くの種類の昆虫にアピールしている

がついた。ボックス5.2に示されているように、それぞれの動物のグループは異なるタイプの花にひかれる傾向がある。日中に活動するガ、チョウ、ミツバチの類が似た色の花にひかれることに注意したい。ヨーロッパでチョウ類が主に訪れるのは、イボタノキ類やクロウメモドキ類、シナノキ類のようなビー・フラワー（ハチの花）である。

ボックス5.1 イギリス諸島の在来および導入された高木と低木の花と果実の特性。花のタイプは本文参照。

樹　　種	開花時期(月)	花粉媒介者	花のタイプ	果実／球果のタイプ
広葉樹類				
ヨーロッパハンノキ	2〜3	風	雌雄異花同株	堅果/翼果を含む木質性球果
オールダーバックソーン	5〜6(〜9)	昆虫（とくにミツバチ）	両性花	石果（核2〜3個）
セイヨウトネリコ	4〜5	風	雌雄異株または混在	翼果
ヨーロッパブナ	4〜5	風	雌雄異花同株	堅果
セイヨウメギ	6〜7	昆虫	両性花	漿果
カンバ類	4〜5	風	雌雄異花同株	翼果
ブラックソーン	3〜5	昆虫	両性花	石果
エニシダ	5〜6	昆虫（大型ミツバチ）	両性花	裂開する莢果とエライオソームつき種子
ニシキフジウツギ	6〜10	昆虫（チョウ）	両性花	蒴果
セイヨウヤチヤナギ	4〜5	風	雌雄異株（性転換可能）	翼つき堅果
コンモンボックス	4〜5	昆虫（ミツバチ、ハエ）	雌雄異花同株	蒴果とエライオソームつき種子
セイヨウクロウメモドキ	5〜6	昆虫	雌雄異株まれに両性花	石果（3〜4核）
サクラ類	4〜5	昆虫	両性花	石果
コンモンコトネアスター	4〜6	昆虫（とくにスズメバチ）	両性花	石果（2〜5核）
クラブアップル	5	昆虫	両性花	ナシ状果
スグリ類	3〜5	昆虫	両性花まれに雌雄異株	漿果

ボックス5.1

樹　　種	開花時期(月)	花粉媒介者	花のタイプ	果実／球果のタイプ
コンモンドッグウッド	6〜7	昆虫	両性花	石果
セイヨウニワトコ	6〜7	昆虫 (とくに小型のハエ)	両性花	石果
ニレ類	2〜3	風	両性花	翼果
ハリエニシダ類	3〜6 または7〜9	昆虫	両性花	開裂豆果と エライオソームつき種子
ガマズミ類	6〜7	昆虫	両性花	石果
サンザシ類	5〜6	昆虫	両性花	石果 (1または複数核)
セイヨウハシバミ	1〜4	風	雌雄異花同株	堅果
セイヨウヒイラギ	5〜8	昆虫 (ミツバチ)	雌雄異株 まれに両性花	石果 (3+ 核)
セイヨウシデ	4〜5	風	雌雄異花同株	堅果と苞葉
セイヨウトチノキ	5〜6	昆虫 (ミツバチ)	両性花 (雄花若干あり)	蒴果
キングサリ	5〜6	昆虫 (マルハナバチ)	両性花	開裂豆果と エライオソームつき種子
シナノキ類	6〜7	昆虫 (ミツバチ)	両性花	堅果と苞葉
カエデ類	4〜7	風と小昆虫	両性花 または混在	翼果
オーク類	4〜5	風	雌雄異花同株	堅果
ナシ	4〜5	昆虫	両性花	ナシ状果
ポプラ類	2〜4	風	雌雄異株 まれに雌雄異花同株	蒴果 種子は羽毛をつける
セイヨウイボタノキ	6〜7	昆虫	両性花	漿果
ポンティックロードデンドロン	5〜6	昆虫	両性花	蒴果 小さな種子は翅をつける

ボックス5.1

樹　　　種	開花時期(月)	花粉媒介者	花のタイプ	果実／球果のタイプ
バラ類	5～7	昆虫	両性花	水分の多い実に包まれた痩果
シーバックソーン	3～4	風	両性花 時に雌雄異花同株	肉質の果托をつけた痩果
セッコウボク	7～10	昆虫 (ミツバチとスズメバチ)	両性花	石果 (2核)
セイヨウマユミ	5～6	小型昆虫	両性花 または混在	蒴果と種衣をつけた種子
ジンチョウゲ類	2～4	昆虫 (モス類とミツバチ)	両性花	石果
イチゴノキ	9～12	昆虫(?)	両性花	いぼ状漿果
ヨーロッパグリ	7	昆虫	雌雄異花同株	堅果
ナナカマド類	5～6	昆虫	両性花	ナシ状果
ヤナギ類	2～5	昆虫と鳥類	雌雄異株 まれに雌雄異花同株	蒴果 種子は羽毛をつける
針葉樹類				
セイヨウネズ	5～6	風	雌雄異株	肉質の球果
ヨーロッパアカマツ	5～6	風	雌雄異花同株	球果
ヨーロッパイチイ	3～4	風	雌雄異株	種子は種衣をつける

　花の色はまた、すでに受粉している花への虫の訪問を断念させる働きがある。たとえばセイヨウトチノキでは花が受粉すると花の中にある斑点が黄色から赤色に変わり、同時に蜜の生産が減少する。ミツバチには赤色が黒く見えるようで、このような魅力のない花には寄りつかない。樹木とミツバチは同じ方法で利益を得ている。つまり花粉を必要とせず、かつ見返りのない花で貴重な時間を浪費するようなことはしないのだ。では樹木はなぜ受粉した花の花びらを単純に落とさないのか。ブラジルの低木ランタナは同様の方法でチョウを寄せつけないが、この木を使った実験では、個別的には魅力のない紫色の花でできた頭状花の上に虫たちは帰巣した。ランタナやトチノキの受粉した花がくっついているのは、それらが明るく目立ち、離れた場所から虫をひ

第5章　次代に向けて――花、果実、種子

ボックス5.2 いろいろな動物授粉者と組み合わされる花のタイプ

授粉者のタイプ	花			
	タイプ	色	匂い	見返り
甲虫	上向き、わん形	褐色、白色	強い	花粉、蜜
ハエ	上向き、わん形	青白、さえない	ほとんどない	蜜
ミツバチ	しばしば非相称 強い、半開き	黄色、青色	非常に強い	蜜
チョウ、モス	水平または垂下	（日中）赤色、黄色、青色 （夜間）白色、微かな色	きつい 甘い	蜜
鳥	垂下または管状 豊富な蜜	鮮明な赤色	なし	蜜
コウモリ	大型、頑丈 単生の花、または ブラシのような	緑色 クリーム色 紫色	夜に強い	蜜、花粉

きつけるからであろう。到着した昆虫を個々の花に差し向けるのは花の色である。同様にしてミズキ類やブーゲンビリアのような木本植物は、小さく地味な花をもっと目立つようにして花粉媒介者をひきつけるべく、大きな花弁のような苞葉（実際には変形された葉）を用いている。またヨーロッパのカンボクは、中央にある小さな目立たない稔性の花を宣伝するために、花の先端部の外側を取り巻く大きな不稔の白い花を利用している。

　鳥もまた樹木の重要な花粉媒介者である。とくに熱帯では重要性が高く、新世界でのハチドリ類とミツドリ類、旧世界でのミツスイ類と小型インコ類がそれである。鳥受粉の花には一つのパターンがあるようだ（ボックス5.2）。庭園で普通に栽培されているフクシアがそのよい例で、①管状花（よそ者の花粉媒介者に見つからないよう豊富な蜜をここに隠す）、②オレンジか赤の明るい色（ただしオーストラリアで鳥が受粉するユーカリ類などの多くの花は黄色か白色）、それに③無臭（鳥は匂いには鈍感）を特徴とする。しかしオーストラリアの乾燥気候下では、ブラッシノキ類やヤマモガシ科のその他の樹種は鳥が受粉する典型的な花で、たくさんのおしべを備えていて、鳥が豊富な蜜を吸うときにその羽に花粉をふりかける。ユーカリ類はこれをさらに進めて、花弁がなくなり、萼が花をおおう蓋に変形している。つぼみが開くときにこれが押し出され、大きな房となったおしべ群が鳥たちをひきつけるのである（図5.3）。

　鳥による受粉は、熱帯ではもっとも普通であるが、温帯地域でもときたま見られる。

図5.3　ユーカリの一種 *Eucalyptus stellulata* の花

ヨーロッパでは、ウグイス科の小さな鳴鳥やアオガラ（シジュウカラ属）がグースベリ（スグリの一種）やサクラ類、アーモンドから蜜をとっているのが観察されている。もっとも顕著な例は、ヤナギ類の柔毛でおおわれた尾状花序である。これは長い間風媒か虫媒だと考えられていたが、尾状花序の中のそれぞれの花は大きな蜜腺をもっていて、大きくてきらきら光る蜜の滴を分泌する。この蜜を吸っているのがアオガラで、くちばしの小さな鳥には格好の食物である。花粉ははっきり見え、アオガラが茂みから茂みに飛びあるく間に、顔や胸の羽毛にたっぷりとふりかかる。アオガラは大型の温血の鳥で相当なエネルギーを必要とするはずだが、イギリス諸島のアオガラはヤナギの木の上での4時間足らずの食餌で1日に必要なエネルギーをとることができるとされている（栄養のバランス上昆虫も必要だろうが）。この事実は、鳥受粉の花には栄養価の高い蜜が豊富にあることを示すものだ。現にオーストラリア原住民のアボリジニはブラッシノキの蜜を食料として集めている。いずれにせよ鳥による受粉は植物にとっては非常に高くつく。本当にその価値があるのだろうか。熱帯のように高度に発達した訪花昆虫が比較的不足している場合や、ヤナギの場合のように樹木が安全を期して両賭けしている場合には、答えはイエスだろうと思う。確かに鳥は非常によい花粉仲介者であり、ミツバチよりも遠くまで花粉を運んでくれる。彼らはまた、単一

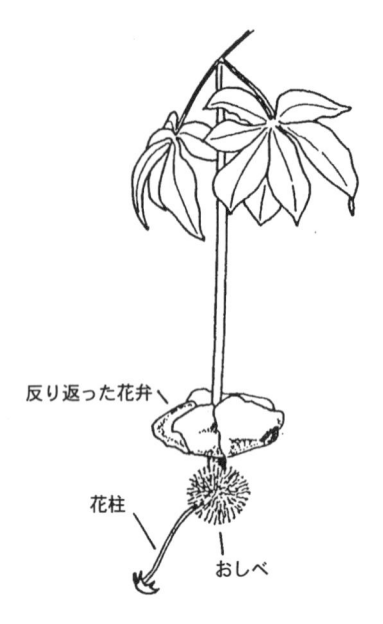

図5.4 コウモリによって受粉するバオバブの花

の樹種の花に対してかなりな節操を示し、毎日数千個の花を訪ねることができる。
　哺乳類の中でも空を飛ぶ動物は優れた花粉仲介者である。コウモリは数多くの熱帯樹木の受粉を行っており、カポック（その実は家具の詰め物に使われる）、バルサ、それに評判の悪いドリアンなどがこれに含まれる（ドリアンの果実は下水か汚れた靴下のような臭いがするけれど、東南アジアでは美味とされる）。コウモリが受粉する花は大型のさえない色のものが多く（コウモリは色盲である）、その特徴は夜開くこと、豊富な蜜を分泌すること、酸っぱく徹臭い臭いを出すことである。多くの樹種は落葉したときに開花するが、他の樹種は策略の余地を大きくするため、幹の上の開いたところか樹冠の縁に花を形成する。ある種のコウモリは舞いながら蜜をとるが、花にとまるコウモリもおり、その重さに耐えられるような強い花が必要である。バオバブは後者の一例で（図5.4）、コウモリは紫色の房状のおしべにぶら下がって蜜を舐める。
　飛べない哺乳動物はあまり効率のよくない他家受粉者であるが、数種のサルとフクロネズミは樹木の受粉に関係している。南アフリカのヤマモガシ類は齧歯類によって受粉され、マダガスカルのタビビトノキはキツネザルによって受粉される。オーストラリアでは、鳥が受粉するバンクシアとユーカリにも、有袋のネズミ（フクロネズミ）

やフクロミツスイがやってくる。これらの動物には蜜を吸う長い舌や花粉を拾い上げる柔毛がある。さらに奇抜なのは、アフリカの半乾燥サバンナに分布するアカシアの一種（*Acacia nigrescens*）で、この花はキリンによって受粉されるらしい。キリンは乾季の終わりころ花を食べにくる（花はキリンの年間食糧摂取量の40％にもなる）。樹木は花を失うが、この長い足の動物は立木の間を1日に16kmも走りまわるので、花粉を広く撒き散らしてくれる。

客を適切に扱うこと

　花はいつも受け身の食堂に終始しているわけではない。客をいささか手荒に扱うこともある。ヨーロッパのヒースと疎林を構成する低木の一種エニシダは、開裂するエンドウマメのような花をもっている。ミツバチがとまると下側の2枚の「竜骨」弁と呼ばれる花弁が虫の重さで押し広げられ、その中のおしべと花柱を開放する。5本の短いおしべはミツバチの下部を打ち、5本の長いおしべと花柱はミツバチの腹部の裏側を打つ（図5.5）。それぞれの花は1回だけ花火のように用いられ、昆虫の正確な重さに対応して1回の開裂で花粉の受け渡しと徴収を果たしている。北アメリカのカルミアも開裂型である。この場合には、それぞれ花弁の中の小さな空洞に保持されている10本のおしべの先端が反り返る（図5.6）。虫が平たい花の上にとまり、花弁を押し下げると、おしべは反射運動によって自由にされ、虫に花粉をかける。このほかの低木の中には、それ専用ではないが「短気な」おしべをもつものがある。ごく近縁のメギ類とヒイラギナンテン類では6本のおしべが花弁に押しつけられていて、虫がおしべの基部に寄りかかると、1000分の45秒以内におしべは内側に跳ね返り、虫に花粉をふりかける。この場合はエニシダやカルミアのように1回かぎりの仕掛けではなく、メギ類のおしべは数分の間に元の位置に戻り、ヒイラギナンテン類では直立の位置にまで戻る。

　適切な受粉仲介者をひきつけるには適切な誘引力と適切な見返りが準備されていなければならない。蜜のほとんどは砂糖で（普通は）少量のアミノ酸を含み、蜜に依存する動物たちの食餌を補っているが、蜜の正確な成分は主要な受粉仲介者たちの好みに合わされている。蜜だけでなく花粉もミツバチやある種のチョウ類、コウモリなど多くの動物の食物になっている。これまた受粉仲介者たちに合わせて調製されているようだ。少なくともある種の新世界の樹木では、植物には不要だがコウモリには必須なアミノ酸が花粉に含まれている。

　樹木が提供する褒賞はほかにもある。チョコレートの原料となるカカオの木は、腐っていく莢の中でヌカカを増殖させ、受粉に使う。熱帯樹木の中には、ガに対してその幼虫が食べる一枚の葉を「対価」として与え、受粉してもらっているものがある。おそらく植物と受粉者との間の究極的な関係を見せてくれるのはイチジク類だろう。

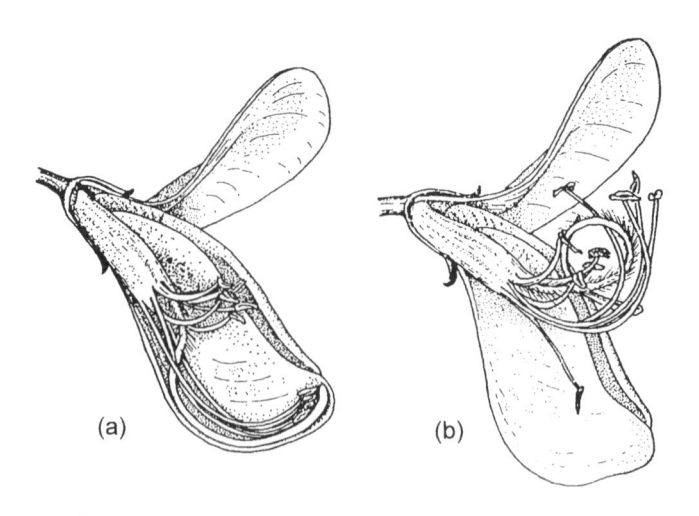

図5.5 エニシダ
(a) 新しく開いた花。圧力がかかった状態のおしべと花柱を示すために、萼と花冠の半分を切り取ってある、(b) 虫が訪れて破裂した花

図5.6 魅力的なおしべを示すカルミアの花 (カナダ東部)

多くのイチジク類は木本性樹木かしめころし植物である (第4章) が、その花の外観はヒョウタン様の緑色の果実のようになっている。頭状花の基部が花のまわりに成長し、雄花と雌花が内側に並ぶ空洞の球を形成するからである (図5.7 i)。受粉を行う小さな雌のイチジクコバチは小さな穴を通って押し入らねばならず、その時羽と触角を失う (図5.7 ii)。ひとたび内部に入ると不具にされた雌のコバチは花の中に数百個

の卵を産みつける（産卵）。この段階では雌花は成熟しており、雌バチが動きまわっているうちに、その体につけてきた花粉で授粉する。卵は孵化し、その幼虫は餌を食べて花の中で成長するが、これらの幼虫の存在が樹木に刺激を与えて果実が落ちないようにしている（図5.7iii）。イチジクの子房は2層になっているので、すべてが失われるわけではない。上層は幼虫の食害を受けるが、下層は深いので卵を産みつけられることもなく、静かに種子になっていく。数週間後に（図5.7iv）孵化した羽のない小さな雄コバチが、雌のいる花を突き止めて噛んで道をあけ、つがいをつくる。彼らの最後の仕事はイチジクから抜け出すトンネルをつくることだ。しかし羽がないのでどこにも行けない。ひとたびイチジクの実に穴があけられると、たまっていた高レベルの炭酸ガスが漏出するが、これは雄花が成熟し、雌コバチがあらわれるシグナルである。雄のハチによってあけられた出口の穴から出る途中で、雌のコバチは花粉を集める。あるコバチの場合には、これは外へ出る途中で花粉がつくかどうかの問題であるが、他のコバチでは、雌コバチが文字通り立ち止まって脚を使って特別なポケットに花粉を詰めこむ。この後は雌探しのサイクルが再開されることになるが、この探索は同じ樹種の他の花の出す匂いによる。イチジクの方は成熟して色を変え、できれば動物に食べられて種子が撒き散らされるのを待つことになる。この話を聞いて二度とイチジクを食べたくないと思われる向きも安心してほしい。食用のイチジクはタネなしか（後述）、受精なしで育てられているからである。

　間違った動物を寄せつけないようにするには、花粉と蜜を隠しておいて正当な昆虫だけが見返りを得るようにすればよい。その明白な例は、長い距（花冠の基部の突起）の端に蜜をおくことで、こうすると長い舌をもったチョウかガだけがやってくる。「バズ受粉」と呼ばれる方式がこのカテゴリーに分類される（訳注：buzzというのはブンブンというハチなどの羽音だが、buzzwordには専門家がひけらかして使うもったいぶった専門語という意味がある）。新・旧両世界のカワラケツメイ属（*Cassia* spp.）の樹木（それにトマト）では、葯が裂開して花粉があらわれるのではなく、葯の端に小さな穴があり、唯一それを頻繁にふることで花粉が出てくる。花にとまるミツバチはおしべの上に座り、羽ではなく、飛翔筋を急激に震わすと、花粉が穴から吹き出し、毛深いミツバチの体の表面に付着する。これはなかなかの騒動で、その音は5m離れていても聞こえる。

　もちろん受粉仲介者は盲目的な召使いではなく、この仕組みを欺くわざをもっている。たとえばヨーロッパのコバチの一種は花の側面に穴をあけることによってヒース植物群から蜜を盗む。熱帯では昆虫や鳥で同じような例がたくさんある。このような起業家精神があるからこそ、自家受粉しそうにない外来樹種でも、ときどき自然の受粉仲介者なしに種子がつくれるのであろう。ただ常にそうであるとは限らない。マレーシアで栽培されているアブラヤシはもともと西アフリカの原産だが、その自然の受粉仲介者ゾウムシを導入して油の生産が著しく改善された。

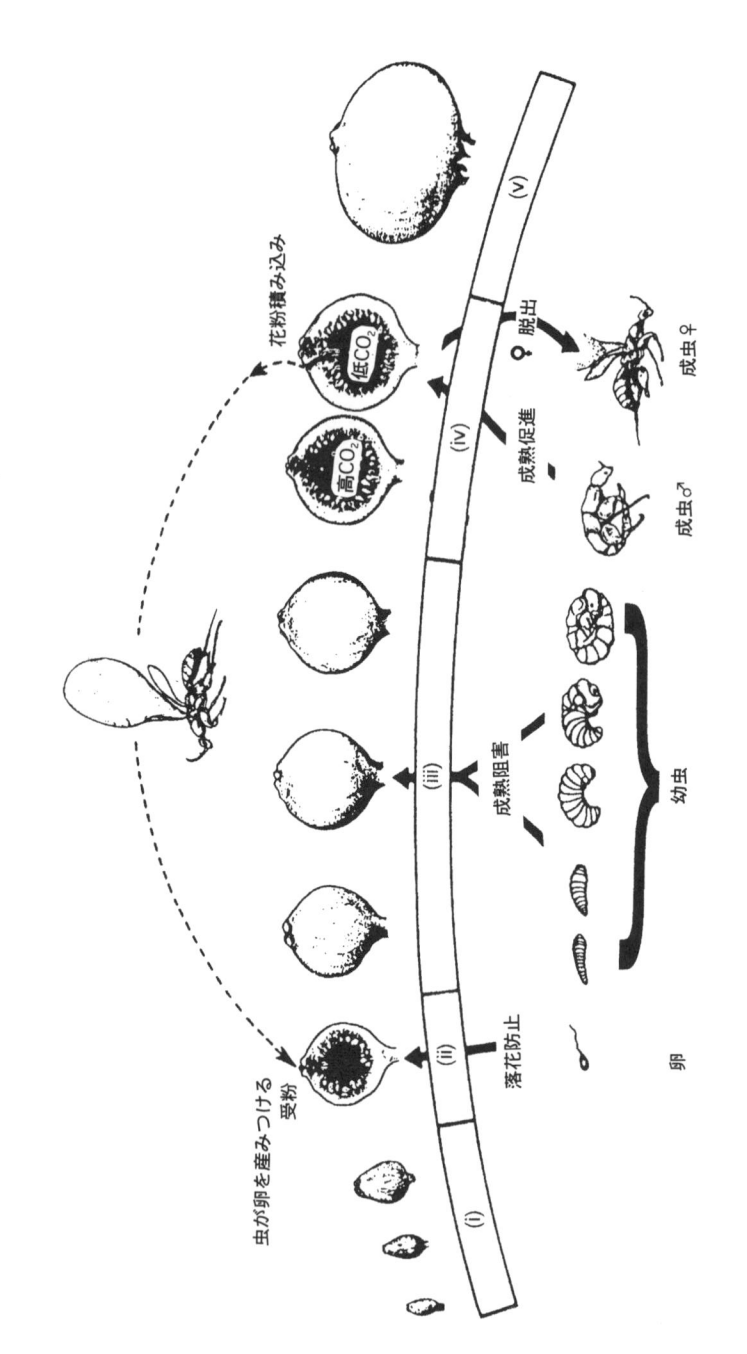

図5.7 イチジクの受粉

風による受粉

　風による受粉は原始的で、高価な花粉を浪費しているように見られることがあるが、とくに高緯度地方で驚くほど一般化している。これにはそれなりの理由があるにちがいない。北方の森林では確かに昆虫が少なく、風もよく吹く。一見もっともらしい理由に思えるが、全体像はもう少し複雑なようだ。花粉を遠くに飛ばすという点では風は非常に優れた媒体だ。花粉を数百キロメートルも吹き飛ばすことができるが、こんな距離を運べるのは鳥だけだろう。風の欠点は花粉の運搬先が特定されていないことである。それは屋根に上って村の端にいる友人に手紙を届けようとひと抱えの手紙を空中に投げるようなものだ。そのうちの1通が友人の庭に落ちることが期待されている。温帯林では優占する樹種の数が比較的少ない。花粉の届く範囲に同種の個体がたくさんあるわけだから、この方法はまさに安全なギャンブルである。私の周辺のすべての友人たちが屋根から手紙を投げていたとすれば、私がそのうちの1通を得る確率はきわめて高い。実際、風による受粉は大きな頻度のクローン（栄養系）をもつグループで見られ、イネ科の草本類、スゲ類、イグサ類などがそれである。これと対照的に、各樹種の個体数が少なく、広い範囲に点在している熱帯では、風に吹き飛ばされた花粉が他の個体に達する機会はごく少ない。動物に頼る方がずっと安全だ。熱帯の巨大高木は風にさらされているのにほとんどの場合風媒ではない。同様に、温帯でも昆虫を媒介とする樹木（ナナカマド類、サンザシ類、リンゴ類）は、広く枝を張った孤立木として成長する傾向がある。

花を風に向ける

　風媒花は昆虫や他の動物たちをひきつける必要がないので、鮮やかな色や蜜や香りを省いてしまった。こうしたものは浪費以外の何ものでもなく、悪くすると花粉の空中移動を妨げる。その結果、つまらなく見える花や花穂（尾状花序）ができた。
　これといった特徴がないように見えるけれども、風媒性の花や花穂は正常な花の構造をベースにしている。早春、葉が開く前にあらわれる赤色のニレの花（図5.8）は少し変な形の塊だが、完全な小さな花で、4本のおしべと、2本の花柱をもった中央子房があり、それらはすべて風に向かって伸びている。花弁は基部のまわりで4～5枚の裂片のある縁に縮められている。オーク類もおおむねこれに似ているが、違うのは雄の部分と雌の部分が別の花の中に形成されることだ（性の配置については後述）。両者とも花が開くとともにあらわれる。雄花はきわめて単純で、花弁の遺物（4～7枚の裂片をもった花被；図5.1）が4～12本のおしべによって発達を妨げられ、たくさんの花粉が直接風に渡るようになっている（図5.9）。さらに雄花は10cmほどの長

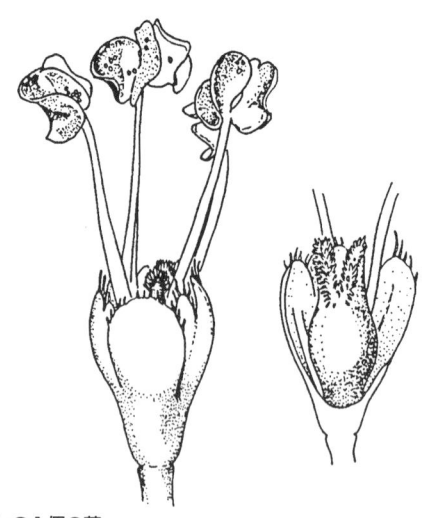

図5.8 塊からとったニレの1個の花
　4本のおしべと一部切除した断面に柱頭がついた子房が見える

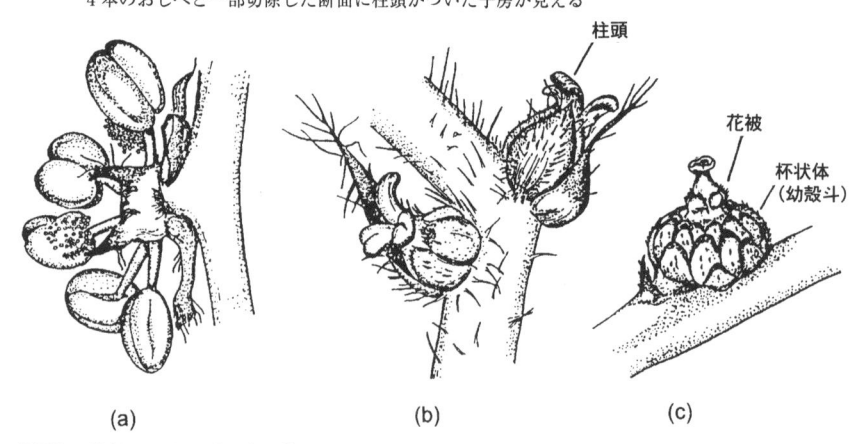

図5.9 ブリティッシュオークの花
　(a) 花穂上の1個の雄花の側面図、(b) 2個の雌花、(c) 若い発達中のどんぐり

さに下垂している花穂と一緒になって、ゆるやかなグループをつくり、風による花粉の捕捉をいっそう容易にしている。雌花は重なり合う苞葉（葉が変形したもの）で基部を囲まれていて、これらの苞葉が成長すると、どんぐりの杯のような殻斗になる（図5.9b,c）。苞葉の上を調べてみると、すべて花弁と萼片の残物で、ぎざぎざのある緑色の花被が3本の花柱を取り巻いている。風媒樹木の中には、もっと明白な花穂

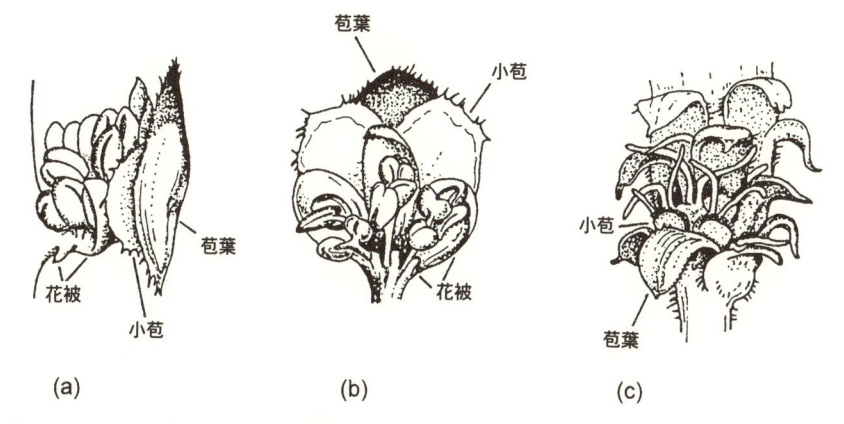

図5.10 カンバの一種*Betula pendula*の花
(a) 1個の花穂を構成する鱗片に形成された雄花塊の側面図、(b) 同じ雄花塊を下から見た図、(c) 雌性花穂の一部

（子猫のしっぽに似ていることからリトルキャットと呼ばれる）の中に花をもつものがある。ハシバミやハンノキ類などの樹種は雄花だけを花穂におき、シデ類、カンバ類、ポプラ類、クルミ類などは雌花と雄花の両方を花穂の中にもっている。これらはちょっと奇妙に見えるが、花穂には正常な花がある。たとえばカンバ類（図5.10）では、雄の花穂は一連の鱗片、苞葉、あるいはずっと小さな小苞でできており、それらの下に3個の花が寄り添い、それぞれの花は深く分離した2本のおしべを備えている。花被の遺物は残っているが、非常に小さくて目立たない。雌の花穂もこれと非常によく似た構造になっている。1個の花穂はまさに葉（苞葉）と花をつけた1本の枝で、ぶら下がった小さな枝に凝縮されているわけだから、花粉を風に乗せる方法としては完璧である。

　針葉樹の球花も花穂と同じような構造になっている。中央の軸には（普通は）螺旋状に配置された鱗片（実際には変形された枝）がつき、雄あるいは雌の部分を担うのはこれらの鱗片である。たいていの針葉樹では、雌性の球花が各鱗片に2個の胚珠を形成し、それらは後日種子になる。（花粉を落とした後落下する）短命の雄性球花では、紙質の鱗片が花粉嚢をつける。針葉樹の胚珠は「裸出」しており、子房による保護がなく、したがって柱頭もなければ花柱もない。

空気による花粉の輸送

　風による受粉はいうまでもなく多量の花粉を必要とする。カンバ類やハシバミ類は、

それぞれ1花穂当たり550万粒と400万粒の花粉を生産する（花粉の生産量は天候などの多くの要因によって影響され、またトネリコ類、ニレ類のような樹木では花粉の最大生産量には3年の周期がある）。なるべく多くの花粉をできるだけ遠くに散らそうとする樹木の適応戦略はさまざまだ。大部分の落葉性の風媒樹木は、落葉して樹冠に葉がないときに花粉を生産する。柱頭と競合する周辺の表面を減らして花粉を有利にするためである。常緑の針葉樹は春に開花しても得することは少ない。事実、ヒマラヤスギの仲間は秋に花を開き、オニヒバの仲間やセコイアは冬に花を開く。これらの樹種では、花粉がよく飛散するように、球花を枝の先につける。

樹冠の高いところで生産された花粉は遠くまで飛んでいく可能性が大きい。風が強く突風もあるから、花粉は地面に落ちる前に遠くまで吹き飛ばされるだろう（ただし、針葉樹類は自家受粉を避けるために雄花を低いところにつける傾向がある；後述）。さらにハシバミのように花穂をぶら下げたものは、鱗片が接触し、風が十分に強くなって花穂が曲がるようになるまで花粉を放出しない。つまり風が強く吹いているときにだけ花粉が空中に放出されるというわけだ。天候も重要である。花粉はもともと湿った面にくっつきやすいし、雨によって空中から叩き落とされる心配がある。そのような危険を避けて花粉は空気が乾いているときに放出される。こうした適応にもかかわらず、花粉の多くは樹冠を抜け出すことに失敗する。親木から100m以上離れたところまで飛ぶ花粉はわずか0.5〜40%の範囲である。しかしこの距離を抜け出すと、有意な量の花粉が1kmまたはそれ以上に拡散していく。実際、高い高度に舞い上がった花粉は数千キロメートルに達することがある。もちろん花粉の密度は非常に低く、受粉という点ではほとんど価値がないが、これらの花粉が空中を漂っているわけで、風媒樹木が花粉症を引き起こすのも無理はない。

ひとたび花粉が風によってとらえられると、花粉の運命は風の気まぐれにまかされる。しかし何もかもまかせるわけではない。風にのる花粉は、乾いていて丸く滑らかで、空中を飛びやすいように虫媒植物の花粉よりも小さくできている（虫媒植物では直径が10〜300μmであるのに対し風媒性の広葉樹では20〜30μm、同じく針葉樹では50〜150μm）[注1]。しかし大きさは諸刃の剣である。小さい粒（花粉）は遠くまで吹き飛ばされる反面、柱頭のまわりを流れる流線にのせられて、待機している柱頭から払いのけられるかもしれない。ただそこはよくしたもので、柱頭は乱流をつくる。これは「スノーフェンス（雪よけ）」シナリオで、うまくいくと乱流の低速のところを見つけて花粉をつけることができるだろう。さらに花粉粒は、空中を飛んでいる間に強くプラスに荷電し、雌花はマイナスに荷電している。これも空気の流線から花粉を引き離すのに一役買っているのかもしれない。

針葉樹は花粉をとらえるための複雑な柱頭をもっていないが、たいていの樹種は各鱗片の先端に粘りけのある受粉滴をつくる。花粉はその滴に（おそらく乱流に助けられて）くっつき、滴が乾くにつれて、まだ受精していない若い種子に引きこまれる。

この過程は見かけよりは受け身でない。というのは、花粉が受粉滴に入りこむとその花粉は10分以内に見えなくなるが、他の花粉は数日から数週間にわたって変化しないからである。ついでにいえば、マツ類や他のある種の針葉樹は、花粉の両サイドに空気で満たされたふくろ（気嚢）を二つもっており、それが比較的大きな粒の空中浮遊を助けているといわれる。しかし花粉の定着率は針葉樹も広葉樹も同じで平均毎秒3〜12cmであり、気嚢も乾いた空気中ではどのみちしぼむとされている。気嚢のより重要な役割は、受粉滴の上の花粉粒を方向づけることかもしれない。受粉滴は、原始的な針葉樹の類縁種であるソテツ類やイチョウ、マオウ類を含めて、たいていの針葉樹で見られるが、モミ類、ヒマラヤスギ、カラマツ、トガサワラ類、ツガ類、ナギモドキ類、あるいはナンヨウスギ類では見られない。そのかわり、これらの樹種ではいろいろな形の球花の鱗片を使って、漂流する花粉を効率的に捕捉している。たとえばダグラスファーでは、うまく胚珠に導くつるつるした傾斜面があり、螺旋型滑り台の上に落ちてくるどの花粉をも球花の奥に送りこむ仕組みになっていて、風で花粉が引き離されないようにしている。

境界の曖昧な動物受粉と風受粉

風による受粉と動物受粉とでは花の種類が違っており、両者の区別ははっきりしているように思われるが、多くの樹木では両者をバランスさせているようだ。よく知られたヨーロッパの風媒樹木といえば、オーク類、ブナ類、トネリコ類、カンバ類、ハシバミ類などだが、それらの花粉をミツバチが体につけている。他方、一般的には虫媒性とされ豊富な蜜を生産する樹木でも、シナノキ類、カエデ類、アメリカグリ、ユーカリ類などは相当な量の花粉を空中に放出している。これらの事例は花粉の「偶然的な漏出」と考えられないこともないが、全部の卵を一つの籠に入れる危険を避けようとする適応と見るべきであろう。これはダイナミックな状況であって、環境条件が変化すれば風受粉と動物受粉の相対的な有利さが変わってくる。ヤナギ類で見たように、受粉をどれにするか、風と昆虫と鳥の間を揺れている。このような曖昧さは広葉樹に限ったことではない。針葉樹に近い原始的なソテツやウエルウイッチア（図2.1d）には受粉滴があり、風受粉のように見える。しかし受粉滴が蜜として働き、雌花に昆虫を引き寄せるとともに、花粉が昆虫を雄花に誘っている可能性がある。

大きいことの問題

動物によって受粉される大型の樹木では、花が満開したとき、そのサイズのゆえに

独特の問題に直面する。受粉仲介者を引き寄せるには、樹木はその花の中で十分な見返りを生産しなければならないが、1本の樹冠の中であまりにたくさん生産すると受粉仲介者は次の木にいかないで居座ってしまう危険がある。さらに同一樹種の他のすべての個体も開花しているとすれば（他家受粉には必要なこと）、生産された大量の花に比べて受粉仲介者の数が少なすぎるかもしれない。

　これらの問題に対する一つの解決法は、他の樹種が開花していないときに花を開くことだ。それなら自分の花の受粉仲介者が確保できる。温帯地域では冬季に働くことになるので思うようにはいかないが、昆虫受粉の樹木の開花期が実際には夏いっぱいに広がっている。それでも、1本の木にたくさんの食糧を残して受粉仲介者たちが他の木に移るようにするという問題が残っている。ある種の大型熱帯樹木は、1本の木の一部で開花させ、一部では蕾の段階とし、また一部では果実を実らせることによって、一連の小型の木があるような印象を受粉仲介者たちに与え、この問題に対処している。他の熱帯樹木がとっているもっと極端な解決法は、長期間にわたって（おそらく1年中）一度に数個だけの花をつけることである。スズメガ類、ハチドリ類、コウモリ類は、こうした樹木を「トラップライニング」で探索している。つまり北極の猟師が、仕掛けたトラップを巡回するように、複雑な食餌ルートの上を繰り返し飛んで、広範囲に広がった花を訪ねるのである。ミツバチはこうした活動で毎日20km以上を飛びまわることがある（温帯のミツバチが花粉を動かす距離は比較的短く、ある研究によると飛翔行動の80％は1m以下で、99％は5m以下だという）。これは食糧確保だけが目的ではないのかもしれない。ミツバチは植物から得る香りで縄張り的な行動を示すことがあるからである。

　もう一方の極端な例は、莫大な数の花をつける「集団開花」である。これがよく見られるのは、ボルネオやマレーシアの非季節的（規則的な乾季のない）熱帯常緑林で、樹冠のもっとも高い木（たいていはフタバガキ科の樹木）は2〜10年の間隔で同時にすべての木が花と果実をつける。アシュトンはこんなふうに記述している。「ほとんどすべてのフタバガキ科の樹木と、林冠を構成するすべての樹種の88％までが、数年間ほとんど（あるいはまったく）生殖活動を行わなかった後、数週間から数カ月にわたって一斉に開花する。……このような集団開花現象が起こる地域は、一本の渓流にそった小さな区域から、ボルネオ東北部あるいは半島マレーシアといった広範囲のこともありうる」と。個々のフタバガキ科樹木は多いときには400万個くらいの花をつける。このような集団開花は先に述べた問題を無視しているようだが、しばしばそうであるように、微妙な解決法がとられていて自明というわけにはいかない。まず第一に、フタバガキ科樹木の開花は逐次連続的で毎回同じ順序で開花し（図5.11）、それによって受粉仲介者の間の競争を減らしている。第二に個々の木は2〜3週間にわたって開花するが、それぞれの花はわずか1日しかもたない。主な受粉仲介者は、開いた花の圧倒的な香りによって引き寄せられた小さなアザミウマ（総翅目）で、夜に

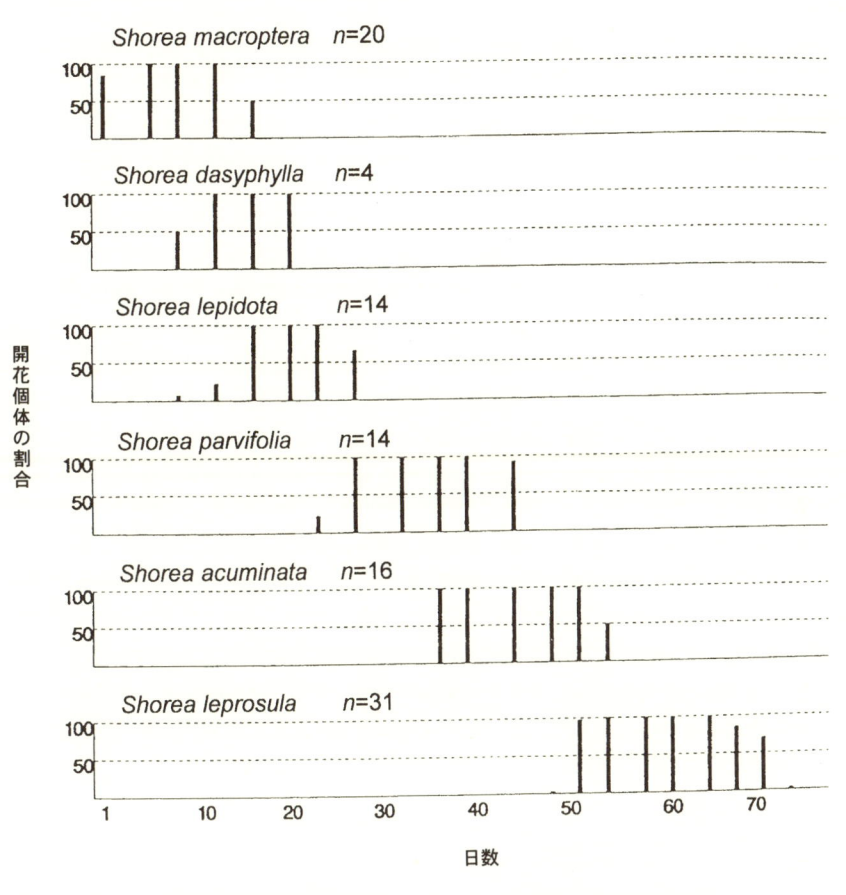

図5.11　マレーシアにおけるフタバガキ科サラノキ（*Shorea*）属6樹種の順々に続く開花
グラフは、1976年3月14日以後の所定の日に開花していた樹木の割合（%）を示す（nは各樹種において開花が見られた樹木の本数）

　花の内部を動きまわって花や花粉を食べる。朝になると幸せなアザミウマをよそに花は落ちる（子房は樹上に残って果実になる）。次の日の夕方、開花の次の波が始まると、アザミウマは新たな食糧を求めて飛び立っていく。できれば別の木の花にたどりつけることを願って。ひとたびそこに到着するとアザミウマたちは餌のまわりを動きながら、運んできた花粉を配っていくことになる。この仕組みが機能する理由は、たいていの熱帯樹木とは違い、フタバガキ科の樹木は群生するからだ（フタバガキ科の樹木の重い羽根のある種子はヘリコプターのように旋回するが、遠くには飛ばない）。必要な数のアザミウマはどこからやってくるかというと、集団開花のない時期には低

い個体密度で生存し、樹木群が開花するとその数を爆発的に増やすのである。そして最後に、多くのフタバガキ科樹木は自家不稔性であったり、雌雄異株であるため、他家受粉が助長される（後述）。

　一般に集団的に開花する個体は、あまり樹種を特定しない受粉仲介者を使っているので、まわりに仲介者がたくさんいることになる。集団開花がもたらす強烈な視覚像が遠くからもたくさんの受粉仲介者をひきつけることができる。70種にも及ぶミツバチがたった1本の熱帯樹木を訪れるのが観察された。花をめぐる昆虫たちの競争は激しく、一部のミツバチは追い出されて、次の木に移らざるをえない。樹木にとってはよいことだ。しかし昆虫が1本の木から次の木に移るようにしむけるもっと巧妙な方法があるかもしれない。樹木群がもたらす蜜はその量と質を連続的に変化させている。ミツバチはある時点でもっとも優れた蜜源を見つけるために、いろいろな木から蜜のサンプルを規則的に抜き取っているという。なぜこんな厄介なことをするのか。それは集団開花と集団結実が花と種子の捕食を減らす重要な仕組みになりうるからである（135ページ参照）。

　風によって受粉する樹木は、集団開花に関連した問題を完全には免れていない。風による花粉の飛散は花の数によって影響されないが、1本の木の花が自分の花粉で圧倒されるという危険がある。仮に自家不稔性であっても、柱頭はその木自身の花粉でおおわれてしまうので、他の木の花粉は物理的に柱頭に達することができない。自家受粉が可能な木の場合にも、あまりに花粉が多くて逆効果になるかもしれない。花に余分な花粉をかけると果実や種子が少なくなることが、クルミ類で実験的に示されている。よいことも度を過ぎてはいけない。

自家受粉と他家受粉

　これまで他家受粉は自家受粉よりも優れているとされてきたが、これも鵜呑みにすべきではない。近親交配や有害遺伝子の発現を避けるという点からすれば、他家受粉（異なる個体からの花粉で受粉すること）は樹木にとっても他の植物にとっても、長期的に見てよいことである。「近交弱勢」の影響として指摘されてきたのは、発芽不良、実生苗の生存率の低下、実生苗のクローローシス（クロロフィルの欠如）、樹高成長の低下などである。事実、雑種が親個体のいずれよりも活力が強いという「雑種強勢」が、部分的には、いくらかでも近親交配をしてきたであろう親と比べて、この異系交配が優れていることのあらわれかもしれない。とはいえ、ほかに花粉が得られないとすれば、自家受粉は短期的には種子生産の有用な方式である。一般論としては、まず他家受粉をねらい、ほかのどれもうまくいかなければ自家受粉に頼るということだ。その技法は後述するようにいろいろある。

自家不和合性

　ある樹木は完全な「自家不和合」で同じ樹木では受粉できない。これはとくに風によって受粉する樹木では普通なことである。木のまわりには自分の花粉が大量に飛びまわっている可能性がある。ブナが自家受粉すると不稔堅果しかできないし、また離れて生えるブナは、林分状態のブナよりも堅果のでき方が少ない。しかし自家不和合性はまた、リンゴのような虫媒性の樹木にも見られる。たいていのリンゴの木は接ぎ木によって栄養系となっており、一つの変種の果樹園は事実上すべて同じ木である。これを解決するには2種類以上の他の変種を植えこめばよい。その証拠に、1本のビクトリアプラム（自家和合性）はよく結実するのに、（1本の幹に数種類の変種を接ぎ木しなければ）単独のリンゴの木は実を結ばない。しかし大部分の樹木は保険の意味で、少なくともある程度の自家受粉能力をもっている。環境条件の悪い高地でも生育するセイヨウナナカマドは、暖かな気候下では広がったおしべをもち、受粉仲介者たちをひきつける蜜をたくさん出すが、気候が不順で周辺にほとんど虫がいなければ、おしべは一点に集まって自家受粉を行う。他の樹木は各種の物理的・化学的手段を駆使して別の木からの花粉をひき入れようとするが、他の木からの花粉がない場合にはしばしば自身の花粉を受け入れる。

時期によって性を変える

　自家受粉を減らす、あるいは避けるための、樹木に共通した仕組みは、花の雄性部と雌性部を時期を違えて成熟させることである（雌雄異熟と呼ばれる）。風媒性の植物で有力なのは（昆虫によって受粉するモクレン類にも見られる）、おしべが花粉の生産を始める前に、めしべの柱頭（しずい）が花粉に対して感受性をもつ花である（雌蕊先熟、雌性先熟）。この利点は明らかである。自身の花粉を浴びせられる前に、柱頭は外来の花粉を捕捉することができるが、もしも外来花粉がない場合には自家受粉も可能である。逆に、柱頭が感受性をもつ前におしべが花粉を生産してしなびてしまう反対の状況（雄蕊先熟、雄性先熟）は、動物が受粉する花で一般的である。ここでいう自家受粉はより巧妙であって、自身の花粉をふりかけられた花の部分に触れるように柱頭を曲げたり、縮ませたりする仕組みや、晩熟の葯群に仕事をさせるといった仕組みで達成される。

同じ株の別の花で雌雄を分ける——雌雄異花（雌雄同株性）

　時宜を得た性の分離がとくに重要な場合は、雄性部分か雌性部分のいずれかが花の寿命の終わりごろに起こるようだと、うまく機能しない。このようなケースでは花を

違えて機能的に性を分離する方式がとられる。それは完全花（シナノキ類、ニレ類、トチノキ類などのように一つの花に二つの性をもつ両性花）から、一つの性だけをもっている不完全花への移行を意味する。このような分離（雌雄異花同株）がよく見られるのは、風媒性の樹木と、特定の昆虫をあまり選ばない虫媒性の樹木である。動物によって受粉するたいていの樹木では、こうした分離はあまりに高くつく。つまり、受粉仲介者たちが一つの花で受精過程の半分しか行わないので（花粉を集めることと配ることのいずれか）、動物たちをひき寄せる経費が倍に跳ね上がるのである。

雄花と雌花は分離してはいるが、この両者は非常に接近していることがある。たとえばクリでは、両性は普通は別の花穂になっているが、雌花はその他の点では雄花の花穂の基部に形成される。しかし普通は雄花と雌花の頭状花があり、それらは同じ木のいろいろな部分か同じ枝の上にある。針葉樹ではこれが極端になり、雌球花は樹冠の上部に、雄花は下部に形成される傾向がある（常にそうだとは限らないが）。花粉はめったにじかには上方に動かないが、乱流が花粉を上に押し上げ、周囲の樹木の樹冠に向けて他家受粉を促すので、自家受粉は減る。そして樹冠の上部にある重い種子は、風によって遠くに散布されるだろう。

効果的な受粉と種子の飛散のためだけに、雄花と雌花が樹冠のさまざまな部分でつくられるわけではない。とくに熱帯樹木では花や果実が葉のない大枝や幹からじかに生ずることがある（幹生花）。これはカカオやドリアンのように大型の果実をつけ、頑丈な支持を必要とする樹木に共通している。熱帯林以外ではセイヨウハナズオウが幹生花をつける数少ない樹種の一つである。この木の花序は古い葉痕や樹皮の上にある矮性の枝条から生ずる。その理由はよくわからない。

単性花は、上に述べたように同じ木の上（雌雄同株：1軒の家に両性）か、異なる木（雌雄異株：2軒の家、すなわち2本の木に両性）に形成される。

なぜ雌雄異株か

ちょっと考えてみると、雌雄異株（別々の雄株と雌株をもつこと）の木は明らかに不利である。実際、それは他家受粉を確かなものにするが、大雑把に見て半分の木（雌花をつける木）しか種子を生産できない。さらに、それぞれの個体が離れて位置していると、繁殖の機会はずっと少なくなる。たとえば、ウェールズのセイヨウネズ（ビャクシンの仲間）の遺存集団（環境条件の変化などによって分布圏をせばめられたものの集団）では、現在残っている雄株と雌株が遠く離れているために、種子が生産されない。イングランドのペンニン山脈が南限とされる矮性の低木ホロムイイチゴについた貧弱な種子は、大型の単性の栄養系と、雄株の頻度が大きいことによると考えられている。雌雄異株性はまた、受粉をより困難にする。花粉を生産するのは集団の半分だけであるから、主要な見返りとして蜜が必要であり、受粉仲介者の潜在的な

数を切り詰めることになる。そして雌雄同株性の項で述べたように、動物による受粉は単性花ではより高くつく。ヤナギの雌の花穂は雄の花穂よりも蜜を3倍も多く含んでおり、受粉仲介者である鳥のアオガラは主に雌の花穂を訪れる。おそらく雄花穂へは時どき訪問させ、雌株には頻繁に訪問させるのが、受粉仲介者のもっとも効率的な使い方であろう。

このように明らかに不利な点があるにもかかわらず、とくに樹木の間では雌雄異株性が普通である。イギリス（と世界）の植物相におけるすべての顕花植物（被子植物）のわずか4％が雌雄異株性であるが、アメリカ・ノースカロライナの温帯林では雌雄異株性は樹木の12％（低木を含めると26％）に見られ、コスタリカでは約20％（低木を含めると32％）、ナイジェリアでは40％に達する。雌雄異株性の樹種は多くの科に散らばっているが、完全な雌雄異株性は少数で、ヤナギ科のヤナギ類、ヤマナラシ類、およびポプラ類である。雌雄異株性はイチョウ、ソテツ類、イチイ類、多くのビャクシン類、ニュージーランドのカウリマツ（*Agathis australis*）、マキ類、カエデ類（約15％）、温帯のセイヨウヒイラギ、シンジュ、低木性のナギイカダ、および多くの熱帯樹木で見られる。しかし雌雄異株性は、マツ類やスギ科のどの種にも（セコイア、スギ、およびコウヨウザンを含めた）なく、またチリマツやイトスギ類にも見られない。

ではなぜ雌雄異株なのか。いくつかの答えが考えられる。保証つきの異系交配（他殖）による子孫（次代）なら最高の遺伝的質が確保されるが、雌雄異株性はそれを絶対的に保証する唯一の方法である。もう少し説得力のある答えは、ダーウィンが唱えたように、雌雄異株性と、大きな種子をもつ大型の肉果の生産との密接な関連である。このような果実は生産するのにコストがかかり、花粉を生産しない樹木なら大きな種子と栄養価の高い果実にたくさんの投資ができる（第8章）。もしもある樹種の個体の半分が種子を生産しているのであれば、種子の発見がずっと困難になり、捕食されるのを減らすことができる。雌雄異株性がどのようにして、またなぜ発生したのかについては、今も熱心な論争が続いている。

その理由がなんであれ、雌雄異株の習性を人間も利用している。雄のポプラが都市部に植えられているのは、厄介な綿毛の果実が風に舞うのを避けるためだ。さえない緑色の雄花にかえて、見栄えのする実の房をお目当てに雌のスマックが植えられる。イギリスの川沿いでいつも雌のクラックウィローが植栽されるのは、雄の木よりも枝の刈りこみに向いているからだ。

性を交換する樹木

単性花はどちらかの性を失うことで形成される。したがって、もときた道に戻る木があるとしても驚くにあたらない。一般的には単性花をもつ雌雄同株性の樹木が時に

両性花を形成することがある。（別の個体に雄花と雌花をもつ）雌雄異株性が絶対に不変というのはまれである。たとえば雄株または雌株が、（低木性のナギイカダや北アメリカのギャンベルオークに見られるような）両性花を数個つけたり、反対の性の花をつけることがある。イチイは時にはんぱな花をつけたり、1本の枝に反対の性の花をつけることがある。さらに進んで、一度だけ、または繰り返し完全に性を変えるものもある。普通は雌性のアイリッシュユーに雄株があり、また雄性のイタリアポプラの栄養系（*Populus x euramericana* 'Serotina'）に雌株があることが知られている。確かな筋からの報告によると、栽培されているソテツ類も、ある期間移植や傷害、乾燥、霜などのストレスに遭遇すると性を変えるという。

ほかの例はさらに込み入っていて、それぞれが気ままにルールを決めているかに見える。北アメリカとアジアに生育するカキノキ類は、もともとは単性の株の数本の枝に、反対の性の花をつけることがある。ところが、ある個体はずっと雌雄同株（両性の花をつける）であり、他の個体は何年かは両性の花をつけるが、ほかの年にはつけない。そして（もっとまれには）数個の両性花が、本来なら雄性か雌性の株に形成される。見かけ上の性区別が完璧に入り組んでいるのが、セイヨウトネリコとある種のカエデ類である。セイヨウトネリコでは、「ある個体はすべて雄、ある個体はすべて雌、ある個体は雄であるが1本ないし数本の枝は雌、ある個体ではその反対で、ある枝は1年は雄、次の年は雌、ある個体は完全花をつける」という。そのうえ1本の個体でもその変異が年ごとに変わることがある。

性のコスト

このような性的な入れ替えは人間からすると信じがたいことだ。人類遺伝学によると、性はX、Y染色体によって決定され、個体内では容易に変えられないとされているからである。樹木でも他の植物でも、性は高等動物におけるように遺伝的に決められているものではなく、しばしば環境条件に左右される（おそらく樹体内に蓄えられている養分の量によって知覚されるのであろう）。事実、雌雄同株性の樹木での雌花の比率は、一般に成長条件がよいほど、また加齢にともなって増加する（若い植物や小さな植物は、そのほとんどか全部が雄性になる傾向がある）。これは母性繁殖にかかるコストが大きいことを反映している。大きくて成長の速い壮齢の樹木は養分に恵まれ、果実や種子の高価な生産に投入できる。雄から雌に変わることは、出し抜いて世に出る方法でもある。北アメリカの五大湖地方に分布しているスネークバークメープルは、森林のギャップに侵入するが、若い木は活力のある他の木によって次第に被陰されるので、雄から雌に変わり、残っている養分を種子に投入する。今こそ好機、逸すべからず、というわけだ。

雌雄同株性の樹種でも雌性化にはコストがかかる。イチイやイチョウ、ポプラ類の

ような樹木は「雄性優勢」である。雄性株は繁殖の努力をあまりしないので、樹高が高くなり、若いうちに開花して長生きする傾向がある。

　自然がつむじを曲げたかのように、一生の早い時期に雌性が卓越する樹木がある。この例として知られているのが、チリマツの近縁にあたるニューカレドニアマツ、数種のマツ類、北アメリカのビッグツースメープルなどである。これらの樹木は風媒性で、花粉を動かすには高速の風が、付着には低速の風が必要なので、丈の低い、若い木は、花粉をためるのに向いており、雌としてよく機能する傾向がある。

花粉なしにできる種子——単為結果ではない無配合生殖

　種子は花粉なしでも形成される（無配合生殖）。この方法だと子どもは母親とまったく同じである。バラ科にはザイフリボクやサンザシ、ナナカマド、リンゴなどのように無配合生殖を起こしやすい樹木が多い。厳密にいうと、最後のものを除いて種子が適切に発達するためには花粉が必要であるが、すべての遺伝的素材は母親に由来する。その仕組みはともかく、結果的には全個体が同じように見える林分になるけれど、もっともありそうなのは谷にそった隣のグループとはわずかに異なっているということだ。どこから別の樹種になり、どこまでが1本の母親に由来する大きな栄養系なのか、論議が果てしなく続いている。

　単為結果も同様である（花粉による受精はないが、果実は無配合生殖のように成長する）。この場合には種子は発達しない。多くの普通の温帯性樹木は、種子なしの果実をつけることが知られている（カエデ類、カンバ類、トネリコ類、ニレ類、モチノキ類、モミ類、ビャクシン類などを含むが、ブナ類、オーク類は含まない）。単為結果による果実は一般に正常な果実よりも小さいが、この方法は、クレメンタイン（タンジェリンとダイダイをかけ合わせてできた小型のオレンジ）、ネーブル、バナナ、リンゴ、ナシなどの種子のない変種をつくるために開発されてきた。単為結果性のない樹種でも、ホルモンを与えると単為結果が助長され、種子で普通に生産されるものに置き換わることができる。そのおかげでサクランボやイチジク、マンゴーのような樹種についても種子なしの変種ができた。

花から果実へ

　たいていの広葉樹の胚珠（若い種子）では、柱頭に花粉が到着して数時間から数日の間に受精が起こる。この間に花粉は糸のような管を花柱を貫いて胚珠まで伸長させるが、それはおよそ数センチの道のりである。針葉樹では花粉が球花の鱗片の間のもっと開けた環境の中で同じことをする。ついでにいえば、ソテツ類やイチョウの花粉

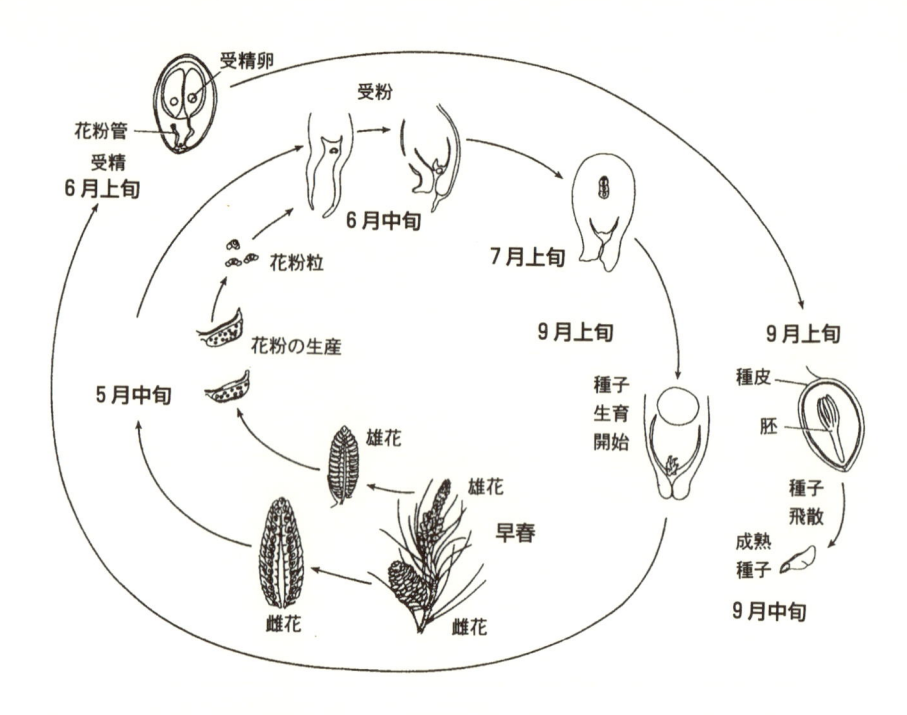

図5.12 マツにおける生殖のカレンダー：1年目の早春に始まり、ほぼ2年後に終わる

粒は自分で動ける精子細胞を放出し、それが胚珠に向かって泳いでいく。これは進化上の遺物であり、シダ類やトクサ類のようなずっと原始的な植物と共通している。

　花芽の形成（通常は開花の前の秋；第6章）から成熟した種子の飛散までに要する時間はおそろしくまちまちである。ニレ類は非常に早く、早春の開花の後8〜10週間経過した5〜7月には種子を落とす。しかしながら温帯性樹木の大部分は秋に種子を飛散させる。つまり花芽の形成から種子の放出までの全体のサイクルはほぼ1年を要する。アメリカネズコやモミ類、カラマツ類、トウヒ類、オニヒバ、セコイアのような針葉樹は同じタイムスパンで種子を生産するが、受粉と受精の間の遅れはしばしば3週間から2カ月半もある。ということは、ある種のトウヒでは種子が完全に発達するのにたった2〜3カ月しかかからないということだ。

　大部分のマツ類、ヒマラヤスギ類、ヒノキ類、ビャクシン類、ジャイアントセコイアを含む他の針葉樹は、2、3の広葉樹（とくに、スカーレットオーク、レッドオークを含めた多くの北米のオーク類）とともに、花芽から種子の落下まで2年もかかる（図5.12）。マツ類の受精は普通は受粉から1年後の春に起こる。多くのマツ類では種

子の落下がさらに遅れるが、これはセロティニーと関係していることが多く、野火の熱で鱗片がはじけるまで種子が数十年にもわたって球果中に残されることもある（第9章）。

樹木の果実──そのタイプ

　第1章で述べたように、針葉樹（裸子植物）と広葉樹（被子植物）の間のもっとも根本的な違いは果実にある。
　針葉樹の球果では、鱗片を物理的に壊さずとも折り曲げて引き離せば、種子が露出する。まさに種子は裸なのだ。これはセイヨウネズの肉質ないし繊維質の球果にもあてはまる。イチイの液果は、種子の基部から肉質の赤いこぶ（種衣、仮種皮；後述）を発達させた裸の種子であり、また肉質のイチョウの果実は種皮を肉質にしたもので、これも裸の種子である。
　広葉樹では、種子は果実によって完全に包まれており、乾いたナッツ（堅果類）であろうと肉質のプラムであろうと、果実を壊さなければ見ることができない。というのも、受精後に胚珠が種子になり（図5.1）、子房は果実になって完全に種子を包むからである。広葉樹の果実をいくつかに分類、図示したものが図5.13である。

果実は何をするのか

　果実は二つの役割をもっている。発育してくる種子を保護することと、時には成熟した種子の散布を助けることだ。
　成熟して発芽できるようになる前に樹体から離された種子は、その木にとっては浪費である。加えて発育途上の滋養分の多い種子を食べようとたくらむ多くの昆虫がいる。だから未熟な果実（や種子）には毒性があったり、きつい渋味があったりする。あるいは養分や糖分が不足していて、あまり食べる気にはなれない（未熟なリンゴの酸っぱさや、未熟なカキのタンニンの多さを想起していただきたい）。種子が成熟し果実が実るにつれて、果肉は軟らかくなり、澱粉や油のような貯蔵物質は砂糖に変えられ、渋味を出す化合物は減少する。そしてこれらの変化を知らせるかのように表面の色が変化する。[注2] ただ一部の果実はある程度の毒性と不愉快な特性をもちつづけ、それによって間違った動物に食べられる機会を減らしている。
　種子の散布ということになれば、多肉または肉質の果実には、動物による種子散布というはっきりした役割がある（図5.13）。乾いた果実も散布を助けることができ、たとえばカエデは「ヘリコプター」（翼果）の羽根をつくる。その他の果実は種子の

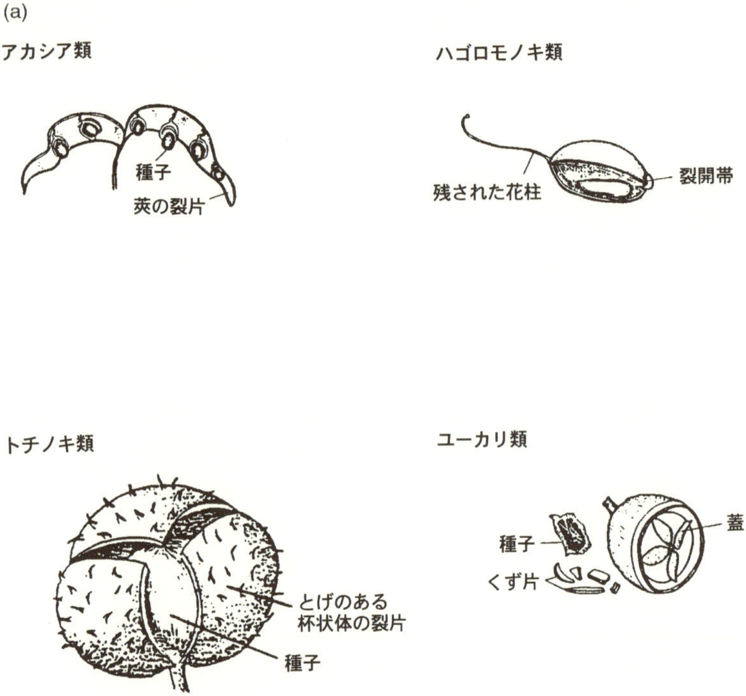

(a)

アカシア類　　　　　　　　　　　　　ハゴロモノキ類

種子／莢の裂片

残された花柱　　裂開帯

トチノキ類　　　　　　　　　　　　　ユーカリ類

とげのある杯状体の裂片／種子

種子／くず片／蓋

図5.13　広葉樹に見られる果実のタイプ
　果実（植物学的には果皮）は3層からなる。乾果では1層のように見えるが、肉果では外皮（外果皮）が肉質の層（中果皮）を包んでおり、内層（内果皮）は石果の硬い木質の組織や漿果の多汁な組織などいろいろな形をとりうる。
　(a) 裂開性乾果
　　豆果（莢）：アカシア類、袋果：ハゴロモノキ類（*Grevillea*）、蒴果：トチノキ類とユーカリ類

表面にもう1枚の乾いた層を加える程度のことはするが、とくに1個以上の種子を含む乾果は何もしない。樹上にとどまって、それぞれの種子がそれぞれの方法で落下できるようにするだけ（技術的には種子を落とす果実は裂開性と呼ばれ、種子を内部に保持する果実は非裂開性と呼ばれる）。キングサリ類のエンドウマメのような莢は樹上で裂開し、種子を雨あられのように落下させる。
　果実がそれほど美味そうでなく滋養分も多くない場合に、種子自身が種衣と呼ばれる目立った色の、タンパク質に富んだ組織を発達させることがある。イチイが裸の種子のまわりにつくる明るい赤色の漿果がそれだ。広葉樹では果実が開いたときに明るい色の種衣が見える。たとえばニクズクの種衣やある種のニシキギ類のオレンジ色の

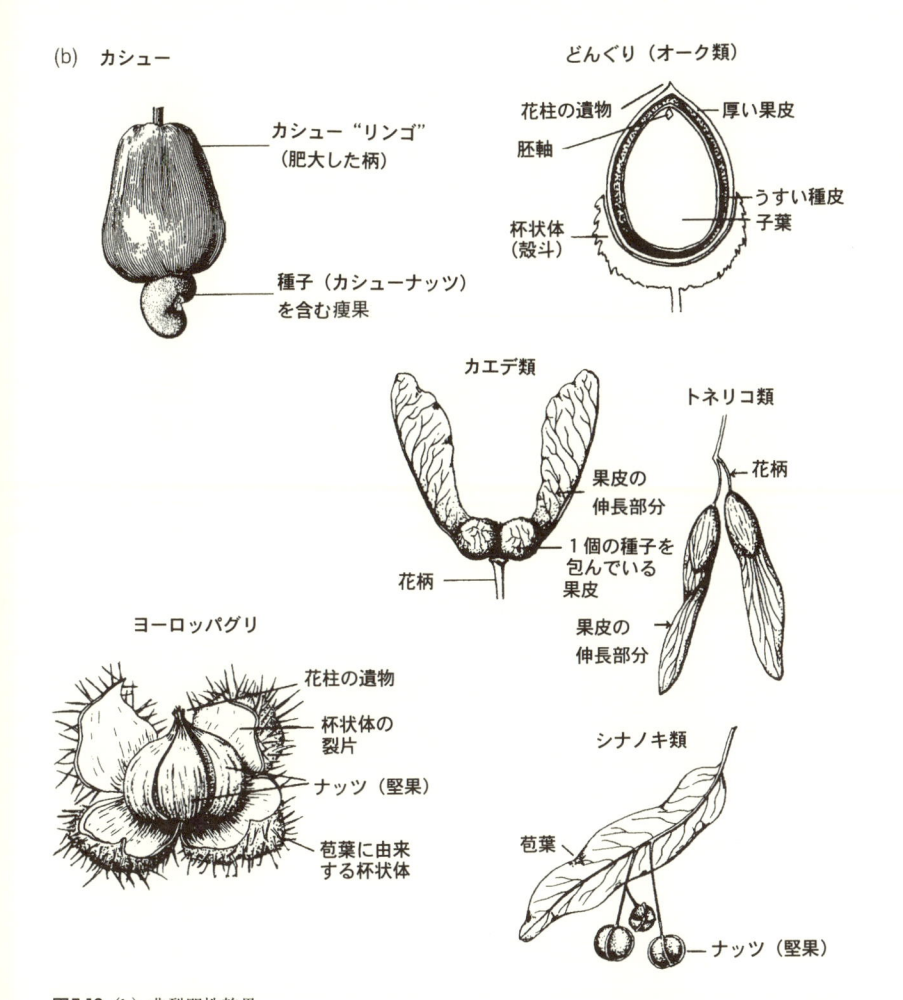

図5.13（b） 非裂開性乾果
　　　　痩果：カシュー、堅果（ナッツ）：オークとヨーロッパグリ、翼果（サマラ）：トネリコとカエデ

　種衣がそれで、セイヨウマユミの種衣は鳥による種子の散布を助けている。
　針葉樹の球果は特別なケースである。各鱗片の基部にある特殊化した機械的な組織は、湿度が高いときには閉鎖し、乾燥しているときには開くように仕組まれている。球果は回を追うごとに広く開き、最初の種子散布で落ちなかった種子も放出されるようになっている。普通70〜90％の種子ははじめの2カ月間に落ち、残りは冬の間に落ちる。種子の散布を助けるために、たいていの球果は受粉時の上向きの位置から、

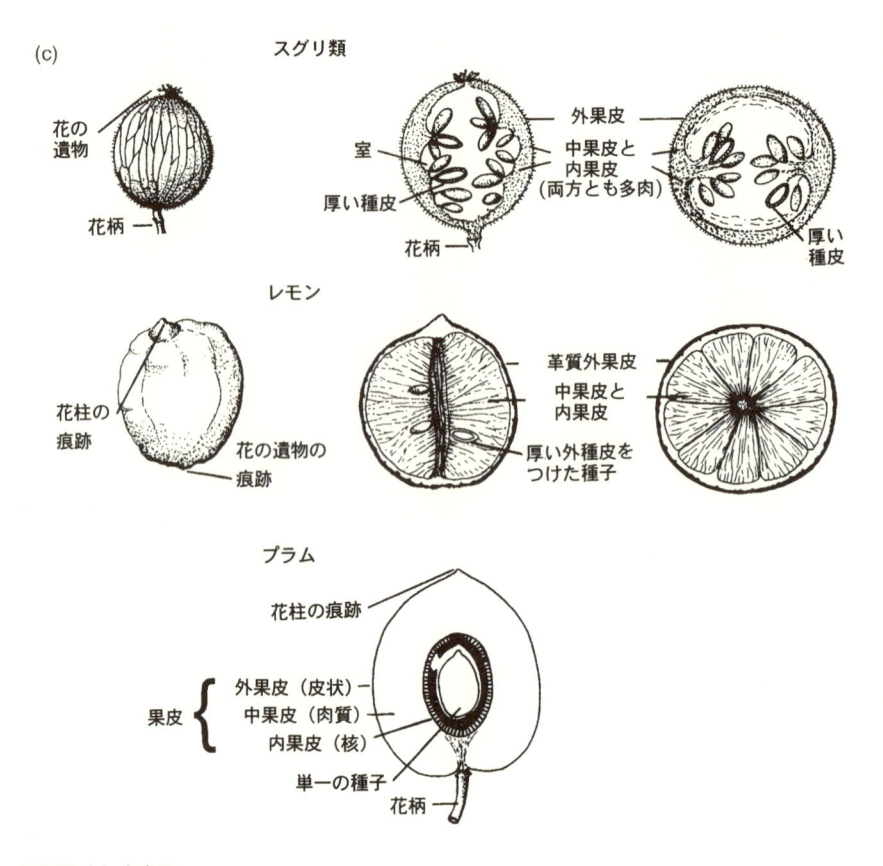

図5.13 (c) 多肉果
　　　　　漿果：グースベリー（スグリ）とレモン、石果（核果）：プラム

成熟時の吊り下がりの状態へと少しずつ方向を変えていく。モミ類、ヒマラヤスギ類、チリマツの近縁種の球果は例外で上を向いたままだ。鱗片が上向きなので効果的に種子を落とすことができない。そのため球果全体を樹上で分解し、球果の中央の軸だけがろうそくのように上を向いた状態で枝上に残される。ビクトリア王朝時代の紳士たちはこれらの木の先端についた球果を撃ち落とすことに興じていたものだ。そうでもしないと球果が丸ごと得られないのだ。

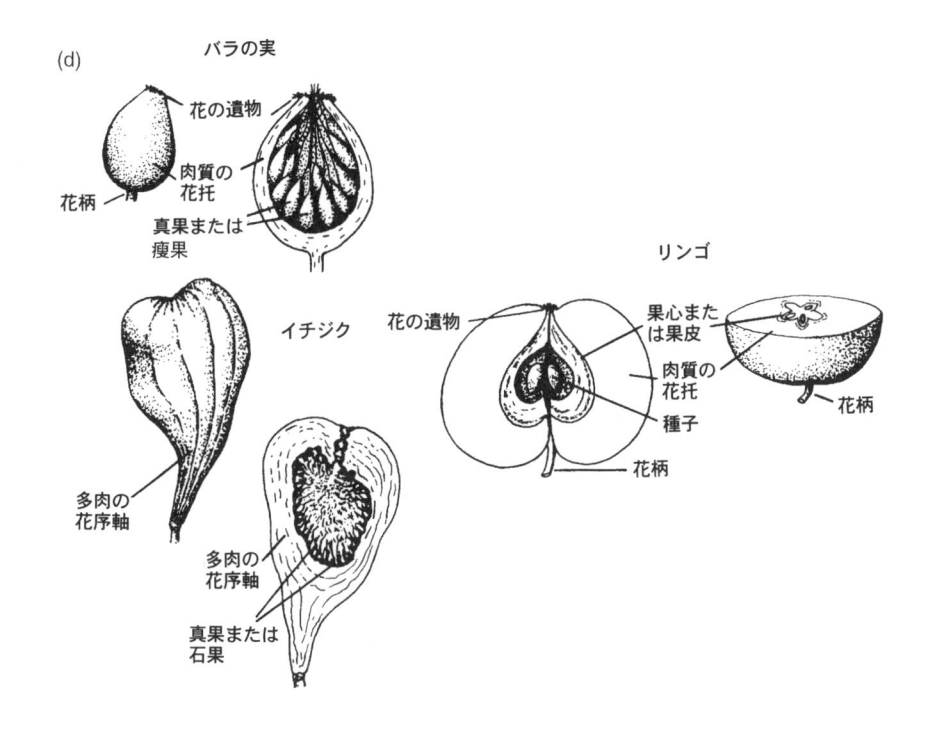

図5.13 (d) 偽果
バラ、イチジク、リンゴ

豊作年

　カンバ類、ポプラ類、ヤナギ類、ニレ類のような樹木は毎年大量の種子を、かなり安定して生産する（たとえばハンノキでは約25万個、キリでは2000万個）。他方、比較的大型の種子を生産する樹木（オーク類、ブナ、トネリコなど）や針葉樹類は年ごとの変動が大きく、それに周期性がある。ブリティッシュオークのどんぐり生産はゼロに近いこともあれば、多いときは5万個、時には年に9万個も生産する。花と種子の生産が例外的に多い年が豊作年である。イギリスにおけるブナとオークの豊作年はそれぞれ2～3年と3～4年ごとにあらわれるが、例外的に5～12年と6～7年ごととされている。北アメリカのクエイキングアスペンの記録によると4～5年ごとに最大で160万個の種子を生産した。リンゴでも2年ごとに豊作年がある。
　豊作が起こるのは、樹木に十分な貯蔵養分がある場合である。大粒の種子をつける

樹木は種子の育成に莫大な量のエネルギーを投入する。豊作年ともなれば大量の種子の生産にすべてを注ぎこむわけだから、その分この年の樹体の成長は落ちこむだろう。これほど難儀しているだけに、豊作年が2年と続かないのは当然である。たくさん実をつけた木は、次の豊作年に備えて貯蔵養分の建て直しをはからねばならず、中間の年には種子生産を控えめにするか、まったく実をつけない。樹体にどのくらいの養分が蓄積されるかについては、土壌、方位、被陰の程度など多くの要因がかかわってくる（どんぐりの収量は、樹冠の広がりが大きい個体で多く、針葉樹の種子収量は間伐によって増加する）。しかし年による変動がとくに大きいのは天候である。生育条件によって1年間に貯蔵できる養分量が左右されるだけでなく、貯蔵養分がいつ使えるかにも影響する。天候が不順だと、たとえ貯蔵養分が十分でも、花芽の形成がはばまれたり、後で芽が枯死したりして、豊作年にはならないだろう。

　天候が唯一でないにしても主要な支配要因であるとすれば、豊作年は大きな地域にわたって同時に起こるはずである。一般論としては確かにそうだ。しかし地理的に近い樹木がどれほどうまく同調するかは天候の局地的な差異に大きく左右される。イギリス南部に限って地域ごとに見ても同調しないことがよくある。ある地域における晩霜や草食動物による食害なども、被害を受けた木が周辺の樹木と一緒に豊作になるのを妨げる可能性がある。

　以上の論議は、豊作がどのようにして起こるかを説明するが、なぜかについては何も答えてくれない。ある種のオークは、カンバ類やポプラ類と違って、少量であるにせよ毎年コンスタントかつ規則的にどんぐりを生産することがない。なぜか。その答えは、オークのような大型の種子がリスやジュズカケバトなどの好物だという点に隠されている（ジュズカケバトは毎日100個のどんぐりを食する）。豊作年には種子を食べる動物たちが食べきれないほど大量の種子が生産され（捕食者飽食）、うまくいけば数個が生き残って発芽するだろう。イギリスでのブナの研究によると、凶作年には種子の100％までがハツカネズミや鳥によって食べられてしまうが、豊作年の後の冬の終わりには50％以上の種子が残される可能性がある。ブナの豊作年にはヨーロッパ大陸からアトリやシジュウカラの大群がやってくるのだが、それでも上記の数字が得られたのである。オークやブナでは豊作年の後にだけ稚樹を出すことが多い。

　ピニョンパインと世界中に分布している多くの他のマツ類は、羽根なしの大型の種子を進化させた。これらのマツ類は主としてカラス類によって分布が広げられたもので、イギリスでカケスやリスがどんぐりを動かすのと同じ方法である（「動物による散布」参照）。鳥は種子を遠くに運び、冬の間に食べるためにそれらを埋めるが、豊作年には一部は忘れられ、放置されて発芽する。（少なくとも）ピニョンパインの場合には鳥は種子の少ない樹上で食餌することがない。したがって豊作がこれらの種子を食べる鳥をひき寄せるのである。

　ジャンセン（1971）は、大量結実がどのように進化してきたかについて示唆してい

る。もしもある年に天候が花を傷めるか、開花のきっかけを提供しそこなったとすると、その結果次の年が豊作になり、捕食者から逃れて次の世代を形成する種子をたくさんつける。これらの植物は天候の破壊的な結果に非常に敏感であり、それがこうした選択に導き、将来の大量結実につながるのである。

では、なぜすべての木が豊作年をもたないのか。大量結実が見られるのは、風で散布されるか、または（ブナやオークのように）哺乳動物や鳥によって散布される、やや大きい種子をもつ樹木である（後者は食べるために種子を持ち去るが、その一部を土中に蓄えてその後忘れてしまう）。逆に、動物が果実を食べて種子が散布される樹木では大量結実が顕著ではない。果実が食べられずに放置されたのでは自滅的である。カンバやヤナギのような小さい種子の樹木でもこの方法は一般的ではない。草食動物をひきつけるような種子ではないからである。熱帯ではそのほかの問題も抱えている。そこでは動物は数が多く種類も多様で、豊作による捕食者飽食は起こらない。それはおそらく捕食者たちは動いて食べ物を変えることができ、種子の量が増えてもそれを食べつくすに十分な動物がいるからであろう。他方、東南アジアのフタバガキ林では動物が少なく、大量結実が起こる。異なる樹種の開花には時期的なずれがあるが（図5.11）、種子が落下するときには、多数の種子が同時に落ちるよう巧みに調整されている。仮に移住性の動物が殺到してもすべての種子が食べられることはない。

この論議からすると、「漿果の豊作は間もなくやってくる険悪な冬に備えた母なる自然の印」というのは、ありそうにないことだ。果実の生産は、今後どのようにうまくいくかではなく、これまでどれくらいうまくいったかを示すものであり、花の作柄を左右するのは一般に1年前の夏である。

種子の散布

概括的にいえば、樹木は花粉と同じ方法で種子を動かしている。当然のことながら、比較的風の強い開けた場所に生育する先駆樹種（カンバ類やトネリコ、マツ類など）は風に頼って果実や種子を散布する。林内の樹木は比較的静かな条件下にあるので、大型で重い種子が必要である（第8章）。したがってこれらの樹木は、哺乳動物や鳥の特殊化された採取習慣に依存することになる。同じような理由で多くの林地の低木は肉質の果実をつける。とはいえ常に例外はあるもので、動物の豊富な熱帯林では主として動物が種子の散布を担っている。林冠上部の風の強いところに生育する樹木でさえ、風によって散布される樹種はおよそ半分しかない。

風による散布

　風による散布がもっとも効果的なのは、種子ができるだけ高いところから放たれ、風がそれらを遠くに吹き飛ばして、落下を遅らせる場合である。ユーカリ類やシャクナゲ類のような樹木はゴミのような微細な種子を頼みにしている。少し大きな種子の場合は、カエデ類やトネリコ類、ユリノキのように、乾果を翼果の羽根のように伸ばすことで落下速度を遅くすることができる。また果実自身が飛ぶのにあまり向いていない場合には、苞葉が羽根のかわりについていたり（シデ類またはシナノキなど）、あるいは種子自身に羽根があったり（針葉樹）、または長い毛の羽状部をもっている（ヤナギ類、ポプラ類、バルサ、キササゲ類とその近縁種、およびカポック）。

　毛も単純にパラシュートとして機能するが、羽根にはもっと複雑な働きがあり、種子をヘリコプターのように旋回させる。羽根の大きさは種子のサイズとぴったり合っている。種子が羽根よりも大きすぎたり小さすぎたりすると、煉瓦のように垂直に落下するだけである（カエデの羽根を少しかじり取って空中に投げて試すとよい）。

　多くの樹木は、種子が遠くに飛べるように、葉がないときに種子を落とす。秋に果実を落とすカエデ類から、新世界熱帯のカポックに至るまで、それらは葉がないときに開花して羽毛のある種子を落とす（どの木も 5～10 年ごとにしか開花しないが、開花時には 80 万個もの種子が生産され、人工的な代替品が大量生産される前はマットレスやライフジャケット用のカポックが十分に採取できた）。樹木は羽根のついた種子をでたらめに落としているのではなく、計算ずくで行っている。果実は樹木にぶら下がっているので、湿度が下がるにつれて（秋に葉で見られるように；第 2 章）離層が急速に発達する。温帯で湿度が低くなるのは典型的には風速がもっとも速い午後のはじめである。果実を木から切り離すには最後の一撃が必要だ。つまり一陣の強い風で飛ばされるような仕組みになっていて、平均風速から予測される距離の 2 倍も飛んでいくのである。

　風で飛ばされた果実や種子がどのくらい遠くまで飛ぶかを計算するのは難しい（ある種子がどの木からきたものかわかるだろうか）。またその意味を知るのはもっと困難である（長距離を飛ぶ変わった種子はどれほど重要か）。カンバ類やトネリコ類、多くのマツ類のような先駆樹種の種子は、一般に風によって散布される（ただし北アメリカのセコイアは森林樹木だが、種子は小さな羽根をもち、開けた山火事跡地でもっともよく育つ）。これらの樹種は大面積にわたって種子を均一に拡散させ、侵入できる新しい裸地を見つける機会を増やそうとしている。空気の流れが変動するのは、親木からいろいろな距離に種子を落とすという点で効果的である。羽根のある果実や種子は比較的重く、あまり遠くには飛ばずに、普通は親木から 20～60m の範囲内に落ちる。例外的には 4km を飛んだアメリカスズカケノキや 30km を飛んだポプラの記録などがある。アメリカ・ネバダ州に分布するジェフレーマツでは、種子を隠して

蓄える小さな哺乳動物によって種子が地面に落ちると25m離れた場所まで運ばれることが観察された。蒴果の中にあるカンバやヒースの種子のように小さく軽い種子は、堅く押し固められた雪の上を数キロメートルも吹かれることがある。これは通常の風散布と比べると3倍以上の距離だ。

動物による散布

　動物は時として果実や種子を無意識のうちに広げている。たとえば毛皮や羽毛に種子が付着し、身繕いでそれをふり落とすケースである。しかし動物による移動のほとんどは、動物への食糧提供をベースにしている。種子は花粉よりも大きいので、昆虫はごく小さな役割しか果たさない。もっと大きな動物が必要である。果実、とくに熱帯の果実は、大きさや豊富さ、栄養的な特性が著しく異なっているため、たくさんの異なる動物、とくに鳥類を活用する。鳥にとって魅力的な果実は、朝与えられる傾向があり、ほとんど匂いはないが色彩は目立っている。夏の常緑低木では赤い果実（野生のサクランボ、セイヨウヒイラギ、イチイなど）であり、秋には黒い果実（キイチゴ類、ニワトコ、エゾノウワミズザクラ、セイヨウキヅタ）が目立つ。哺乳動物は主として匂いで引き寄せられる（リンゴ、ナシなど）。ある果実は、なんでも食べるゼネラリストの動物を対象として、炭水化物のありふれた食品を提供する。足らないものはどこかほかで補うしかない。またアボカドのような他の果実は、栄養についてはるかに完全なものを提供し、より限られた数の種子の配達者から連続したサービスを受ける。

　ひとたび動物が餌を食べると、（グアテマラのケツァルが野生のアボカドの核にするように）種子は吐かれるか戻される。あるいは飲みこまれて、歯や砂嚢による押し潰しから生き残り、結局は腸を通って糞として出てくる（スタートした場所からいくらか離れたところであることが望ましい）。ニワトコの幼木がホシムクドリのとまり木の下で見られることがしばしばある。動物を通しての旅は、スピードがあるか他の保護があれば楽になる。「イチジクのシロップが便秘に効くのは驚くにあたらない。しめころしイチジクの木では、その果実が動物の腸に対して、飲みこまれた種子がすべての方向に広く散布されるのを促すからだ」ともいわれる。石果の内側の殻のような硬い層があると、それが保護に役立つだろう。動物の消化器官を通過することにも明らかに利点がある。セイヨウヒイラギの種子は、鳥の砂嚢を通過している間に種皮が影響されて発芽が促進される。

　ナッツ（堅果）のような乾果に包まれた種子は、種子そのものが食べられる。しかし種子が消化されると成長できないので、食べられたのではどうにもならない。ただ動物の不器用さや健忘症に助けられてこのシステムが機能する。ヨーロッパブナの堅果を食べる小さな鳥や、新世界の*Parkia*属（フサマメノキ類）の木の莢を食べるオ

ウムに見られることだが、種子が運ばれる途中で落とされる。他の動物たちは、（とくに豊作年の間）後日のために種子を土中に隠しても、その一部を忘れてしまう。これは種子の発芽にとっても好都合なことだ。世界中のいろいろなマツ類にその例が見られ、これらのマツ類は、カラス類によって動かされる大型の羽根のない種子を発達させてきた。ブラジルナッツになる木質の大砲弾のような硬い果実を嚙み砕けるのはオオテンジクネズミだけであり、この動物がそれらの種子を土中に隠す。またイギリスのどんぐりはカケスやリスによって動かされる。ちなみに、どんぐりを地面に放置すると、急速に水分と活力を失うので、カケスによる埋めこみはとくに重要な意味をもつ。他方、イギリスに導入されたハイイロリスはどんぐりの先端を嚙み取ることが多く、発芽が妨げられる。

　種子の移動は必ずしも単純ではない。たとえば、オーストラリアのキニーネブッシュ（*Petalostigma pubescens*）は3段階の散布過程をもっている。直径2〜2.5cmの丸い果実はエミューによって食べられる。エミューは石果の核から果肉をはぐ。腸を通った後は、1羽のエミューの糞には1000個を超える種子が含まれており、芽生えの段階で激しい競争を引き起こす。しかしすべてが失われることはない。太陽にさらされた石果の核は2〜3日後に開裂し、種子を1.5〜2.5m弾き飛ばす。種子はその一端に脂肪に富んだ目立った付属器官（エライオソーム）をもっており、アリがそれを巣に運び、付属器官を食べて種子を捨てる。種子が地中に放置されれば、ネズミや火から守られて、ここが有利な発芽の場所となる。こうした華麗な方式はヨーロッパのエニシダやハリエニシダでも使われている。エンドウマメのような莢が太陽で乾かされると、爆発的に種子を撒き散らし、種子は同じようにアリによって運び去られ、同様な脂肪に富んだ付属器官のおかげで都合よく埋められる。

　種子は動物によってどのくらい遠くまで運ばれるのか。情報のほとんどはヨーロッパでの研究に由来するが、哺乳動物や鳥は、どんぐりやセイヨウハシバミの実、漿果を木から10〜30mくらい離れたところまでもっていく。ただしカケスはどんぐりを数キロメートル運ぶこともあるらしい。ここで留意すべきことは、林冠では木が倒れるなどして近くにでもギャップのできる可能性が大きく、種子は必ずしも遠くまで運ばれる必要はないということである。食害による深刻なロスも予想されるが、この散布方式はなかなかうまく機能していて、鳥が運んだどんぐりによって、裸地に1ha当たり5000本のオークの稚樹が出ていたという報告がある。

水による散布

　水辺に常時生育する樹木は、水に浮くコルク質の果実を進化させてきた。小さな羽根をつけた果実は油性の外皮をもち、1年以上も水に浮いていることができる。これらの種子は、流水と水面を吹く風によって、空中で吹かれるよりもずっと遠くまで移

動する。川の近くに生育する熱帯のマメ類は、その莢を水面に落とし、そこで小さな一個一個の種子に分かれて流れていく。多くの種子は近いところに打ち寄せられるが、一部はずっと遠くまで流れていき、海にも出る。海に1年以上も浮いていて、なお活力を失わないことがある。このような樹種は世界中で見られる。直径3cmもあるチョコレートコインのような「シー・ビーンズ（モダマの莢からの種子）」がイギリスの海岸によく打ち寄せられるが、これはカリブ諸島からメキシコ湾流にのって運ばれてきたものだ。おそらくこの種の長距離記録では水の右に出るものはないだろう。ココナツは不透水性の表皮をもつ繊維質の外皮に包まれていて、大陸をへだてる海洋を3000kmも旅することができる。

10万km²を超えるアマゾンのジャングルは、雨季の間、毎年洪水でおおわれるが、ちょうどこの時期に、多くの樹木やつる植物は果実を実らせる。パラゴムノキの果実は樹木の上で裂開し、10〜30m離れた水上に種子を放出する。その種子は、ブラジルナッツの殻と同じくらい硬い殻をもっているが、馬の臼歯にも似た歯をもつ魚がその殻を砕いて開ける。多くの種子はこれで失われるが、一部の種子は生き残り、2〜4カ月も漂いつづける。肉質の果実に包まれた（浮力のある）種子は、魚に飲みこまれるか、果肉が腐るにつれて底に沈むかして、いずれ動かされることになる。民間伝承によると、デンキウナギは水に浸かったヤシ類の根元に巻きついて（500ボルトもの）電気ショックを与え、果実を落下させるという。ヤシ類が本当にこれだけの電気を通すかどうか、いささか疑わしいが。

生殖のコスト

花や果実の生産には費用がかかる。したがって若い木はその余裕がなく、このコストを負担できるのは、年齢を重ねた木だけである。生殖は樹高や直径の成長を遅らせ、豊作年には年輪の幅が半分になることがある。ヨーロッパアカマツでは、球果の生産があると材積成長量が平年の10〜15％も減ると推定されている。樹木はできるだけ多くの養分を生産しようと最善をつくしているのだが、成長の減退は避けられないのだ。花は本来葉がつくはずの場所の一部を占有し、樹木は不利な条件で出発する。ロッジポールパインの雄花は、その枝の針葉の数を27〜50％も減らす（枝先にぶら下がっている雌花はほとんど針葉を置き換えることがない）。しかし果実のすぐ近くにある葉は懸命に働いて、光合成の速さを100％も増加させ、この減少を償っている。花や果実も無力なわけではない。リンゴの花の緑色の萼は、開花から果実の成熟までの間に必要とされる炭水化物の15〜33％を生産するという。緑色の果実も自身の成長に貢献している。その量は北アメリカ東部のバーオークでは2.3％だが、ドイツトウヒでは17％、ヨーロッパアカマツでは30％（針葉樹の球果は若いときには緑色で

ある)、大型の緑色の翼をもつヨーロッパカエデでは65%に達する。

なぜ必要以上の花をつけるのか

　樹木が雌花のほんの一部から成熟した果実をつくることは普通なことである。マツ類ではつけた花の4分の3以上が成熟した果実になるが、マンゴーやチークでは20分の1以下に下がり、熱帯アフリカのカポックではわずかに1000分の1である。このような失敗の一部は受粉の不足によるとみられる。種子からのホルモンの分泌で果実の発達が刺激されるには、普通、1個またはそれ以上の受精した種子が必要であり、含まれる種子の数があまりに少ないと、果実や球果が落ちてしまう（その閾値は1本の木でも年によって異なる）。しかし受粉がうまくいかなかったとしても果実がなんとか発育する例がしばしば見られる（この章のはじめにあった単為結果を参照）。
　全体として見ると、受粉の不足は主たる原因ではなく、花が果実をつくることに失敗するもっとも重要な理由は、若い果実が発育しないことである。これは霜や干魃、または菌や動物によるのかもしれない。しかし植物が余分な若い果実をわざわざ捨てているという証拠もたくさんある。果実の生産は高くつくから、望まれない果実の発育を早い時期に止めるのは上手な生き方である。だがこれは論点の回避であって、はじめから望まれない花や果実をなぜつくるのか。一つのありうる答えは「植物の構造」とかかわっている。頭状花はたくさんの花でできているかもしれない（受粉者を引き寄せるためのディスプレー）。それぞれは果実をつくることができるが、すべてが発達するには十分な空間が物理的に不足する。
　おそらくもっと一般的な答えは、まず第一に豊作年にできるだけ多くの果実をつくるためである。似たようなプロセスは鳥でも見られることだ。鳥は余分な数の卵をつくり、もし十分な食糧がなければ雛は死に、十分にあれば生き残る。同様にして木も、スペアの養分が豊富な豊作年を利用して余分な果実を育てている。若い果実は養分をめぐって新しい葉の成長と競争しており、不足時には果実に養分が回らず死んでしまう（第6章）。花序の基部にある花は、最初に養分や水分を要求し、生き残る傾向がある。したがって鳥の場合のように全部が飢えるというわけではないが、もっとも弱いものは壁に押しやられ、ほかのものたちは繁栄する。そして第二に、発育を止めた果実は、親木がもっともよい果実をつけておくことを可能にする。種子を食べる地虫（コガネムシなどの幼虫）によって果実がひどく食害されると、樹木は選択的にそれらの発育を止めることができる。他家受粉した花は、自家受粉した花よりも果実の成長を早く始めるという証拠もある。そしていずれの場合にも、他家受粉した花は、養分を最初に要求し、生き残ることとなる。このようにして、その木は好みの他家受粉種子を優先的に成長させるだろうが、もしも栄養分が十分にあれば自家受粉の種子で

空き間を満たすだろう。

　いくらかのマツ類では逆の問題が起こることがある。正常よりもずっと多くの花がつくられ、それらが生き残る場合だ。普通であれば球果は1〜5個なのに、おそらく100個以上の球果が群生する。これらの球果は正常なものより小さいが、それでも多量の養分を使い果たすので、その塊より先の枝は死んでしまう。

次の世代

　ひとたび種子が撒き散らされると何が起こるのか。これは第8章の主題である。

注1——1μmは1mの100万分の1または0.001mm。
　2——果実の色がついている部分は、内から外まで全部のこともあるし、果汁だけ（チミカン）、表面だけ（リンゴ）のこともある。色のほとんどを生み出しているのは二つの色素群で、一つはアントシアニン（赤、紫、青）、もう一つはカロチンを含むアントキサンチン（青白い象牙色から濃い黄色）である。色素の濃度はしばしばいろいろな色に関係している。「黒い」サクランボは実際には紫色で、「白」は実際には淡赤色である。一方、栽培品種の黄色サクランボは果肉に赤いアントシアニンを欠き、表面に黄色のカロチンをもっている。

第6章　成長する樹木

　木を植えて誰もが思うのは、「この木はどれくらいの速さで育つのか」「最後にはどれくらいの大きさになるのか」ということである。本章ではこうした問題について考えることにする。

成長の速度

高さ

　東洋のアクション映画で、主人公がタケのベッドに縛りつけられて拷問される場面がある。伸びてくるタケのシュートが体を突き刺し、やがて死に至るという仕掛けだ。タケはそれほどに成長が速く、1日に50cmも伸長する。熱帯のつる類にもこれくらい伸びるものがあるが、本来の樹木はそこまではいかない。とはいえ樹木でも相当に成長の速いものがあり、若齢のうちはとくにそうだ。熱帯の樹種には1年で背丈が8〜9m伸びるものがいくつかある。新世界産でニレ科のバスシーダー (*Trema micrantha*) は8年で30mになった（1年で3.75m）。またニューギニアではユーカリの一種カメレレ (*Eucalyptus deglupta*) が15カ月で10.6mに達したという。ギネスブックに樹木のスピード記録として掲載されているのは、マレーシアで植えられたモルッカンソー (*Albizzia falcataria*) の標本で、13カ月で10.74m成長したとされる。

　当然のことながら、樹種による違いが大きい。熱帯林でギャップに侵入してくる樹木は背丈をめぐる先陣争いに勝とうとして速く成長する（平均樹高成長は1年当たり1.5〜4.0m）。他方それに続く樹種は日陰でゆっくりと伸長することができ、成長は遅い（同0.5〜1.2m）。

　温帯の樹木は明らかにもっと遅い。イギリスの場合、元気な若木でも普通は年に15〜50cm程度である。1日平均にすると1〜2mmで亀の歩みといっていい。ただし中には年に1.5m伸びるものもあるし、すでに根を張った萌芽のシュートは最初の年

に3mくらい伸びる。熱帯と同様に先駆樹種の成長は速く、既存の森林に入ってくる樹種の伸びは遅い。イギリス・ランカシャー地方の古い言い伝えに「オークが鞍の価値になるころにはヤナギは馬の価値になっている」というのがある。パイオニアのヤナギはオーク類よりも成長が速い。どのような樹種でも年齢によって成長の速さが変わる。背丈が高くなるにつれて成長率は次第に低下して年に数センチ程度になり、やがて完全に成長を止める。

樹木の最小成長を計測するというのは、自転車の遅乗り競争と同様に、誰かが静止することを覚えてしまうと無意味になる。環境条件が厳しいために新しい成長がほとんどないか、絶えず攻撃を受けるような場所では何年にもわたって樹高成長が見られないことがある。北半球の高木限界にある樹木は数百年経っても背丈は数十センチにしかならない。

太さ

第3章で述べたように、樹木の幹は太りつづけなければならない。木のてっぺんまで水を確実に運ぶには新しい年輪をつくる必要があるからだ。温帯の樹木の場合、新しい年輪の幅は0.1mmから5〜6mm程度。ただし若いジャイアントセコイアなどは成長が速く、毎年の直径成長は数センチにもなる。世界の各地でこれまでに発見された樹種の中で年輪幅のもっとも狭いものは、ナイアガラの断崖に生えているホワイトシーダー、カリフォルニアにあるブリッスルコーンパイン、およびイギリスのヨーロッパイチイで、0.05mmほどである。つまり幹の直径を1mm増やすのに10年かけている。ホワイトシーダーの一つの個体は直径が5cmちょっとなのに422年生であった！　こうした樹木の生育地はいずれも非常に条件の厳しい乾燥した岩石地である。

幹の太さは木の年齢を推定するのにも役に立つ。年輪を数えるのではなく、円周から推定するのである。アラン・ミッチェルが提案した有用な目安によると、温帯樹木の円周（胴回り）成長は空き地で年に2.5cm（年輪幅に直すと年4mm）、林地内ではその半分である。この目安は大まかではあるが、なかなかよくあてはまる。一般的にいえば、若い樹木はこれよりも速く太るし、成熟した樹木ではもう少し遅くなるが、若木や高齢木を除外して平均化すると、この程度になるということだ。もちろん例外はある。速く育つ樹種としてはジャイアントセコイア、セコイア、レバノンスギ（*Cedrus libani*）、シトカトウヒ、ダグラスファー、ナンキョクブナ、ターキーオーク、ユリノキ、モミジバスズカケノキなどで、年に5〜7.5cmも太る。逆に、ヨーロッパアカマツ、トチノキ、セイヨウシナノキは予想外に成長が遅い。

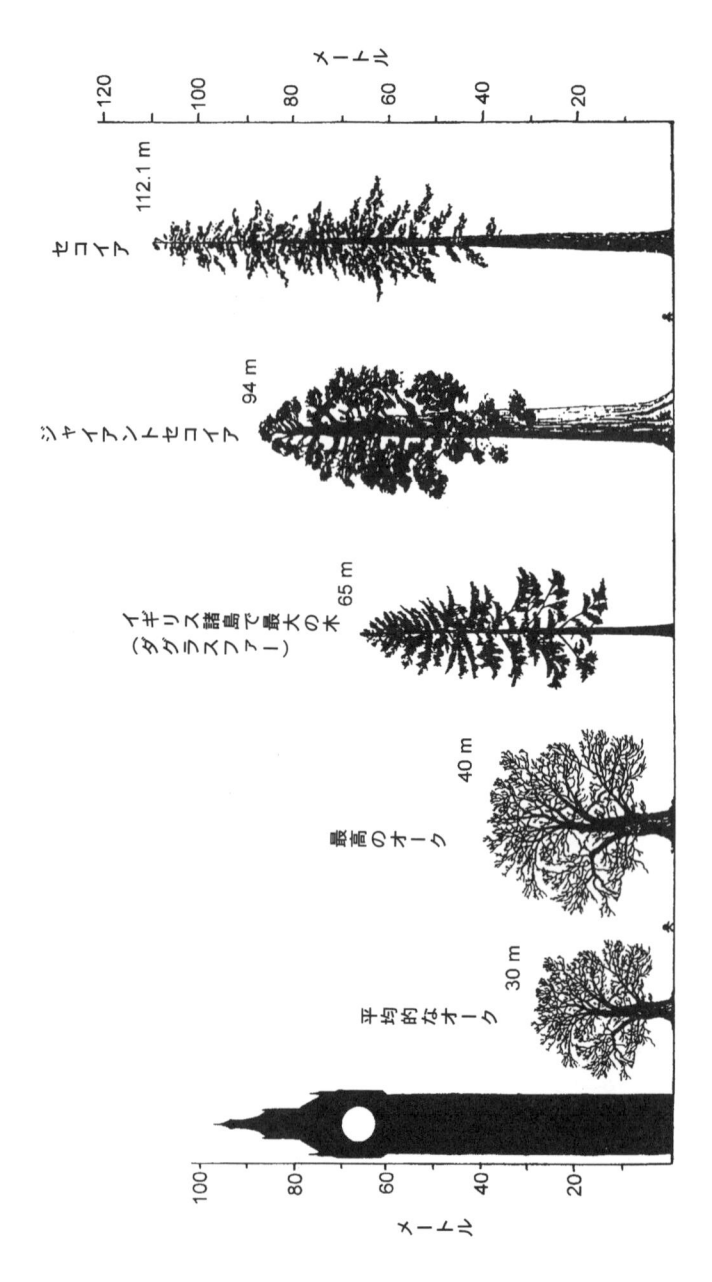

図6.1 **樹木の背丈**
イギリスの樹木と世界最高の樹木がロンドンのビッグベンと比較されている

大きさのチャンピオン・ツリー

　どのような尺度をとるにせよ、樹木はこの地上で最大の生き物である。現存する樹木で背丈のもっとも高いものは、カリフォルニアの沿岸部にあるセコイアで、1996年10月の計測で112.1mであった（図6.1）。根本の直径はわずか3.1mで（6.7mまではいくとされている）、高さに比べると目立って細い。これまでの最高は、オーストラリアのビクトリアにあったセイタカユーカリ（*Eucalyptus regnans*）とされている。1872年の計測で132.6mあり、その最盛期には150mを超えていたと見られている。確証されたものではないけれど、ダグラスファーで150m以上という記録もある。木本植物で最長ということになれば、ラタン（よじ登り性パーム）の171mというのがあるが、これはつるであって自身を支える必要がなく、樹木の記録からは除外される。

　重量で世界最大の生存物もカリフォルニアにある。シエラ・ネバダ山脈に生育するジャイアントセコイアがそれだ。もっとも巨大な個体はセコイア国立公園の通称「シャーマン将軍」。樹高は83.3m（この仲間は94.8mまでなりうる）、根元の幹の直径は11mで、その推定重量は2030トンにもなる。この木がいかに巨大であるかを示すエピソードがある。1978年に将軍は枝を一つ落とした。その枝の長さはなんと45m、直径は2m弱、ミシシッピ川より東の地域でこの枝よりも大きな木は一つもない。また動物の横綱はシロナガスクジラとされているが、これも100トンくらいにしかならない。アメリカや中国では大きな菌類のコロニーがいくつかあって、広大な面積をおおっている。重さではシャーマン将軍を上回るだろう。しかし、各コロニーが遺伝的に同一であったとしても、すべての小片が連結して一つの有機体をなしているのか、それとも別々の個体の栄養系なのか、という問題が残る。同様にクエイキングアスペンのクローンも、もともとは同一樹木の地下茎から出た根萌芽で、広大な面積を占有することがある。その最大のものはユタ州にあり、43haをおおっているという。推定重量は6000トンにもなるが、これもまた一本の樹木といえるかどうか。

　カリフォルニアの巨木を基準にして大きさの比較を続けよう。ヨーロッパと北アメリカの広葉樹は普通30mくらいにはなる。条件がよければ45mかそれ以上になるかもしれない（図6.1）。イギリス諸島で最高の樹木は、現在のところスコットランドに生育するダグラスファーで、樹高64.6m、直径1.32mである。ブリティッシュオークは最高でも43mにしかならないが、太さではかなり大きくなるものがある。ケント州にあるフレッズビルのブリティッシュオークがそれで、背丈は24mだが、直径は3.6mとすこぶる大きい。現在生きているのは二つの断片しかないが、スコットランドのテイサイドにあるフォーチンガルのイチイの直径はもともと5.4mあったと推定されている。またドイツでも1906年に同じくらいの太さのセイヨウシナノキが計測された。読者は実際に測って樹木の大きさを実感されるとよい。

図6.2　ジンバブエのバオバブの木

アフリカのバオバブ（図6.2）は直径が10mにもなることがあり、イギリスの宣教師で探検家のリビングストンは20～30人の男がゆっくりと横になれる木の話をしている。第4章で言及したベンガルボダイジュの木も大きな面積をおおうことができる。熱帯雨林の樹木にも巨木があると見る向きが少なくないであろう。確かにいくらかはある。熱帯林の樹木でいちばん背丈が高いのはニューギニアにあるチリマツの仲間で、樹高は80mとされる。ちょっと意外なことだが、熱帯林樹木の背丈の最高はだいたい46～55mで、それ以上にはならない。さらにセコイアと同様、熱帯雨林の樹木は高さのわりに細身である。もっとも太いものは前記のフォーチンガルのイチイくらいにはなるだろうが、直径が0.3m以上のものは比較的まれである。

樹木の大きさを制限するのは何か

　その答えは二つあって、一つは水、もう一つは力学的な強さへの投資にかかわる。ただしこの両者は無関係ではない。
　樹木の背丈は水の利用可能性にかなり左右される。木の先端になるほど水の吸収が激しく、水不足が起こりやすい。水が不足してくると、水不足が樹高の低いところで起こり、頂点の成長が鈍化し、やがて止まる。環境が乾燥すればするほど、上長成長は早く止まってしまう。たとえばセコイアの場合、深くて湿潤な沖積土壌に生育し、かつ海岸から頻繁に流れてくる霧で十分な水分が得られるなら、その樹高は100mにもなる。しかし乾燥した内陸部で霧が十分届かないところでは30mくらいにしかならない。後で示すように、1本の樹木の最終的な高さと形は、その木が育っている特定の場所の環境によって決まってくる。しかし水分ストレスだけが樹高の唯一の決定要因ではない。どれほどふんだんに水分が与えられても、やはり上限は決まっている。オーク類は決してセコイアほど大きくならない。
　樹高を制約する二つ目の要因は力学的な強さへの投資と関係している。木が高くなるにつれて、樹体を曲げようとする風の力が基部にきいてくる。それは長いスパナほどボルトに強い回転力がかかるのと同じことだ。したがって下にいくほど幹が太くなっていかないと、急に耐えられなくなる可能性が高い。ここでの問題は、通常の樹木の背丈は直径の3乗に比例していることである。つまり、木の高さを2倍にして、なおかつ風で曲げられても折れないようにするには、基部の直径を8倍にしなければならない。背丈の高い樹木では、木材への投資が異常に大きくなっている。これは枝にもいえる。重力による下方への曲げに対抗するには枝を不相応に太くする必要がある。1本の樹木は少しでも高くなって近くの競争相手を出し抜き、少しでも大きくなってたくさんの葉をつけねばならないが、利益が投資を下回る点がどこかにあるはずだ。長い進化の過程を経て、それぞれの地域で育つそれぞれの樹種が最善の妥協点を見出

し、遺伝的に決められた正常な最高樹高をもつことになった。これがなぜ遺伝的かといえば、高緯度・高標高の樹種から種子をとって、もっと好条件のところに植えると、その地の同じ樹種ほどには大きくならないからである。

　若木の肥大成長では、過酷な環境に対抗できる太さを確保するとともに、必要以上に太くする無駄も避けなければならない。そこには微妙なバランスが働いている。しかしひとたび最大樹高が達成されると、樹木は肥大を続け、やがては巨大な老朽船のようなずんぐりした格好になるだろう。イギリスの景観でそれが目立つのは高齢の樹木が多いからである。これまでの論議からすれば、この種の肥大は力学的には無駄のようにも思える。しかし第3章で説明したように、根と葉を結ぶ水の通り道を維持していくには、新しい木材を生産するしかない。それは、一面で樹木の中心部に腐れがあっても幹材部の外周は常に健全に維持されるという利点はあるが、毎年新しい木部の生産が求められるために木の寿命が短くなるという一面もある（第9章）。

何が樹木の成長をコントロールしているのか

　20世紀の初頭、ドイツの林学者ビュスゲンとミュンチは、樹木の成長は「内的な性向と外的な影響」に左右されると書いた。外的な影響の重要性は自明であろう。木が成長するには、十分な光、水、CO_2、栄養分（後述）、それに温和な気候（第9章）がなければならない。しかし内的な性向も重要である。1本の樹木の内部では限られた資源の利用をめぐって争いがある。樹木の多くの部分が光合成を行い食糧（炭水化物）を生産している。その中心は葉であるが、樹皮、花、果実、芽なども関与している。樹木の各部分（生理学の用語でいえば「シンク」）はこれらの資源を得ようと激しく競争しており、長期の生存を確保するには各部分がバランスよく成長しなければならない。樹高成長が速すぎると、食糧の貯蔵が少なくなり、次の年の春に展開する葉にまわせなくなる。若木に多数の果実をつけさせると成長が完全に止まってしまう。幸いなことに、樹木には高度に組織化された内的な制御システムが備わっている。つまり、シンクの種類と時期を見計らってスイッチを開閉し、限られた資源を成長、維持、再生産に向けているのだ。スイッチ切り替えのシグナルは外的な環境から発せられる。

内的制御

　樹木には神経系統がなく、活動調整は樹木の中を循環しているホルモン（成長調節因子と阻害因子）が行う。成長調節因子には3つのタイプがあって、さまざまな局面の成長を促進している。すなわち①オーキシン（インドール酢酸）：主にシュートの

先端と葉で生産、市販の発根剤の主成分)、②ジベレリン：生産場所はオーキシンと同じだが根の先端からも出る、③サイトカイニン：とくに根の先端と若い果実で生産される。このほか、ガスエチレンをあげておかねばならない。というのは、これが木部の形成を調節しているように思われるからである。事実、辺材でその濃度が高く、曲げ圧力やその他の機械的な妨害に反応して心材の形成にかかわっているのかもしれない。また果実の成熟にも関係がある（リンゴが腐るとエチレンが生成され、1個だけで樽の中身全部を駄目にする）。阻害因子としてはマイナーなものはたくさんあるが、重要なのはアブシシン酸（ABA）で、葉や種子、その他の器官で生産される。通常、ABAには事態を遅らせたり停止させる働きがあり、出芽、種子の休眠、落葉のきっかけをつくる。

根とシュートのバランス

　この両者は樹木の内的なバランスをはかるうえで重要なものである。シュートは根に食糧を提供し、根はその見返りに水と無機塩類をシュートに提供している。したがってこの二つの部分はバランスしていなければならない（根・シュート比と呼ばれる）。根が多すぎると、樹冠が生産する限られた糖類に過大な負担がかかるし、根が少なすぎると樹冠で水分ストレスが起こる。樹木というのは、光、水分、利用可能な養分など周辺の条件に合わせて根・シュート比を微調整する能力をもっている。これは樹木の内部に組みこまれたもので、先に触れたホルモンが使われる。例をあげよう。樹冠の一部が破壊されると、根の一部が死ぬ。逆に乾燥は根の割合を増大させる。もし土壌が浅いとか、他の植物との競争で、根が十分に成長できないときは、樹冠は小さいままになる。この比の値は少なくともある程度まで遺伝的なものだ。出自が乾燥地帯の樹木は、湿潤地帯からの同種のものに比べて根・シュート比が高くなる傾向がある（類似の条件で育てた場合）。また空き地に進出した樹木は、根の割合が大きくなりやすい。

　このバランスがとくに重要なのは、木を植える場合である。苗畑から掘り取られた木は、根の98％を失っていることがある（第4章）。植樹は木が休眠している間に行われる。それは樹冠が葉をつけて水を要求する前に新しい根を成長させておこうということだ。もちろんそれでも植えた木が水不足で枯死する例はいくらでもある。同様に、容器の中に植えられた若木ははじめの数年は大丈夫だが、樹冠が大きくなると容器に閉じこめられた根では大きな樹冠に十分な水分を供給できなくなる。その結果、葉は小さくなり、木の成長が止まるか枯死してしまう。枯死したのを見て、「数年前の日照りつづきを生き延びたのに、なぜ今死んだのか」と不審に思われるかもしれない。原因がきちんと理解されていないのだ。これと同類の例は、市街地でケーブルを敷設するさい街路樹の根を傷めてしまったケースである。この木の生存のチャンスを

増やすにはどうすればよいか。枝を切りつめて樹冠を小さくすればよい。

外的な要因

　何度か触れたように、樹木が正常に成長するためには、光、水分、CO_2、養分が適切に供給されていなければならない。どれか一つが欠けても成長は阻害される。

　光はしばしば決定的なファクターである。しかし幸いなことに樹木の仲間は光不足に対処する、いくつかの仕掛けを備えている。日陰で生育している樹木は光に向かって「整列」し、陽光をいっぱいに受けている木よりも細く長くなり、枝も短くなる（逆説的だが、光は成長を阻害する傾向がある）。樹木はまた被陰に対する反応においても樹種による差が大きい。林学者はこれを耐陰性で表示する。被陰に耐えられない陽樹（ヤマナラシ、ニセアカシア、カラマツ類、多くのマツ類）はそれに耐える陰樹（ブナ類、サトウカエデ、ツガ類、モミ類、アメリカネズコ）よりも被陰の影響を受けやすい。光合成の方法は両者とも同じであるが、陰樹の方は陽葉と陰葉（第2章）や異なった樹冠構造（第7章）のおかげで陽光を効率的に利用することができる。

　樹木は他の植物と同様に、チッソ、リン、カリウム、カルシウム、マグネシウム、イオウなどの「主要栄養素」と、鉄、マンガン、ホウ素、亜鉛、銅、モリブデン、塩素などの「微量栄養素」を必要とする。このうちのどれが欠乏しても特徴的な症状を示し、成長が低下する。また植物は失われそうな養分をなんとか回収しようとする。たとえば葉が落ちる前に養分を葉から樹木に引き上げるのがそれで、チークで観察されている。通常養分の乏しい土壌に育つチークは、風媒の実が落ちる前に、その本体や柄から養分（とくにチッソ）を取り去るのだ。

　少なすぎる水（または多すぎる水）も成長を制限する。第2章と第4章で見たように、乾燥と過剰な水はほとんどの樹木の成長を低下させるという点では同等である。事実、水分ストレスの繰り返しは典型的な低木状の外観をつくるのである。CO_2は大気に含まれており、それ自体が成長の制限因子になることはないが、乾燥がその吸収に影響することがある。水分ストレスの植物は水分の損失を少なくする必要から、気孔の開放を制限するが、それはCO_2の吸収を制限することになる。

　気候条件の影響については第9章で述べることになるが、ここでは気温について若干触れておきたい。最近では林学者のみならず、気候変動に関心のある人たちが、成長に及ぼす気温の影響に強い関心を示すようになった。光合成とその他の生理学的なプロセスは氷点の少し上から35℃あたりの温度で生起するが、成長の最適温度は極地方から熱帯に向かうにつれて高くなる。最適温度の高低にかかわらず、多くの広葉樹や針葉樹は、夜が昼よりも涼しくなる変動気温のもとでもっともよく成長する。おそらくこれは、夜間の呼吸が減り、食糧が節約できるからであろう。ただし例外もあって、熱帯の少なからぬ植物には高い夜間温度の方が好都合だとされている。考えら

れる理由は、暖かい夜に葉の生産が促進され、結果的に植物の光合成能力が高まるということだ。

現実世界の成長

　樹木の成長を鈍化させる原因を突き止めるのは、次のような理由で容易ではない。
　1．それ自体では取るに足らぬ小さな「問題」でも、いくつか集まると大きな効果をもつことになる。たとえば、盆栽の樹木が小さく保たれているのは、根の成長の制限、材料の遺伝的な選抜、灌水の制限の組み合わせによるものである。また養分などの要素が致命的に不足していなくても、汚染のようなものと結びつくことで、樹木をひどく不健康にすることがある。また何かのストレスがあることで、病害虫への抵抗力が弱まるかもしれない。水不足によって菌類が爆発的に増殖することがしばしばある。こうなるとストレスの本当の原因がおおい隠されてしまう。
　2．厳しい気候、強風、日照りなど散発的に問題が起こって、気づかれないままになっている。
　3．木は大きいので、それぞれの部分が異なった条件にさらされている。大気の温度は土壌中のそれより大きく変動する。根の周辺は冷涼なのに、陽の当たる幹の形成層は30℃以上になり、日陰ではその半分といった具合である。水分が制限されるアメリカの中西部では、1本の樹木の北側は枝と根を広げて大きくなるが、南側では水分ストレスで伸びが悪い。湿気の多いイングランドはこの反対だ。条件のこうした違いは現場ではなかなかとらえにくい。
　4．兆候は真の原因の直接的な証拠にならないことがある。若木が順調に育っていないと、すぐチッソ肥料などを与えたくなる。しかし市街地での植樹の調査によると、20年生以下の若木のまわりにチッソを施用すると、樹木よりも草の方がずっと多く吸収してしまう。木の成長を速めるには、肥料をやるより樹木のまわりの雑草をとってやるほうが効果がある（もちろん壮齢の木で雑草のない場所ならチッソ肥料はきく）。土壌の中での養分の取り合いは熾烈な戦いである。この点を過小に評価してはいけない。ある樹木はある土壌のもとで自然に成長する。イギリスの場合、セイヨウトネリコは養分に富んだ土壌（谷筋の底部や乾燥した石灰岩地）、カンバ類とマツ類は痩せた砂地や泥炭地、イチイは乾燥した白亜層と石灰岩地に分布する。ただし競争を排除してやれば、これらの樹木はいずれももっと広い範囲の土壌で育てられる。ただ注意すべきなのは、種子から育てる場合の制約要因はその後の成長を制約する要因と異なることがあるということだ。ハンノキ類は乾燥した土壌に苗木で植えることはできるが、種子からは育てられない。もっと大きなスケールでいうと、カナダを横断する針葉樹林の南限は湿度で決まり、北限は夏の温度に制約されるが、これは若齢木にあてはまることであって、根を下ろした樹木ならこの限界を超えて生き延び、成長するこ

とができる。

成長輪とデンドロクロノロジー（年輪年代学）

　樹木の成長と気候との関係は年輪幅の広狭によく示されている。気候のよい年には、よくない年よりも広い年輪ができる。(注1)「よい」とはどういうことか。環境の厳しいところでは、年輪幅は通常、夏の気温と密接な関係がある。他方、それほど極端でないところでは気温、または気温と降水量の組み合わせ（こちらの方が一般的）のどちらかと関係が深い（実際には、年輪が対応するのは、後述するように普通は前の年の天候である）。

　ここで大事な注意をしておきたい。幹の切り口を見ると、木の中心から外側に向けて年輪はだいたい狭くなっている。しかしこれは、必ずしも年を追うごとに生育条件が悪化したことを意味しない（子どものころのすばらしい夏の記憶が残っているにしても）。切り口における各年の年輪の面積（基底面積成長）を求めると、毎年付け加わる新しい木材の横断面面積を得たことになるが、これで見ると各年の値は驚くほど一定している。樹木が成熟すると樹冠もだいたいある大きさに固定され、毎年必要とする水分量もそれほど変動しなくなるだろう。したがって水を運ぶ木部の増加量も一定になるのである。毎年加わる木部の横断面面積がほぼ等しいとすると、樹木が太くなるにつれて、年輪幅は狭くならざるをえない（同量の木材が幹の外側に薄い層をなして引き伸ばされることになる）。最終的には年輪がほとんど消えてしまうことがある。第3章で述べた年輪の不連続や喪失が普通に起こるケースがそれだ。

　気候と年輪幅の関係をベースにして年輪年代学という研究分野が誕生した。同じ場所に生育する同じ種類の樹木は、似たような年輪の広狭パターンをもたらす傾向がある。図6.3を見ていただきたい。樹木1からとった試料では、樹皮から内側に年輪を数えることにより、特定の年輪ができた年を正確に知ることができる。長命の樹種を使えば何百年にもわたる年輪の系列が得られるはずだ（スイスの年輪年代学者シュバイングルバーのいう「樹木の私的な日記」）。そこで図の樹木2の試料のような死んだ木片が見つかったとしよう。この木の生育した年はわからないが、最初のサンプルの年輪パターンと一致する部分があれば、それを手がかりにして年代を推定することができる。このようにして同一樹種の木片をいくつも継ぎ足してさかのぼっていくと、過去何千年にもわたる「年代表」ができていく。これまでにイギリスでつくられたもっとも長い年代表はブリティッシュオークを対象にしたもので、7000年前までさかのぼっている。オークでこれが可能なのは、今日の森、歴史的な建物、古い遺跡、さらには数千年も前の木片が泥炭地などに保存されているからである。これらの年表は古い建物や遺跡から得られた木片をもとに年代を推定したり、放射性炭素による年代測

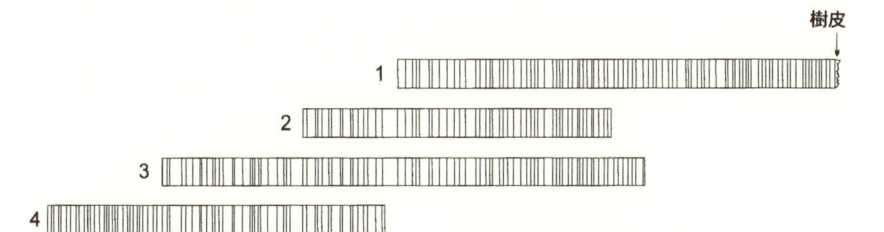

図6.3 年輪年代学では異なった樹木の年輪パターンを一致させることで、未知の木片の年代を推定する。生きている樹木1であれば、特定の年輪が形成された年は樹皮からの年輪数で推定できる。樹木2〜4は死んだ樹木のものだが、年輪の広狭パターンをぴったりと合わせればその年代を知ることができ、長い「年代表」をつくることができる。ただし、試料木片の「クロスマッチング」はこの図のように完全なものではない。樹木ごとにいくらかの変異があり、最善のマッチングにはコンピューターを使わなければならない

定の正確さをチェックする強力な用具になっている。もちろん限界もある。同じ国でも気候条件の違う地域からとられた木片は年代表に合わせるのが難しい。しかしうまく対応させるコンピュータープログラムを使うと、地域的な「雑音」を取り除いて、基本的なパターンを浮き上がらせることができる。

　年輪年代学は正確な年代測定のみならず、過去の気候についてもいろいろなことを教えてくれる。スカンジナビアでは1400年にわたるヨーロッパアカマツの年代表がつくられているが、ごく最近の夏の気温が歴史時代を通して記録的であることを示しているし、また1400年全体を通した平均の夏気温を推察することもできる。つまり、人間による記録がまったくない時代の気候データを与えてくれるのである。小氷河期（西暦1550〜1850年）を識別したり、前史時代の冷涼な時期や温暖な時期を見出すこともできる。

芽と樹木の成長

　第1章と第3章で述べたように、樹木の成長には、枝の伸長（一次成長）とその後の枝と幹の肥大（二次成長）とがある。後者については第3章と第4章で扱われており、ここでは一次成長のメカニズムと芽が果たす重要な役割について見ておく。

芽

　はっきりした季節のない気候のもとでは、成長が年間を通して途切れることなく続

(a) (b)

図6.4 (a) 芽鱗から先端に葉の一部をつけた芽鱗、さらに通常の葉へと推移しているトチノキの萌えだした芽。これは芽鱗が葉の変形であることを示している
(b) 数週間後、芽鱗は落ちるが部分的な葉を残す芽鱗はしばらくそのままで、小さな葉のように振る舞う
イングランド・キールで

くことがある。たとえば、フロリダに生育するユーカリやマングローブの仲間にそれが見られる。しかし1年を通して見ると、成長期の後、気候のあまりよくない時期にひと休みするという周期的なパターンをとるのが普通である。この休止期の間、傷つきやすい成長の先端部（分裂組織）は芽の中に包みこまれることで、寒さや乾燥、昆虫の攻撃から守られている。成長期が終わりに近づくと（ほとんどの植物で）最後の少数の葉が厚い芽鱗に変わり、他の葉が落ちた後もそこに残って繊細な頂点を包むのである。幾重にも重なった芽鱗（正式には低出葉という）は頑強で防水性があり、さらに樹脂やガム、蠟状物で補強しており（トチノキのねばねばした芽）、防御力は高い。芽鱗が葉の変形物であることは、芽が育ちはじめる春になれば明白である。図6.4では、トチノキの芽が開き、上部の鱗片のいくつかがその先に葉身をつけているのが見える。この葉身は早く落ちる鱗片よりも長くとどまるだろう。葉の全部が使われなくてもよい。ユリノキやシナノキ類では、上部の葉の非常に硬化した托葉（葉の

図6.5　ガマズミの一種（*Viburnum lantana*）の芽鱗のない裸芽
成長期の終わりにいちばん新しい葉が成長を停止し、「裸芽」をつくる。春になるとこれらの葉がその場所で成長を始める

基部にある二つの付属肢；第2章）が芽鱗の役目をする。
　温帯の樹木でもすべてが芽鱗づくりに邁進するわけではない。成長期の終わりに新葉が成長を止め「裸芽」をつくるものがある（図6.5）。春になると、これらの若い葉は何ごともなかったかのように成長を始める。おそらく休眠中に被害を受けたり枯死するリスクと、春になったら落ちてしまう鱗片へのエネルギー投入が逗量されているのであろう。それでも裸芽のユーカリは保険の戦略をもっていて、主要な芽は、葉脚でおおわれた小さな「秘密の」芽を随伴している。一部の針葉樹、とくにヒノキ類、ネズミサシ類、クロベ類などのイトスギの仲間ははっきりした芽をつけない。そのかわり、小枝の外皮の下に隠されている分裂組織から新たな成長が始まるのである。

新しいシュート

　芽を切断して観察すると、次の年のシュートのミニチュアがすでに形成されている

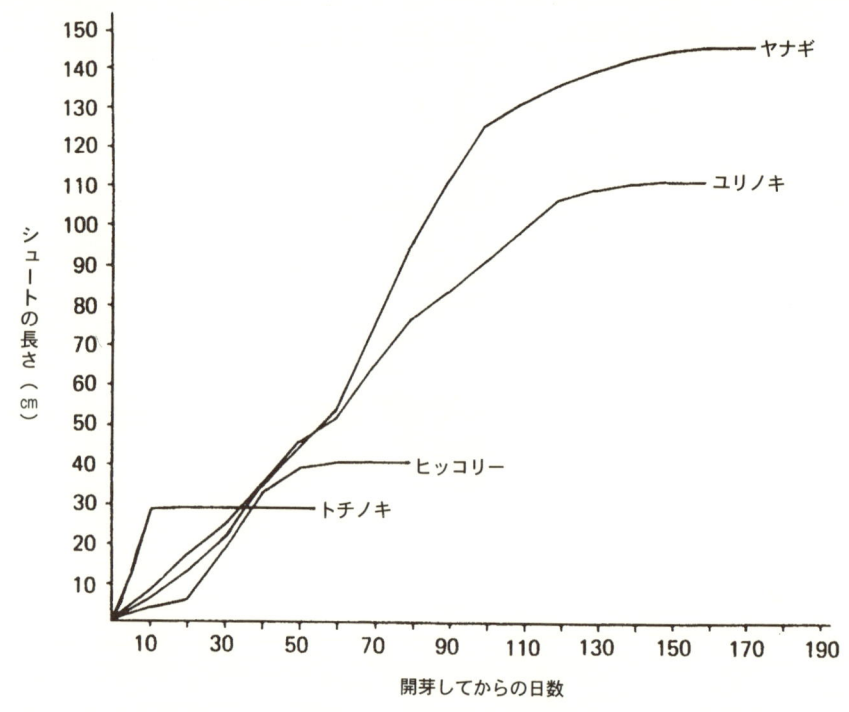

図6.6　いくつかの樹種のシュートの成長（アメリカ・ジョージア州）
　8〜15年生の9つの樹木についてシュートの長さが2週間ごとに測定された。「固定成長」のトチノキとヒッコリーは数週間で成長を停止し、「自由成長」のユリノキとヤナギは夏の間成長が続く

ことがわかる。小枝や葉は（おそらくは花も）ここで待機している。春になって芽が一斉に開くと、すでに形成されていた新しいシュートは急速に伸長する。ゴムの溶液をもとに風船づくりから始めるよりも、すでにある風船をふくらました方が事が早いのと同じ理屈である。

　次の年の成長が芽の中にどれほど前もって形成されるかは、樹種によって違う。トネリコ、ブナ、シデ類、オーク類、ヒッコリー類、クルミ類、トチノキ、多くのカエデ類と針葉樹では、次の年のシュートが全部前もってつくられる。芽は夏を越えて次の春に枝になっていくわけだが、すべてのものがその芽の中に事前につくられるか固定される。こうした樹種は固定ないしは限定成長を示す樹種と呼ばれている。何もかも事前につくられているので、春になると一度に若葉が萌えだし、10日から数週間で成長が終わってしまう（図6.6）。そして頂芽はただちに冬の外観をよそおうのである。

しかしその他の多くの樹種では、前もってつくられるのは一部の葉だけである。天候に恵まれていったんこの葉が開くと、シュートから新しい葉が継続的につくり出される。たとえば、ユリノキでは一つのシュートがひと夏に14～20枚の葉を生産するが、このうちの8枚は事前に形成されていたものだ。前もってつくられた「早」葉は、その後の「晩」葉と形を異にすることが多く（異形葉）、簡単に見分けられる。モミジバフウやイチョウのように、早葉は裂片が浅いか分割されていない（図2.4）。またシルバーバーチの早葉は幅広になっている。こうした自由成長、ないしは非限定成長（連続成長ともいう）を示す樹種は、ニレ類、シナノキ類、サクラ類、カンバ類、ポプラ類、ヤナギ類、モミジバフウ、ハンノキ類、リンゴ、それにカラマツ類、ネズミサシ類、アメリカネズコ、セコイア、イチョウなどである。これらの多くは、開けた土地に最初に入ってくる侵入者たちである。固定成長の樹種よりも成長は長く続くが、それでも通常は生育期間が終わるかなり前に成長を止め、新しい芽に次の年の早葉をつくるだけの時間を確保するのである。

　固定タイプの樹種も自由タイプの樹種も、頂芽から2度目の「土用」成長が見られることがある（昔イギリスで8月1日に行われていたラマス（収穫祭）にちなんでイギリスでは「ラマス」成長という）。これは若いオーク類に典型的なものだが、ニレ類、ヒッコリー類、ブナ、ハンノキ、それにヨーロッパアカマツ、ダグラスファー、シトカトウヒのような針葉樹にも見られる。オーク類では土用成長の葉により深い切れこみがあり識別できるし、マツ類では通常のものより短い針葉がたくさんついて飾り房のような印象を与える。

　3番目の戦略は中間的なもので、1年の間に成長と芽の形成が繰り返される反復開芽（周期成長）である。これが一般的に見られるのは、アメリカ南部から東部の成長の速い南部マツで、テーダマツ、ショートリーフ、ラジアータなどのマツ類がそれだ。ほかにカリビアマツやカカオ、パラゴムノキ、アボカド、マンゴー、チャ、レイシ（*Litchi chinensis*）、ミカン類のような熱帯の植物、さらにはヨーロッパオリーブがある。チャの場合は、年に4回葉が開く（新しいシュートの先端を摘む茶の生産者にとっては好都合なことだ）。チャやパラゴムノキではこうした開葉が外的な環境に反応して起こっているとは思えないので、内部でコントロールされているにちがいない。反復開芽は連続的な自由成長に同化していくことがある。マツ類でこれが起こると、枝のない主軸ができてその先端には針葉の房がつく。狐の尾に似ているところから「フォックステイル」成長と呼ばれる。

成長戦略の価値

　固定成長をとる樹木は、春にその全部の葉を一度に出してしまうので、はっきりと

不利な点がある。まずその年の生育条件が良好であっても、それにうまく対応できない。その年の成長量は、芽にシュートや葉が形成される前年の夏の気候に規定される。前年の夏の天候不順で芽が小さくなり、事前につくられた葉の数も少なかったとしたら、次の年の良好な気候の利益にあずかれない。この木はシュートを長く伸ばし、少ない葉を大きくすることで、この不利を償うとしても、完全には償えそうにない。

次の年の成長を事前に決めておくことの利点はどこにあるのか。第3章で述べた環孔材と散孔材の違いを思い出してもらいたい。オークやトネリコのような環孔材は葉を出す前に新しい木材の輪をつくらなければならない。つまり普通なら散孔材より葉の出るのが遅れるということだ。そしてほとんどの環孔材が固定成長によってこの不利をカバーしている。後れをとらずに、準備した全部の葉を出すことができるからだ。しかしこれは完全な答えではない。ニレは環孔材だが自由成長である。逆にシナノキ類、プラタナス類、ヌマミズキ類、マグノリア類、モミジバフウなどは散孔材であるが出葉がさらに遅れ、見かけ上は生育期を無駄にしている。こうした樹種で出葉が遅れるのは、第三紀（過去の6500万年にわたっている）の熱帯・亜熱帯の植物相の一部をなしていたからであろう。これに対して早く葉を出す散孔材は北極区との関連が深い。

それでもなお、なぜ固定成長をするかという疑問には答えていない。できるだけ早く全部の葉を出しきるのは頷けるが、夏の条件がよければもう少し遅くまでつけておけないものか。夏早くに枝の成長を止めてしまうのはなぜか。生育条件としては非常に良好であるから、もう少し成長を継続させて樹高を稼ぐこともできるであろう。自由成長の樹木でも、生育シーズンが終わるかなり前に枝の成長を止めてしまう。この時期に「夏の休眠」があるのはどうしてか。

残念なことに明確な答えは出ていないが、樹木の中で予備の食糧を十分に維持することと関係がありそうである。落葉樹は春の成長で食糧の備蓄を使い果たし、新たな補給がないとそれ以上の成長ができなくなる。しかしこれは春の成長が樹木の備蓄を完全に使いつくすということではない。緊急用の備蓄としていくらかはとってある。たとえば春に葉を落としてしまった樹木が2度目の出葉ができるように。とはいえ、これはおそらく非常に微妙なバランスというべきだろう。緊急事態でも銀行預金の帳尻を黒字に保とうとするようなものだ。新しい枝（および根）がいったん成長すると、樹木の維持、開花、結実、食糧備蓄の補給にエネルギーの投入が必要になる。よほど良好な条件に恵まれるか、大量に葉を落とさないかぎり、枝のさらなる成長に向けられる分はほとんど残されていない（土用成長）。年をとった大きな樹木は、その重量の90％以上が木質の骨格部分で、生きた組織の呼吸に生産された炭水化物の3分の1から3分の2を消費している（この値が最高になるのは熱帯の樹木）。若い樹木は呼吸の負担が小さく、また萌芽のシュートは根に豊富な食糧が蓄積されているため、成熟した木よりも1シーズンに長期間成長するのである。

それでもまだ完全な説明にはならない。たとえばこれまでの研究によると、温帯の北部では備蓄が急速に置き換えられ、7月の後半にはそれが完了しているらしい。また常緑樹は新しい成長に備蓄を使うのではなく、古い葉による光合成に頼っているが、シーズンの早い時期に成長が停止する。別の考え方としては、浪費を避けるという視点で論議を組み立てることもできよう。新たな葉が勢いよく成長を続けると、この年の早くに生産された葉が陰になり、劣った葉に投下した資源が無駄になったことになる。また光合成能力の高い新しい葉ができ、残されたシーズンの短い時間が有効に使えるという利点はあるが、それにはコストがかかり、利益よりコストの方が高くなる点がどこかにあるであろう。事実、反復して葉が出る樹木は生育期間が長く連続する地域に分布し、その多くは森林ギャップに典型的なものか（したがって自家被陰の心配が少ない）、あるいは規則的に葉を落とす樹種である。
　最後に、夏における根の成長低下（および根とシュートのバランスを保つためのシュートの成長低下）があるし、成熟木の先端では盛夏に水不足が起こる。こうしたことも事態を複雑にし、論議を混乱させる一因となった。複雑な問題に共通したことだが、正解はこうした可能性の組み合わせの中にあるであろう。

生物季節——年間成長のタイミングとパターン

　樹木には固有の成長サイクルがある。熱帯では樹木自体がもつ内的なリズムに同調したものだが、それ以外のところでは成長のサイクルは季節的な変化で調整される。こうした樹木では資源の戦略的利用と季節変化との間に精巧なリンクがつくられている。
　春になって最初に始動する樹木の部分は根である。それは開芽の数週間前であり、冬の気候が温和であれば根の活動はやむことがない。春になってとくに重要なのは新しいシュートを展開させる水の確保であるから、これは理にかなっている。根は冬を越すのに特別なことは何もやらず、ただ成長を止めて土壌温度が5℃以上になるのを待つだけである。いったん芽が開くと、根の成長は遅くなる（図6.7）。これは限られた資源が地上部の活発な成長に向けられてしまうからであり、また土壌の温度が根の成長にとって高めになったり、乾燥したりするからである。理由がどうであれ、秋になると根の成長が速くなる。
　地上部の活動は出芽とともに始まる。ブナやロードデンドロンの場合は、春の日長の増加が出芽の引き金となる。正確にいえば、植物は、芽や葉にあるフィトクロムと呼ばれる色素で夜の長さを測っている。しかし大部分の植物は主に温度を引き金にして芽を出している。どれほどの温度が必要かは、樹木の種類のみならず、地理的な場所（寒いところでは低い温度で開始）や直前の冬の気温（冬眠に関係）にも左右され

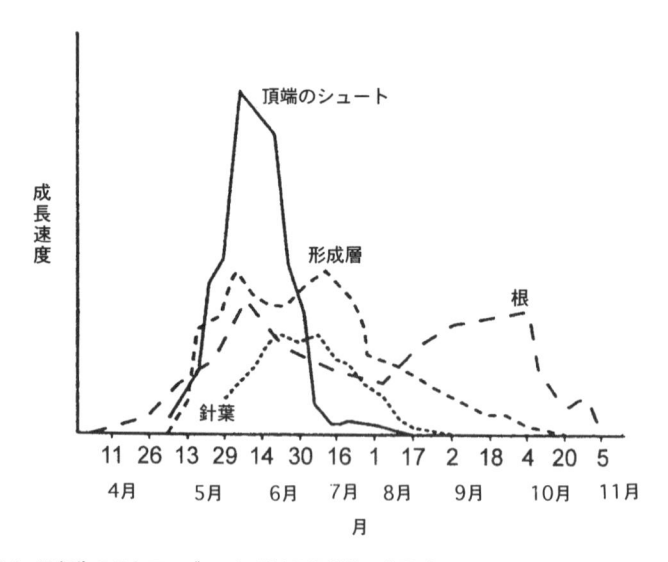

図6.7　10年生のストローブマツにおける各部分の成長パターン（アメリカ・ニューハンプシャー州）
　　　シュートより先に根の伸長は始まり、盛夏に成長のたるみがある。針葉の長さと幹の直径（形成層の成長）は夏の間増加を続けるが、シュートの成長（高さも含む）の約90％はシーズンはじめの6〜9週で生じている。

る。ある地域をとると、さまざまな樹種の出葉期間は2〜3カ月で、樹種ごとの順序は毎年おおむね決まっているが、春期の暖かさにより全体として数週間ずれることがある。ただそうはいっても、各樹種はそれぞれ異なった条件の組み合わせに反応しているので、その順序にも小さな変化が出てくる。昔の人は「トネリコの前にオークなら小便程度、オークより先にトネリコなら土砂降りになる」といって雨占いをやっていた。熱帯の樹木も環境からの前兆シグナルを利用しているようである。乾燥熱帯林では、雨季が始まると同時に裸の木に新葉が出現する。しかし芽の方は雨の前に開いている。これは温度のわずかな変化に誘発されたものであろう。

　ひとたび開芽が始まると、ホルモンのシグナルが形成層に送られ、新しい木材（木部）と内皮（師部）の生産が開始される。ブナやカンバのような散孔材や針葉樹では、蓄えていた食糧を確実に成長点に運ぶべく、ただちに師部がつくられる。これらの樹種では前年の木部を使って新葉に必要な水を十分に運ぶことができるので、新しい木部を急いでつくる必要がない。そのため木部の成長は芽のところから始まり、数週間かけて木の根元まで順に下がっていく。根の先までいくにはさらに4〜6週間かかる。他方、オークやニレのような環孔材になると少し違ってくる。第3章で述べたように、これらの樹木は同じ年の春にできた木部の環を通して大部分の水が移動するので、芽が開く2〜3週間前までに木全体をカバーする新しい木部の形成を大急ぎで始めるこ

とになる。形成層の活動を触発するのは、展開する芽からのホルモン（オーキシン）である。このように早い時期での始動が可能なのは、芽の展開とともに生産される、ごく低濃度のオーキシンに形成層が反応するからである。ほとんどの樹種で木部の成長は夏の中ごろまで続き、秋に向けて先細りになる（図6.7）。形成層の組織が物理的に弱くなるのは、それが盛んに活動している時期であり、樹皮も簡単に幹からはがれる。オークの皮をはいでタンニンをとるシーズンは5月から6月とされている（ちなみに、装飾用の目的で樹皮を長くつけておきたければ、この時期の木を切ってはならない。樹皮が簡単に落ちてしまうからである）。師部はそれほど多く生産されないため、その成長の継続期間は木部よりも短い。

　気候が暖かくなると、木についた芽はある程度規則的なパターンにしたがって順次開いていく。頂芽から始まり枝にそって逆方向に進展するのである。これまで芽の展開は樹冠の先端から始まるとされていた。しかし私の経験からすると、（少なくとも林地では）しばしば低いところにある枝から最初の葉が出てくる。通常、葉とシュートがよく成長するのは水分ストレスの少ない夜間である。むろんこれには例外も多い。温帯の樹木にも熱帯の樹木にも例外はあるが、その理由はさまざまだ。たとえば、スウェーデンで籠編みに使われるヤナギの一種（*Salix viminalis*）は、夜が寒いために午後遅くから夕方にかけてよく成長する。

　樹木というのは将来計画づくりの達人である。準備されたひと揃いの芽が開き、新しいシュートが伸び出している間に、次の年の芽がすでにできつつあるのだ。成熟した木であれば、この芽には花も入っているだろう。温帯の広葉樹や針葉樹では、夏の後半から秋に花芽ができ、翌年の春から夏に開花する。だがこれにも例外がある。いくつかの暖温帯の樹木（たとえばフジウツギ、フクシア、ハイビスカスなど）は、開花直前の春に芽を形成するし、逆にユーカリ類は開花の2年ないしそれ以上も前から花の準備を行っている。季節変化の少ない熱帯気候では、花芽分化の開始は年間を通して均等に分布することが多く、完成までに数カ月しかかからない。形成されてすぐ開くものもあるし（たとえばイチジク類）、開花に適切な環境の条件が整うまで蓄積するものもある。そのような条件は年に3度のこともあるし（しめころしイチジクの場合）、インドネシアの多雨林のように5〜6年にたった1回ということもある。一般的には、芽が形成される時期の条件が良好であれば、花の数が多くなる。その一方で、逆説的なことだが、日照りのようなストレスが木に加わると、「ストレス豊作」になることがある。予見される終末に備えてたくさんの種子をつくるべく、懸命に努力しているのかもしれない。果樹や針葉樹の開花を促進するため、幹の環状剥皮が実施されてきた。これによって樹冠の葉でつくられた炭水化物が、根で「浪費」されることがなくなり、地上部で使える分が確保される。ただこの方法は下手をすると樹木を殺すことになり、危険な手術だ。

　花芽を開かせる引き金と葉芽を開かせるそれとは異なることがある。葉の展開より

も花の咲くのが遅れたり早くなったりするのはそのためだ（第5章）。一般に木質の植物は、大部分の草本類ほど日の長さに対して敏感ではないようである。ただ、とくに熱帯にある少数の樹木は短日で開花が催される（チャ、コーヒー、ブーゲンビリア、ポインセチアなど）。開花の引き金としてもっとも一般的なのは温度のように思われる。これを研究したのは、カナダのエリザベス・ボービアンで、各地の学校の協力を得ながら、草原地帯のさまざまな植物について開花時期のマップを作成し、これを気温と関係づけた。彼女のねらいは、こうした野生の温度計を指標にして、農作業の適期や収穫時期の予測に役立てることである。必要な温度変化はなかなか微妙で、ボルネオやマレーシアの熱帯林では多くの樹種が一斉に開花するが、そのきっかけは夜間の最低温度が3日以上続けてちょうど2℃まで低下することにあるようだ。気温に加えて、最適な時期での開花結実を保証すべく、進化の過程で植物はさまざまな特化した引き金をもつことになった。乾燥地帯では降雨が引き金になるし、ある種のユーカリでは火がそうである。またオーストラリア中部の低木の一種は年内の時期、降雨、昆虫、鳥類の複雑な相互作用によるという。

　成長のシーズンが終わると、葉が落ちて芽の休眠が始まる。ユリノキやアメリカサイカチのような一部の樹種は秋の寒い日がくるまで成長を続けるが、大部分の樹木は（この場合もフィトクロムにより）短日ないしは気温低下を察知し、準備に入る。落葉樹は散っていく葉から有用な無機塩類を抜き取り、安全なところに蓄える（第2章）。この年に形成された芽はこの時点ではまだ本来の冬眠に入っていない。むしろまわりにある葉で抑圧されてきたのである。周辺の葉が除かれるか被害を受けたりすると（あるいは多雨や施肥で生育条件が好転すると）、芽はただちに成長するだろう。しかし内的に決められた休眠の時期になれば、たとえ条件に恵まれても成長しない。休眠を破るもっとも一般的なきっかけは低温にさらされることだ。イギリスでは約5℃の温度に300時間とされる。この休眠期間内は、暖かい秋日や穏和な冬日が続いても樹木は成長を始めない。しかし冬眠解除の要件がひとたび満たされると、樹木は再び良好な条件に反応できるようになる。ドイツではセント・バーバラ・デイ（12月4日）にサクラの枝を切ってきて、クリスマスに咲かせる習慣があるという。11月に採取したのでは花が咲かない。同じ理由で鉢植えのクリスマスツリーも注意を要する。室内に持ちこむまでに冬眠解除の要件が完了していて成長を始めるかもしれないからだ。それでは新年になって外に戻したときよいことは何もない。1カ月かそこらガレージに入れておいて冬がまた来ることを知らせるのが最善である。

生物季節の補修

　生物季節はわれわれにとっても問題になることがある。北方の樹木を南方の庭園に移すと早い時期に落葉して、がっかりすることがあるし、逆に北にもちこまれた南の

木は通常の生育期を過ぎても成長を続けるだろう。また街灯の近くにある樹木は秋が深まっても長日と見誤り、周辺の木がすっかり葉を落としているのに、長く葉をつけていることがある。しかしそこはよくしたもので、大部分の木は、長日や穏和な気温のもとにおかれても、最終的には自分の力で秋に向かうことができる。

イギリスも地球温暖化の影響を受けて、冬が短く温暖になるとすれば（その兆候は見えはじめている）、春の生物季節にもさらなる変化が出てくるにちがいない。冷涼の要件が簡単に満たせるサンザシのような樹木は、暖かい春を迎えて早めに芽を開くことになろう。その一方でヨーロッパブナなどにとっては、現在のイギリスの冬の寒さはぎりぎりのところにあり、寒さ不足を感じるだろう。芽は開くだろうが、春の暖かさを長く経験した後でないと出芽しない（冬が本当に終わったことを念入りに確認しているかのようだ）。この場合は温暖化が出芽を早めるのではなく、遅らせるのである。

生涯を通した成長の変化

疲れて休んでいる私のところへ子どもたちがもう一度ゲームをしようとせがんできた。彼らのエネルギーはどこからくるのか不思議に思えてくる。木も考えることができたとしたら、自分の子や孫について同じ思いを抱くにちがいない。樹木がまず通過する幼時期には、生殖は（不可能ではないにしても）まれだが、挿し木は簡単に根づくし、ここで何より重要なのは成長が速く、かつ長期間継続することだ。樹木が成熟するにつれて、ほぼ必然的にそのペースが落ち、穏やかな中年期に至る。ブリティッシュオークなどの落葉樹では幼時期には自由成長で、夏いっぱい生育するが、徐々に成木に見られる短期間の「固定成長」に変わっていく。熱帯の樹木には、若年期の数年にわたって直立のシュートを出した後ペースを落とし、枝を出したり、常緑から落葉に変化するものがある。年に数回葉を出すチャも若いときの出葉は年に8～10回にもなるが、いずれそれも正常な4回に落ち着いていく。樹木が成熟すると、葉の形や耐陰性、樹冠の姿まで変わることがある。

年齢を横軸にとり、縦軸に木の高さをプロットしていくと、Ｓ字形のカーブが得られる（図6.8）。すなわち苗木の時期の成長はゆっくりしているが、未成熟期の終わりには樹冠もかなり大きくなって成長はピークに達する。この段階では木部やその他の生命維持組織を少ししかもっていない。樹木が大きくなるにつれ、木質の骨格部分が増え、それを維持するのに多くのエネルギーがとられるようになる（第9章）。同時に遺伝的な要因と水分の供給で決められる最大樹高に到達するだろう（本章の最初の部分を参照）。そうなると背丈も総量も一定になる。

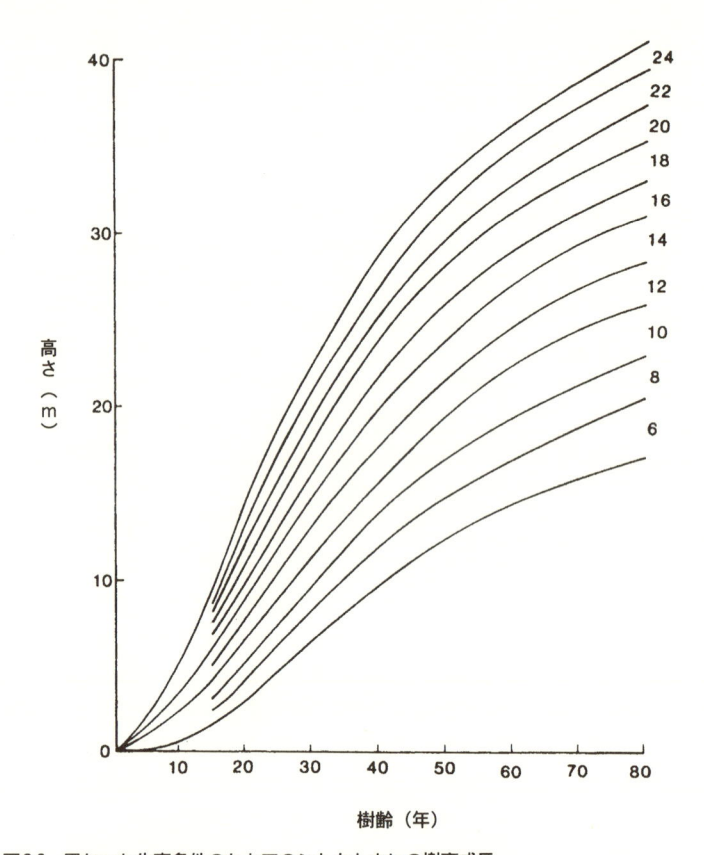

図6.8　異なった生育条件のもとでのシトカトウヒの樹高成長
曲線に付された数字は1haの林分が毎年生産する平均材積（m³）であって、「収穫級」と呼ばれる。数字が大きいほど生育条件がよい。ただし、木の生育がどれほど速くても、成長曲線がS字形になっていることに注意

生殖の開始

　幼木から成木への変化を画するのは、通常、最初の開花である（ただし「栄養的な成熟」から何年も遅れて開花を始める樹種がある）。開けた土地に侵入する先駆樹種は、そこから閉め出される前に急いで種子をつくらなければならず、早めに開花するだろう。普通は10年以内だが（ボックス6.1）、条件の最適な苗畑でチークを育てたところ3カ月で開花したという極端な例もある。これと対照的に遷移段階の後の方で侵入する長命な樹木は、優占することにまず資源を投入し、次世代のこと、開花のこと

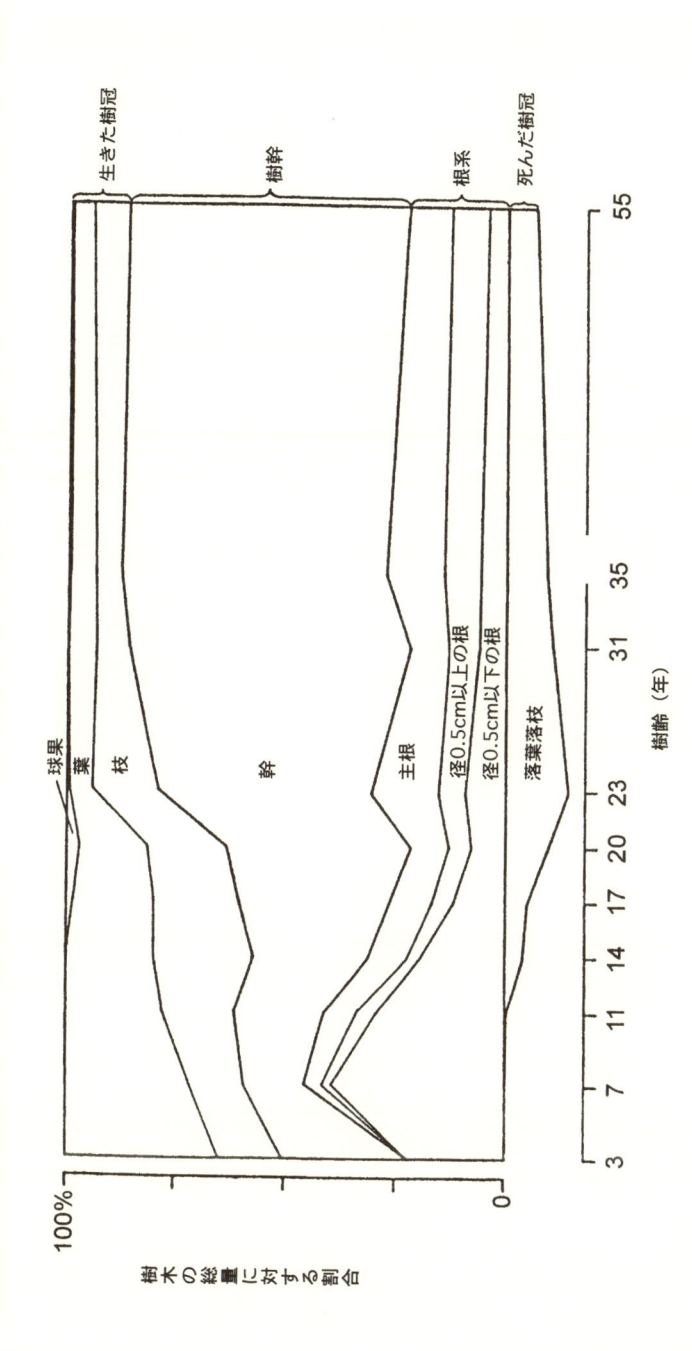

図6.9 ヨーロッパアカマツにおける部位別バイオマス量の割合：年齢による変化

第6章 成長する樹木

ボックス6.1　種子生産のおおよその開始年齢と最適年齢

樹　　種	開始年齢	最適年齢
ユーカリ類（アメリカ）	1〜3	−
ペルシャグルミ	4〜6	30〜130
ポプラ類、ヤナギ類	5〜10	25〜75
セコイア	5〜15	250〜
ニセアカシア	6	15〜40
セイヨウハシバミ	10	−
アメリカサイカチ	10	25〜75
ジャイアントセコイア	10	150〜200
カンバ類	10〜40	20〜70
ハンノキ類	12	−
マツ類（通常の数値）	10〜60	50+
ラジアータパイン	5〜10	15〜20以上
ポンデローサパイン	7	60〜160
ヨーロッパアカマツ	10〜15	40〜80
ピニヨンパイン	35	100
トウヒ類（通常の数値）	10〜40	−
ホワイトスプルース	10〜15	60+
ブラックスプルース	10	100〜200
エンゲルマンスプルース	15〜40	150〜250
アメリカニレ	15	40〜
ユリノキ	15〜20	〜200
カラマツ類	15〜25	40〜400
セイヨウトチノキ	20	30
アメリカネズコ	20〜25	40〜60
モミ類	20〜45	40〜200
セイヨウシデ	20〜30	−
モミジバフウ	20〜30	〜150
セイヨウトネリコ	20〜40	40〜100
セイヨウカジカエデ	20〜40	40〜100
シナノキ類	25	50〜150
コブカエデ	25	50〜150
レッドオーク	25	50〜
ダグラスファー	30〜35	50〜60
セイヨウニレ	30〜40	40
ヨーロッパグリ	30〜40	50〜
ヒッコリー類	40	60〜200
ブナ類	40〜60	80〜200
ブリティッシュオーク	40〜60	80〜120以上
熱帯樹種		
先駆樹種	2〜5	−
チーク	3〜15	−
大部分の樹種	10〜30	−
フタバガキ類	60	−

は後回しにする。したがってイギリスのオークやブナは正常であれば60年生くらいで開花する。ただしここで注意しておきたいのは、開花年齢は多くの要因に左右されるということだ。生育条件がよければ開花年齢は若くなる。被陰も重要な要素で、開けた場所にあるオークは40年生以下で開花を始めるが、被陰の強いところのものは100年もかかる。樹木が資源の大部分を成長に投入している段階では、コストのかからない雄花の方が先に咲くことがある（第5章）。

注1——年輪の広狭は相互に関係させて測られる。年輪幅の絶対値は樹種、年齢、生育条件によって変わってくる。1本の樹木では陽の当たる側やあて材のあるところで広くなる。また幹の基部に比べると、樹冠の基部で年輪が広くなる傾向がある。

第7章　樹木の形

　樹木の骨組みを決める要点は、自身の葉を競争者の上に出して、最大限光の分け前にあずかることにつきる。この単純な目標を達成するために木の形の途方もない多様さが生まれた。ヤシ類や木生シダの枝のない幹から、針葉樹の高い尖塔、オーク類の広がった樹冠、さらに老齢のイチイ類のように多幹になるものまで多種多様である。何が樹木の形を決めるのか。樹木はどうやって信じられないほど多数の葉を展開することができるのか。

特徴的な樹木の形

　必ずというわけではないが、一般的に針葉樹は遠くからその円錐形の輪郭で識別できる。この円錐の中には、普通、葉のプレートがあり、それを支える枝が幹のまわりに輪生している。この輪生は1年に一つずつ増えていく（図7.1）。広葉樹の場合はこれとは対照的に丸いドーム状をしている。若木の初期の主軸がいくつかの強い枝にその座をゆずるので、全体の樹冠の形が円形になる。
　この二つの主要樹形の中で、その樹形の特徴から種の違いを区別することは（少し訓練すれば）可能である。一般樹種の特徴を列記するのはこの本の目的ではないが、若干の例をあげると、セイヨウシナノキでは主な枝が大きく曲がるアーチになっていて、いずれその頂芽を失う。新しい成長がその枝の先端付近で始まり、もう一つのアーチをつくるので、多くの虹が先端で結びついたようになる（図7.2）。また萌芽（第3章）は幹の根ぎわに大量の芽を出すのが普通だが、樹冠の中央部に小さい枝を密生させることもしばしばある。これらの若い枝のいくつかは垂直の枝となって樹冠を突き抜け、主幹と並び立つことがある。

図7.1　シトカトウヒ（スコットランド・パースシャーで）
輪生する短い枝をもった典型的な円錐形の針葉樹

特徴的な形になるのはなぜか

　樹形は妥協の産物である。つまり、過度の自己庇陰を避けて葉を展開すること、受粉と種子の散布に向いていること、木材構造（バイオメカニクス）への投資を最適にすること、周辺の環境（強い風や瘠せた土壌など）に対処すること、などとの間の妥協である。熱帯では種の数が多いので樹形もすこぶる多様だと思われがちであるが、[注1] 25かそこらのタイプに分類されてきた。これは、機能的に妥協できる樹形の数が限られていること示している。
　妥協の姿をこれだと指摘するのは容易ではないが、大まかな一般化は可能である。高緯度や高山に生育している針葉樹は典型的な鋭い円錐形で、しばしば下に垂れた枝をもち、雪を落とすのに役立てている（図7.1）。この形は水平線を低くめぐる太陽の光を最大限につかむのに好都合だ（しかし閉鎖した林ではどうするのだろうか）。乾

図7.2　セイヨウシナノキ（イングランド・スタッフォードシャーで）
(a) 大きな枝が典型的なアーチを描いている。頂端の芽が死んでその枝の先端の近くから新しく成長が始まる。これがアーチをつくり、その先端がつながって重なった虹のようになる
(b) 樹冠の中央に小枝が群がって出ている木。正常には木の根元から出てくるシュートの集団が見られない。

燥地にある針葉樹も同じような形をしているが、この場合は、暑い昼間の受光量（熱）を最小にして冷却に要する水損失を少なくしているかに見える。これと対照的に、ほとんどの広葉樹とトウヒ類やモミ類に見られる幅の広い樹冠は、湿った土地、深い日陰（広い樹冠は最大限に光をとらえる）、あるいは厳しい高木限界の環境（体を低くして風を避ける）と関係している。光が分散していて、実際に空のどこからでもくるような曇りがちの気候では、これが受光に適した形である。イギリスの気候は年中湿度が高く（曇りがちで）あるため、樹木の大部分は同じような球状の形になる。サバンナ気候に育つマツ類は、地中海地方のカサマツのように、先端が平らで傘のような形（図7.3）をしていて、乾燥した風を避けることができ（翼型の樹冠は葉がそれぞれの背後に隠れ風よけになる）、また空気が樹冠を自由に流れるため、その対流で熱が逃げやすくなる。

図7.3 イタリアのトスカーナに生育しているカサマツ
翼型の樹冠は水分の保全に役立つ

ダイナミックな樹木──変化する環境への反応

　樹木は環境に適応して種類ごとに特徴的な形をもつのは事実だが、同じ種でも個別的に見るとそれぞれの条件によって形を異にしている。個々の樹木の形が環境に対応して変化するのは明らかだ。光、風、雪、動物による食害、火、根の健康、その他多くの因子が樹形に影響する。たとえば開放地に生育する樹木は、広がった枝をもち藪のような樹冠になるが、日陰に育ったものは、光に届こうとして樹高が高くなり、横に出る枝が少ないため幅が狭くなる。山地にいくと、気候が樹形に及ぼすさまざまな影響がよくわかる。

　山の標高が高くなるにつれて、気温が年間を通じて低くなり、風が強くなるため、針葉樹は背丈が低くなり、うずくまるようになる。樹木を揺すると（あるいはこするだけでも）樹木の成長は妨げられる。ある調査によると、1日に30秒間揺すったモミジバフウは、それをしなかった対照木と比較して成長が3分の1になったという。その一因は揺すられた木が成長を止め、頂芽をつくらなかったからである。これは力学的に見ると意味のあることだ。風が強いほど樹木に梃子の力が強く働くので、うずくまった形にするのが最善の設計である（第6章の樹木の高さの項を参照）。

　山の標高がさらに高くなると、樹木は孤立した密な茂みをつくってなんとか生きながらえている（この茂みはドイツ語の「ゆがんだ木」を意味するクルムホルツと呼ばれる）。厳しい冬の風が細かい氷の粒子を運んできて、針葉を被覆している蠟物質を

(a)

(b)

図7.4 カナディアンロッキーのサブアルペンファーにおける厳しい環境の影響
(a) 旗のようになった樹冠。横からの強い風を受ける方は裸になっている
(b) 強い風を受けている曲がった木の木立。冬季雪が強い風から守っているので、下部には健全な葉がついていることに注意

紙ヤスリのように削り取り、脱水・枯死の危険にさらすため、風下の枝だけが生き残り、あたかも風になびく旗のような樹形になるのである（図7.4）。同じような旗状の樹木は海辺の断崖のような風衝地でも見られ、こうした場所では氷ではなく塩の吹きつけで害を大きくしている。稚樹が新しく定着するには、他の樹木による庇護がなければならず（しばしば枝から根の出る伏条による）、幹が寄り添って茂みになる。風上の側の木は徐々に枯れ、風下で木が新しく生育してくるから、茂み全体は風下の方向に動いていく。北アメリカではこの速度が1世紀に2〜7mと推定されている。これらの茂みの下には元気な枝がとげのある厚いスカートのような格好をして生き延びている。地上に積もる雪が凶暴な風を遮っているのだ。さらに山を登ると、このスカート部分だけが生き残り、標高の低い場所に見られた優雅な円錐は、厳しい環境のために匍匐性（ほふく）の灌木に縮んでしまう。

　しかし樹木は環境によってその形を変えさせられるにしても、いつも受け身というわけではなく、自らも反応している。もし枝がなくなれば貯蔵した芽や不定芽から新しい枝を出すことができる。あるいはまた、既存の枝を曲げて方向を変えたり、あるいはそれにもっと重要な役を割り振ることで、なくした枝の隙間を埋めることできる。同じようなことは樹木が倒れた場合にも完全な形で見られ、一部でも根が残っているかぎり回復を果たす。それまで端役であった側枝が物理的にも新しい主軸となり、寿命を伸ばしていく。最初はミニチュアの樹木として生育を開始するが、やがて独立した樹木が列をなして成長しているようになる。ところで、新しい、あるいは「役割の変わった」枝は実生と同じ形で生育する傾向があり、このプログラム化された成長は同じ形を何度も繰り返すことから「反復」と呼ばれる。

図7.5　2本のオーク（*Quercus robur*）がつながっている。枝の場合もお互い押しつけ合っていると根と同様に一体化する。風による絶え間ない動きで組織の接合が妨害され、これは不可能だとよくいわれるが、強い圧力があれば、この図のように可能である！（イングランド・チェシャーで）

$$M = F \cdot I$$

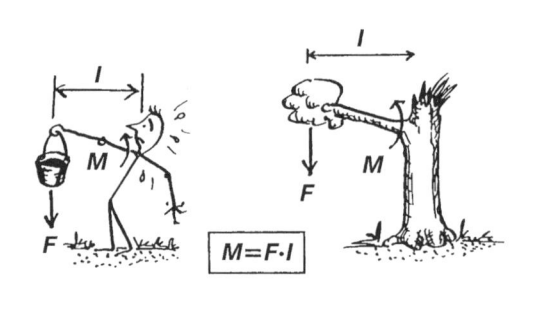

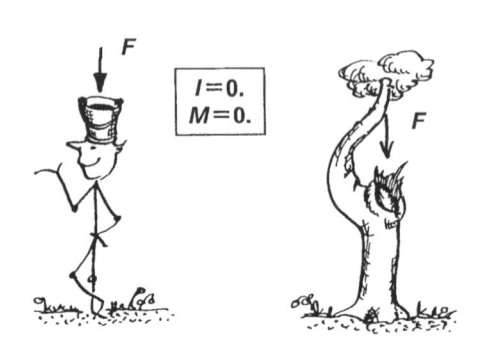

$$I = 0, \quad M = 0.$$

図7.6　木の先端がなくなると1本だけ残された枝は幹を曲げるレバーのようになり、幹には枝の重量（F）とレバーの長さ（l：枝の基部から枝の重心までの長さ）を掛けた、ひねる力（M）が働く。木はそれに反応してレバーの長さを減らそうとして枝を曲げ（ひねる力をゼロにする）、それによって枝の重心を幹の基部の上にもってくる。こうすればバケツの水を楽に運ぶこともできる

バイオメカニクスと重力

　重力は個々の樹木の形を決めるのに大きな役割を果たしている。これを理解するには、ドイツの物理学者クラウス・マセックの考えた「バイオメカニクス」の原理が使える。もっとも単純なのは、レバーアーム最小の原理である。こういうと難しく聞こえるが、それほど込み入ったことではない。第6章で述べたように、枝は長くなればなるほど（木部に相当な投資をしないかぎり）折れやすくなる。というのも枝が長いレバーとして働くからである（長いスパナが堅いナットに強い回転力を与えるのと同じことだ）。枝の長さを究極的に決めるのもこの働きであって、たくさん葉をつけることと、レバーをなるべく短くすることの妥協がはかられている。もちろんずるい方

$$M = F \cdot l$$

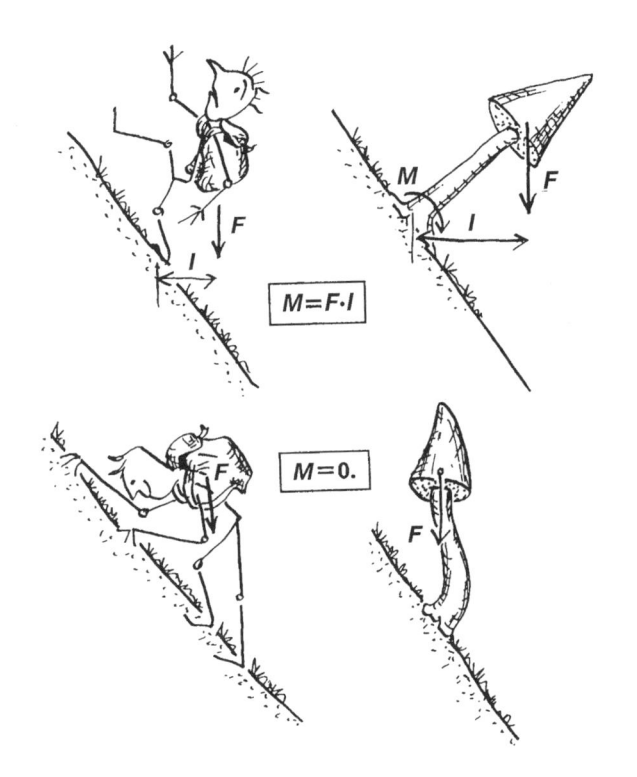

$$M = 0.$$

図7.7 図7.6と同じような方法で、傾いている木は重力によるひねる力を減らすために直立しようとする。これは重い荷物を背負って歩くとき体を曲げて重心を足の上にもってくるのと同じことだ

法もある。第4章で見たように、ベンガルボダイジュは気根を使って非常に長い枝を支えているし、また図7.5のように複数の枝が接合すると枝を異常に長くすることができる。

　これらの枝は幹を曲げるようにも働く。樹木は全体としてこれらのレバーの正味の効果が最小に保たれるように成長している。つまり正常な樹木は枝の重量がどちらの側にも偏らないようにバランスがとれているので、幹を曲げる正味の力は生じない。図7.6は先端部を失い、横に1本の枝を残した樹木のケースである。レバーの力は枝の重量にレバーの有効長を乗じて簡単に得られる。この枝はすぐに上に向かって曲がりはじめるだろう。開放地にある樹木なら、別にそうすることによって余計に光が得られるわけではないが、レバーの長さを短くできるという明白な利点があるからだ。そうしないと、横に引き倒そうとする強い力がいつも幹にかかることになる。樹木は

第7章　樹木の形　　177

レバーのアームからの圧力を感知することができ、他の条件が同じであれば、第3章で述べた「あて材」を使って枝を曲げ、レバーのアームをできるだけ短くするだろう。

樹木全体が傾いたときにも同じ原理が適用できる。図7.7では、傾いた木がレバーアームをできるだけ短くするため、重力の中心が基部の上にくるように少しずつ幹を上に曲げようとしている。われわれが重いものを背にして運ぶときも、前方に体を曲げて重力の中心を足の上におこうとするだろう。不自然な直立姿勢を保つのは大変な力がいるし、ちょっと突かれただけでひっくり返ってしまう。その結果、J字形やS字形の特徴のある樹木ができる。読者の中には、重力の中心が一方の側に偏り、直立とはほど遠い樹木を見たことがあると主張する向きもあるだろう。確かにそれはありうる。樹木の形を決める際の妥協にあたっては他の要因がずっと重要になることがあるからだ。森の中にギャップがあると、樹木はより多くの光を得ようとギャップの中心に向けて傾いていく。レバーの重圧より光が優先されているのだ（さらに太い幹は曲げるのが難しいし、また幹を曲げてレバーの重圧を完全に除去するのは、おそらく不可能だろう）。それはともかく、樹木は脳がないのに、このような複雑な対応をどのようにして考え出すのであろうか。その答えは後述の「樹木はどのようにして形を制御するのか」で明らかにする。

芽、枝、そして樹形

断崖に立って強い風で変形した樹木を見れば、成長条件が樹形を変えているのは自明である。しかし個々の木の形は傷害や成長条件で大きく変わることがあるにしても、機会があれば特徴的な本性が出てくる。つまり遺伝的に決められている部分である。樹木はどのようにしてこのように特徴的な形に育っていくのか。樹木を構成する部品にその答えが隠されている。大まかにいえば、動物は形が確定していて、年齢とともにそれがただ大きくなるだけである。赤ん坊も成人も同じ部品をもち、大きさが違うだけだ。他方、植物の方は小さなモジュールを繰り返し加えていく。デイジーの花の鎖を長くするようなもので、花を大きくするのではなく、数を増やしていくのである。樹木の基本的なモジュールとしてすぐに思い浮かぶのは、1年で伸びた葉のついた小枝である。

小枝とその葉

枝の先端から下にたどると、芽鱗痕が小枝を一周していて（環状痕ともいう）、前の年の頂芽がここにあったことを示している（図7.8）。したがって、この枝の最後の部分が前の成長期に伸びた部分であり、樹木の最小単位である。若い小枝は多数の葉

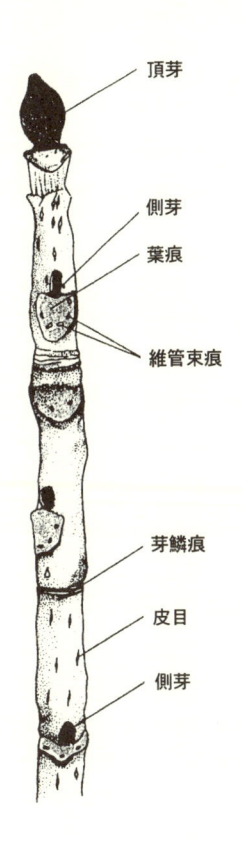

図7.8　冬季の枝
　一連の芽鱗痕を見ると枝が毎年どのくらい伸びたかがわかる。葉痕は前年の葉の位置を示しており、葉とつながっている芽がはっきりとわかる

をつけており、それらが落ちると、図7.8のような葉痕が残る。葉と小枝に挟まって芽（葉の腋にあるため腋芽と呼ぶ）がある。[注2] これらの芽は次の年の成長分、すなわち葉と芽を備えた新しい枝である。[注3] ここで注意すべきは、新しい葉は新しい小枝からしか出ないということだ。芽から出てくるのは葉だけではない。時にはっきりしないこともあるが、小枝も出てくる（後述）。樹木が年々大きくなっていく仕組みがこれで理解できるであろう。それぞれの芽が成長して新しいモジュールになり、そのモジュールが芽をつけて新たなモジュールをつくる、それがまた芽をという具合に次々と繰り返される。年ごとに芽鱗の痕がつくから枝にそってそれまでの経過をたどることができる。おそらく過去5〜10年分の成長が見られるだろう。新しいモジュールは樹木の先端と各枝にそって付加され、これによって木全体が大きくなっていく。新

第7章　樹木の形

しい小枝（モジュール）は指のような形をした突起物で、樹木全体に付け加えられる木材の新しいおおいであるということに留意したい。したがって前年の小枝は少し太くなり年輪は二つになっているであろう。2年前の小枝はさらに太く、3つの年輪があるはずである。こうして枝はだんだん太くなって幹にまでたどりつくのである（図3.2）。

芽は葉の腋にあるから、葉の配列（あるいは葉序）は枝の出る基本的なパターンを決めるのに大切な役割を果たしている。葉と芽は小枝のまわりに螺旋状に配列されているが、この螺旋はしばしば変更される。小枝にそって効果的に交互に配列する葉になったり、あるいは2枚ないしそれ以上の葉の間の小枝の間隔をできるだけ詰めて、対生あるいは輪生に配列することがある。したがってオーク類やブナ類のように互生する葉をもつ樹木は交互に枝を出す傾向があるし、トネリコ類やカエデ類のような対生芽の樹木は一連の対になった枝を広げることになる。こうした特徴は樹木全体に及んでいて、枝のレベルでの小さな差異が、ずっとスケールの大きい樹冠の形に影響を及ぼしている。

絶望的な枝の絡み合い

すでに見たように、樹木は新しいモジュールを連続的に付け加えてできていく。それはあたかも新しい煉瓦を積み重ねて壁をつくるようなものだ。それ自体は小さいけれど、積み上げれば大きく堂々とした構造物をつくることができる。しかし木についているすべての芽が枝になって成長したら、樹冠は絶望的な枝の絡み合いになってしまう。樹齢100年のオークの枝は普通5〜6の層をなしているが、それが99といったとんでもない数の枝の層になるかもしれない。温帯の樹木は5〜8以上の枝の層をもつことはまれであるし、熱帯の樹木になると2〜3、多くとも4層である（熱帯の樹木は一般に葉が大きいので、それを支えるための枝組みは粗くてよい）。絡み合いを避ける方法としては、すべての芽を使わない、枝を落とす、枝の長さを変更する、の3つがある。

多すぎる芽に対して

樹木は外界の条件に助けられることがある。春の霜はわれわれには迷惑だが、寒さへの抵抗性を失った芽を簡単に枯らしてくれる。また芽、葉、小枝のこすり合いは「樹冠の内気さ」の原因となる。つまり隣り合う木の樹冠（また同じ木の枝同士）が風の中で互いにこすり合い、重なり合わないようになっている（カナダではドロノキの下で成長しているホワイトスプルースが、揺れ動くドロノキの枝に打たれて同様の

害を受けることがある）。とはいえ、樹木は多すぎる芽の問題の解決をすべて外界の環境にまかせているわけではない。シルバーバーチでは（他の樹種でもそうだと思うが）、すでに密になっている樹冠の部分、あるいは別の木の樹冠が触れはじめている部分ではあまり芽を出さないことがわかっている。これはおそらく光が弱いからであろう。さらに陰の部分では芽が多く枯れ、新しく出た枝も短い。近くで一緒に育つ樹木は隣から離れた側でたくさん成長するという事実もある程度これで説明できるし、「樹冠の内気さ」のもう一つの理由になっている。

　芽はまた、樹木の成長の正常な部分として展開していかないこともある。サンザシやアメリカサイカチのとげ、それにマツ類の針葉の束はすべて変形した枝であり、しばらくして成長を止め、新しい芽をつくる能力を失う。芽をつけないという単純な解決法を徹底させているのが針葉樹である。小さい針のような葉を数多く有するトウヒ類やモミ類のような針葉樹では、すべての葉の腋に芽をつけるわけではない[注4]。もしそれをやったら、数えきれないほどの葉や枝をつけることになってしまう。むしろ樹木はもてる養分を、毎年できる枝の先端の数少ない芽に集中して振り向ける。第6章で言及したように、針葉樹のいくつか、とくにヒノキ科のものは、はっきりとした芽をまったくつくらない。

　芽がつくられても、不必要なものは意図的に捨てられる。オーク類の場合、成長期間を通じて発育不全の芽が林冠の中を雨のように降りそそぎ、45〜70％の芽が捨てられている。他方、芽を捨てないで何年もとっておき、万一の時の保険にしていることもある（第3章）。オーク類はそのような目的で小枝の基部に小さい芽をもっている。さらに芽鱗は実際には変形した葉であるから、それ自身が腋芽をもっている。腋芽は小さいために認めにくいが、成長能力は高い。こうした貯蔵芽の価値は枝打ち試験をやってみるとわかる。地中海地域に成育するケルメスオークは新しい小枝を貯蔵した芽から出し、15日おきにすべての若枝を刈り取っても4年間生きつづけた記録がある。多くの針葉樹には芽がないため、強く枝打ちすると古い木部から芽が出にくい。とくにヒノキ科の樹種はそうであり、ローソンヒノキなどは生け垣に向かない。造園師にとって幸せなことに、いくつかの針葉樹では一見何もないように見える葉腋から新しい芽が生えてくる。ヨーロッパイチイ、セコイアなどはこのような芽をつくり、すでにつくったものを貯蔵している。一方、北アメリカ産のジャイアントセコイア、ホワイトシーダー、日本産のヒバ、スギなどは必要になると芽をつける。これらの樹種は、多くの広葉樹のように、強く刈りこまれたときや損傷を受けたとき、新しい枝を出すことができる。

　枝が頂芽を失うと、木の形が大きく変わってくる。仮に先端が長年生きていれば、枝はトネリコ類に見られるように、一方向に力強く伸びる（単軸成長）。これが枯れた場合は、どちらかの側から枝が伸びてきてそれに置き換わり、フォークのような形になる（仮軸成長）。

枝を落とす

　枝の混みすぎを防ぐよい方法は、使命を果たした枝を取り除くことである。これが起こるのは、木が大きくなり内部や下部にある枝が葉の陰に入ってしまうときだ。大きな木を見ると、樹冠の中央部には大きな枝があり（足場枝）、それが樹冠の外側だけにある細い枝につながっている。日陰になっている中央部分（科学用語でいえば、弱光性帯）でもかつては小さい枝が占拠していたのだが、すでになくなっている。イトスギ類、セコイア、ラクウショウ、メタセコイアなどでは、夏の終わりに葉のついた小さい枝を規則的に落としている。他の樹木では非生産的になった枝だけを落とす。たとえば枝が日陰に入って十分な炭水化物をつくれなくなり、その維持費用さえ払えなくなると（つまり他の枝からの補助が必要になると）、通常は取り除かれる。これによって非生産的な枝が樹木の負担になることを防ぎ、利用価値のない枝が透かされて風の抵抗が弱まることにもなる。

　枝は光の不足以外の理由でも落とされる。世界の乾燥地帯では高木でも低木でも小さい枝を落として水を節約するのが普通である。小さな枝は樹皮が非常に薄く表面積が相対的に大きいので、ひとたび葉を失うと大きな水損失が出てくる。アメリカの砂漠にあるクレオソートブッシュは厳しい高温や干魃に出会うと自然落枝する。この場合、最初に落ちるのは、もっとも高いところにあってむき出しにされている小枝だが、それからだんだんと下がってより大きな枝に及んでいく。ただし枝をあまり落とすと枯れてしまうので、これは絶望的な行動ではある。反面、落枝は自己増殖の有効な手段でもある。水路沿いに生育する大部分のポプラ類やヤナギ類は簡単に枝を落とし、この枝がずっと下流の泥の多い場所で根を下ろすことがある（第8章）。

　どのようにして枝は落ちるのか。もっとも単純なケースは、枯れ枝が腐って落下するか、あるいは健康な枝が風や雪、動物によって折られることである。ヤナギ類のあるものには小さな枝の基部にもろい部分があり、風で折られるのを助けている（増殖にかかわっているように見える）。「自然落枝」にはびっくりするようなケースがある。ニレ類を典型にして、その他オーク類、ヒマラヤスギ、モミジバスズカケノキなどの樹種でも見られることだが、これらは暑い午後に、直径50cmもの大きな枝を、何の予告もなしに落とすことで知られている。キップリングから引用すれば、「エルムは人類を憎み、機会を待っている」ということになる。キャンプの時はニレの木の下にテントを張らない方がいい。このような劇的な落枝は、樹木内部の水ストレスと熱による膨張が複合して起こるようで、割れや木材の腐朽ともかかわりがある。

　しかし落枝は多くの樹木で計画的に行われている。枝が落ちるのは、秋の落葉と同様に、傷をコルクで封じるコルク層の形成によるもので、翌年その下に木部が形成される。図7.9はこのようにして落ちた枝の典型的な例で、球状の端とその受け口が示されている（正式には落枝と呼ぶ）。広葉樹では長さ1m、直径数センチの枝が落ち

(a) 芽鱗痕　コルク層　10 mm

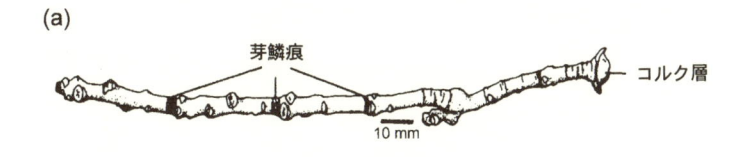

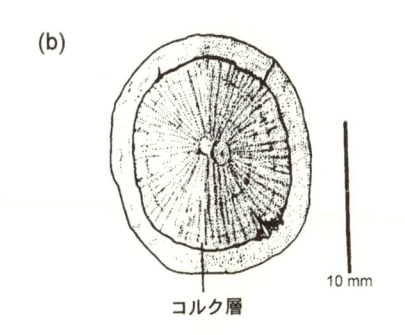

(b) コルク層　10 mm

図7.9　葉と同様な落ち方をしたオーク（*Quercus petraea*）の枝
コルク層で枝が切り離されたボール状の端（拡大図b）

ることがあるが、それは普通、秋に葉が落ちた後である（カエデ類は例外的に春や初夏に枝を落とす）。オーク類は鉛筆の直径くらいまでの枝を、ブナ類はおそらくもっと大きい枝を落とし、カンバ類は枯れた小枝全体を捨てている。マツ類は針葉の束（実際には短枝）を落とし、スギ科の樹種（セコイア、メタセコイア、ラクウショウ）は葉のついた小さな枝を落とす。広葉樹で典型的な数字をあげると、毎年の意図的な落枝と破損の両方で先端の枝のほぼ10％くらいが失われている。落枝の量が林床の落葉落枝の総量の3分の1になったとしても驚くにあたらない。

枝の長さ

　もう一つ予想される混雑削減法は、いくつかの枝の長さを他のものより短くすることである。後述するように、日陰にある枝は陽の当たる枝に比べて短い。しかし樹木は自分自身で枝の長さを調節することもできる。多くの樹木では枝やシュートに「長」と「短」のはっきりとした区別がある（図7.10）。これが明瞭なのは、リンゴ、カンバ類、ブナ類、シデ類、カツラ、イチョウ、マツ類、カラマツ類、ヒマラヤスギ類である（ニレ類、ポプラ類、シナノキ類などもあるが、長枝と短枝の移行がよりゆるやかである）。長枝は樹木の骨格をつくり、木を大きくする。これに対して短枝（園芸

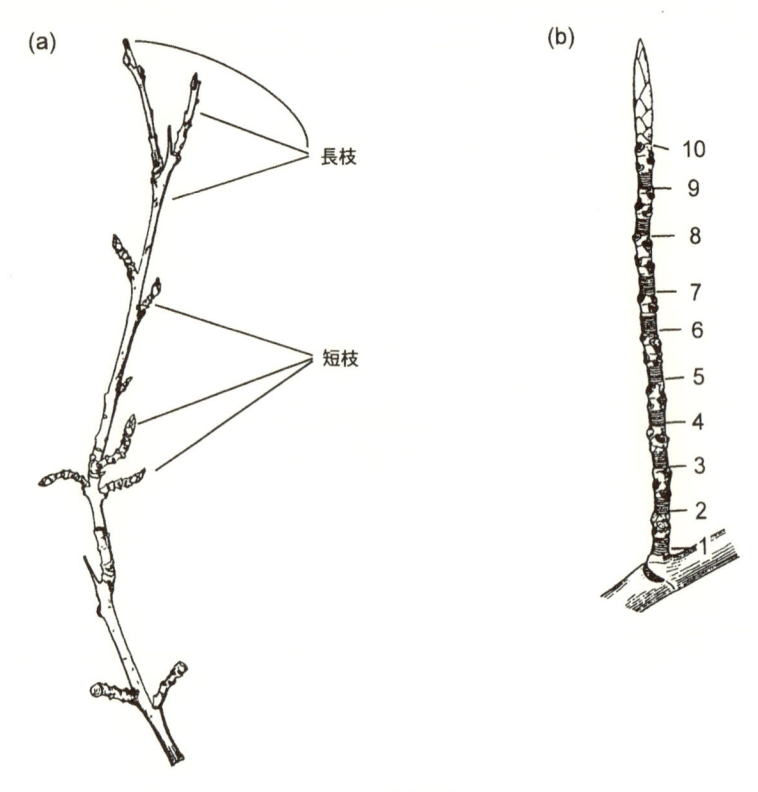

図7.10 (a) セイヨウクロウメモドキのシュートの短枝と長枝
(b) 10年生のブナの短枝の拡大図。つまった芽鱗痕が毎年の成長を示している

家は「短果枝」という）の役割は葉と（普通は）花を生産することで、毎年ほぼ同じ位置でつくっている。短枝は毎年伸長してきっちり詰まった葉と、次のひと揃いの芽をつくっていくので、それぞれの年の短枝は芽鱗の痕によってわかる（図7.10、図7.13、図7.14）。またマツ類やヒマラヤスギ類、カラマツ類の針葉の束などは短枝につく。ヒマラヤスギ類やカラマツ類の短枝は新しい針葉を数年にわたって生産するが、マツ類では短枝はわずか0.25mmほど伸びて成長が止まり、針葉が枯れるとそのまま落下する。

　一つのシュートは、内部的な制御、光の強さ、損傷などの条件に応じて、長枝から短枝、あるいは短枝から長枝に変わることができ、柔軟な対応ができるようになっている。

図7.11 トチノキの枝
  成長点は花の中で一度枯れる。その翌年の成長は二つ前の芽から始まり（a）フォークを残し、(b) 前年の花の位置を示す

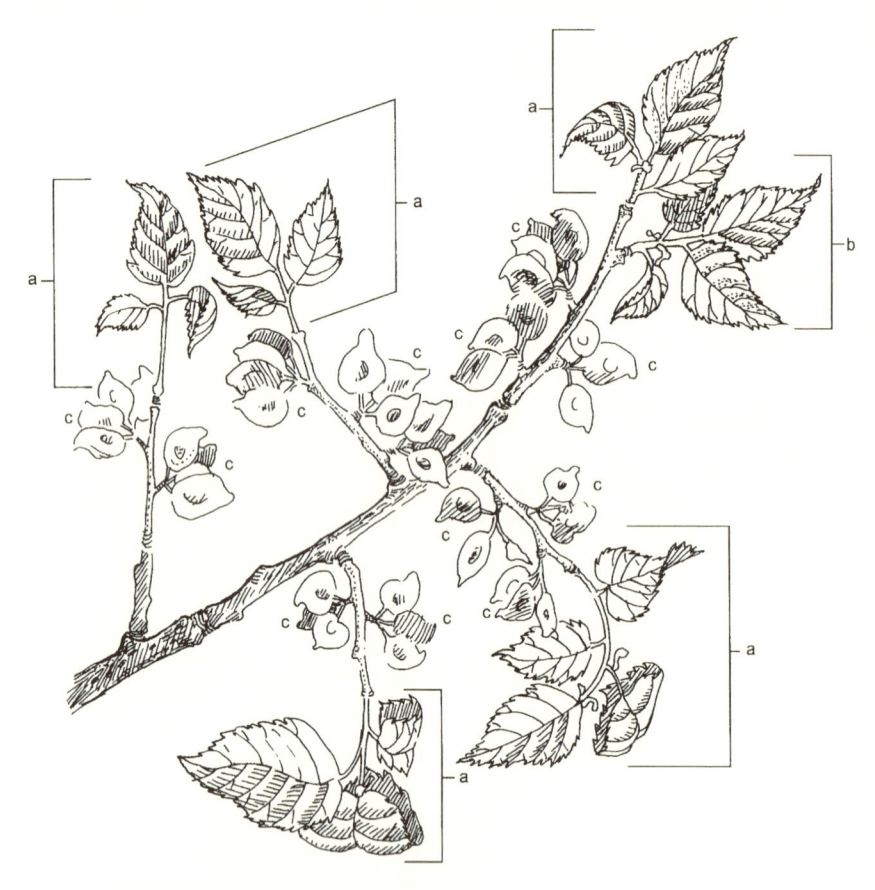

図7.12　セイヨウニレの頂芽と次のシュートの芽
　　　　aとbは葉だけをつくる。下の方にある芽は花だけをつける(c)

開花

　開花は樹木の形を著しく変える。なぜなら成長点は花の中で終わっているので、開花と結実の時期が過ぎると死んでしまい、成長する葉に戻ることはないからである。これが見られるのは、モクレン類、ハナミズキ類、カエデ類、トチノキ類などで、花はシュートの先端にできるので、その先端に新しい芽をつけることはない。次の年には両側の芽（図7.11a）が伸びだして枝の形成を始め、花があった場所を示す叉状部分（図7.11b）を残していく。上述した仮軸成長の一例である。

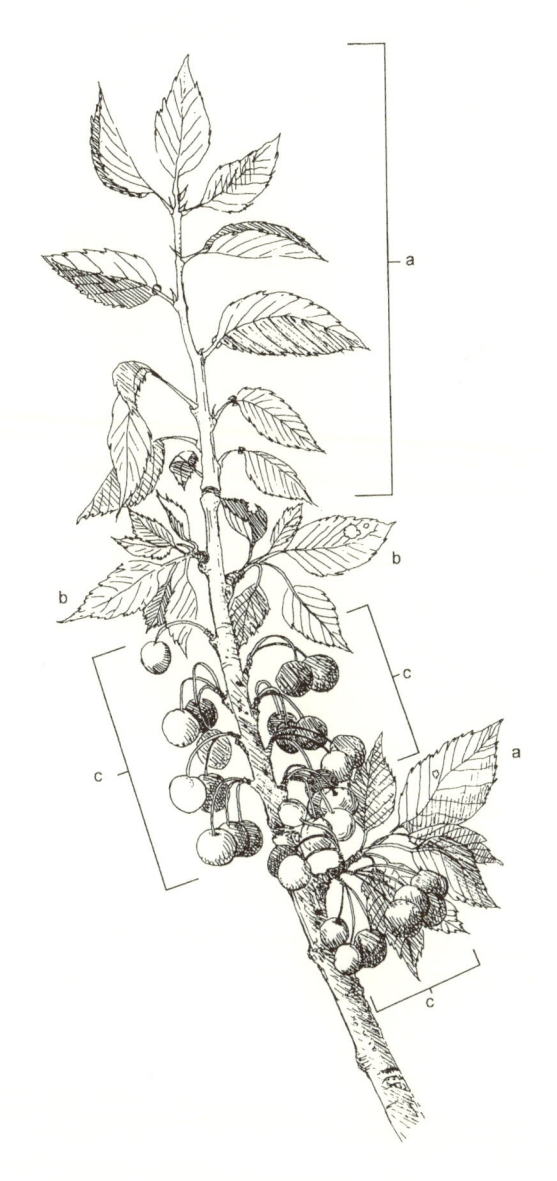

図7.13 サクラ類（*Prunus*の変種）
　　図7.12と同様の符号がつけてある

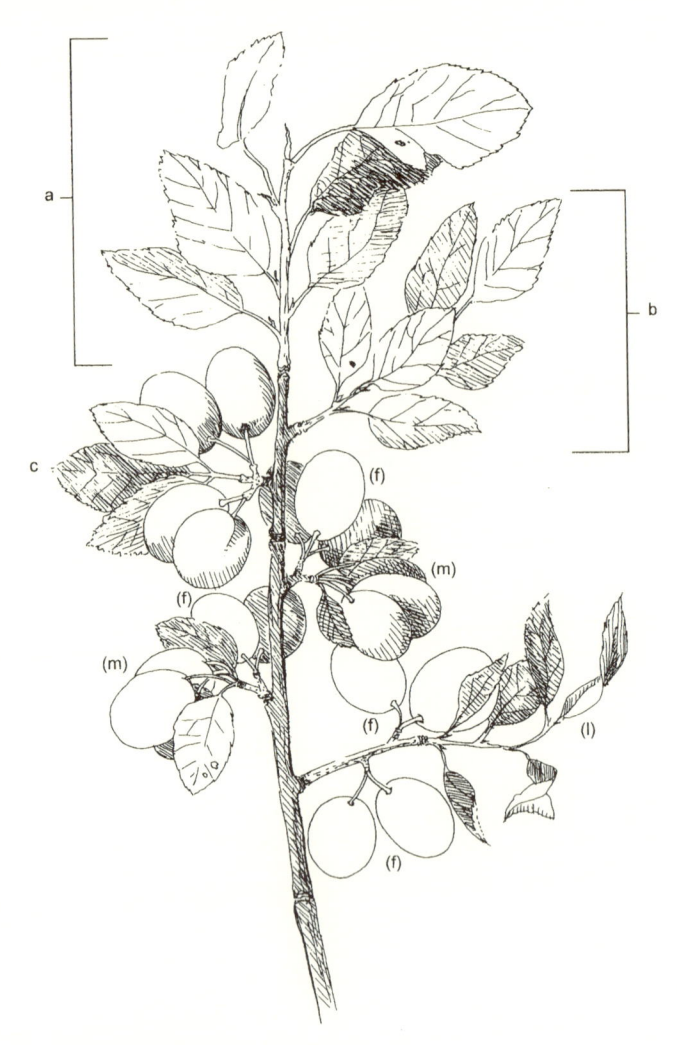

図7.14 セイヨウスモモの葉だけのシュート
　aとbをつくっている芽の陰で、混芽 (c) が開いて花 (したがってプラム) と葉をつけている。さらに下の1年古い枝では、違ったタイプの芽、花芽 (f)、葉芽 (l)、混芽 (m) などが見られる

上述の樹木は、果実を「新しい木部」、すなわちその年に形成された枝につけると記載されることが多い。しかし多くの樹木では、花は枝のずっと奥の方まで下げられており、結実するのは「2年目の枝」あるいは「古い枝」とされている（ただし果実は葉と同じようにその年にできた小枝から下がっていることに注意されたい）。たとえばニレ類やサクラ類がそれで、それぞれの枝の頂芽（図7.12、図7.13a）と、元気よく成長しているシュートの一つ、あるいはそれより下の芽（図7.13b）は葉だけを生産し、その一方で、さらに枝の下がったところにある芽は花のみをつける（図7.13c）。もちろん花をつける先端は、新しい芽をつけることはできず、一度使われるだけである。果実が落ちればもうその成長点は生きていない。枝の上の痕は以前に咲いた花の証拠である。この年に成長した葉のシュートは芽をつけて翌年も同じ経過を繰り返す。
　ニレ類やサクラ類では芽が花や葉を生産する方法は比較的単純である。他の樹木では、花と葉を一緒にもった「混合」芽をつくる。図7.14のセイヨウスモモの枝がそれだ。葉のシュートのみをつくる芽（a,b）の後ろでは、cにある単一の「混合」芽が開いて花（つまりプラム）と葉の両方をつけている。この芽は果実を生産しており、ニレ類やサクラ類の花芽と違って、翌年も成長を続けられる。1年前の木部にさかのぼってみると、シュートがいくつかの芽のタイプの混じり合いであることがわかる。ここに示したいちばん下の枝の頂芽は葉芽（l）のみ、その他の頂芽は混合型（m）で、さらに下の方の横から出ている芽は花芽のみである（f）。またセイヨウナシやクロフサスグリは混合型の芽をつくるが、花は基部に輪生した葉のある先端につくので成長点は死ぬ運命にある。これを切り抜ける方策として、翌年の成長のために最下部の葉につく芽を利用している。このほかにも多数のバリエーションがあって、とても書ききれないが、さまざまに異なる枝を見ながら、そこで使われている戦略を推論するのは楽しいことだ。こうした観察から必然的に出てくる結論は、花をつくる様式が違うと、枝の様式、したがって樹形にも大きな影響が出るということである。

樹木はどのようにして形を制御するのか

　われわれはこれまで、芽と枝の成長と死を通して、樹木の全体的な形がつくられる経過を見てきた。では樹木はこれをどのように制御しているのであろうか。簡単に答えると、枝の先端（植物用語で頂端）はその枝の下の方での生起を抑圧する傾向があるということだ。樹木全体で見ると、この頂端による制御は非常に複雑で、王国の中の権力争いに似ている。最先端（主軸）の成長点は帝王であって、芽とすぐ下の成長点に対して大きな力をもっている。側枝の活発に成長している先端は公国の王子のようなもので、芽とそのまわりの枝に対しては大きな影響力をもつが、彼ら自身とその部下たちは依然として上からのなんらかの支配に服している。実のところ、いちばん

先にある頂端からごく小さい枝の先端に至るまで、すべての成長点はそれなりの権限をもっている。もちろんその権限は帝王から小役人まで下がるにつれて小さくなる。芽が端役であればあるほど抑圧されて出てくる枝は小さくなり、成長は遅くなる（自然の世界も政治の世界と変わらない）。このプロセスは光の量のような外界の影響を受け、光の量が多いほど、芽や枝は大きな力を得る。この力はまた時間とともに変化する。年をとった帝王のように、木の樹高が最高に近づいてくると主軸の活力は弱まり、支配力を失う。その結果、下にある枝（王子）が独立性を強め、成長してくる。枝打ち（あるいは偶発的な損傷）によって主軸が権力の座を完全に失うと、普通は一つあるいは複数の下位の枝（あるいは抑圧されていた芽からの新しい枝）が直立してきて、新しい主軸の座をめぐって競争することになる。若いクリスマスツリーを刈りこむと、休眠中の芽が起こされて枝が増え、商品価値が高まるのはこのためだ。

厳密にいうと、このような制御の仕方は「頂芽優勢」と「頂芽制御」に分けられる。前者は芽が出てくるのを抑圧することであり、後者はこれらの芽のその後の成長を制御することである。このように二分すると、樹木の二つの基本的な形、つまり針葉樹の特徴的な円錐形と広葉樹の幅広い楕円形が説明しやすくなる。オーク類のような丸形の場合は頂端の支配力が非常に強く、そのために側芽は抑圧されることが多い。しかしこの側芽も後になって頂端から遠く離れてくると、その支配を脱して成長し枝になる。頂端の支配力が非常に強いので、これらの新しいシュートも元来の先端と十分競争でき、主軸より速く成長することさえある。これによって円錐形をしていた若木は強い枝の集団の中に消えていき、丸い形になる（専門的には沿下という）。逆に、高い円錐形の針葉樹の場合、頂芽優勢は弱く、大部分の芽が成長して、針葉樹特有の輪生の枝をつけることになる。しかし頂芽制御の力が強いので、主軸は新しい枝の成長を抑制し、それらを短く水平に保つようにする。すべての若木の円錐の形はその生涯の長い期間維持される（主軸突出性：頂端が飛び出ている）。幹の下の方の枝は年をとってその分長くなっており、樹冠は円錐形である。

芽が成長を調節する機構についてはまだ完全にはわかっていない。成長ホルモンのオーキシン（頂端で生産される）が基本的な役割を演じ、サイトカイニン（多くの種で芽の成長開始にかかわる）のような、その他のホルモンも関与している可能性がある。さらに可能性として大きいのは、ミネラルや糖類を得るための成長点同士の内部の争いである。帝王や王子からのこれらのホルモン伝達は師部を通って木を下っていく。園芸家はこれを利用して頂芽優勢を妨げる化学噴霧剤をつくり、（アザレアのような）ふさふさの装飾植物を生み出してきた。ちなみに多くの研究の示すところによれば、上部のシュートを折り曲げて下の方に向ける「シュート転換」で、頂芽優勢が解けるという。イギリスの農村部には、ハシバミの結実をよくするため先端の枝を折る習慣が古くからあった。ハシバミの果実は短枝についており、一度頂端の規制が部分的にはずれると成長がよくなり、果実も豊富になる。同様に、垣根仕立て（1本の

垂直に立った幹から、水平になるように仕立てた何本かの枝が出ている）の植物の場合は、枝を水平に近く固定することで頂芽優勢が弱まり、果実の生産がよくなる（反対に枝を上げると栄養成長を刺激する）。枝が垂れている樹木の背丈が高くなるのもこれで説明できる。先端が長くなって倒れてくると、頂芽優勢が減少し、側芽は開放されて上に向かって新しい枝をつくり、さらにそれらの枝も曲がってくる。このようにして枝垂れの樹木は一段ごとに大きくなっていく（ただしヒマラヤスギのような樹木は例外で、新しい成長の間垂れ下がった先端はまっすぐになる）。

この節のフィナーレに短い歌を引用しよう。

　　女と犬とクルミの木は
　　叩けば叩くほどよくなる

これは真実かどうか。最初の二つは差し置くとして、クルミについていうと、19世紀のヨーロッパでは、クルミは長い棒で木から叩き落とされていた。間違いなく枝の先端は折れて、そこから多数の短枝が出るようになり（頂芽優勢がなくなるため）、その結果多数の花と果実がつく。実のならない木を叩く習慣はその木を生産的にすることであった。第3章で述べたように、幹を叩くことで師部が傷つき、それによって根に運ばれる糖分の量が減るから、花や果実にその分が振り向けられるのだ。

経年変化

　成熟した樹木は実生がそのまま大きくなったものではない。形は年齢とともに著しく変化する。事実、熱帯雨林の木の年齢を樹形だけで判断することもできるだろう。若い樹木は枝の数がずっと少ない。とくに複葉の場合には、トチノキ類のように使い捨ての枝であったり、あるいはユリノキのように自然落枝をするから、それが顕著である（アメリカの森林ではユリノキは長い枝のない幹をもっているので簡単に識別できる）。実際、熱帯雨林の樹木では、樹高が7mになるまで枝を出さないものがある。枝の数が増加すると、頂芽優勢はより多くの枝で分担される。その結果、成熟して丸い円蓋形ないしは平坦な樹形になり（上述）、同時に短枝の比率が増加する（成長しているシュートの90％以上になる）。樹形の変化がどのような速さで起きるかは種によって違う。トチノキ類では速く、ポプラ類では遅いし、多くの針葉樹では起きない。また土壌によっても差異があり、乾燥して貧弱な土壌では速くなる。

　枝の角度も樹齢によって変化する。短期的には枝は一定の角度を保っていて、雪の重みで曲げられたようなときには、あて材をつくって元へ戻そうとする。しかし長期的には、枝が長く重くなるにつれて次第にたわんでいく。これには、枝の叉にできた新しい木材の圧縮の力も働いている（コートを重ね着していくと、腕がだんだんと水平になっていくのと同じだ）。このようなわけで樹木の先端にある若い枝がいちばん

直立しており、下の方にある年を経た枝は外側に向かって曲がるようになる。高齢の枝でも外側にある若い先端部は引き下げられるのに抵抗するかもしれない。年を経た針葉樹の枝で下にたわんでいるものでも先端の若い部分は上を向いていることがしばしばある。老齢になった樹木の下にたわんだ枝は、皺や胴回りの太りと同じように、高齢ゆえの欠点のように見えるが、樹木はこうした変化によって利益を得ていることもわかってきた。若木の直立した形は、木に降りそそぐ雨が幹を走り落ち、幹の基部で発生中の根に集中するようにしている。また高齢な樹木のたわんだ枝と垂れた先端は大部分の雨水を外側に落とし、水を吸い上げる根が集中する樹冠の外側の場所にしたたらすようにしている。これは少し単純にすぎる言い方かもしれないが、多くの経年変化がそれなりの利点があることを示している。

加齢にともなう変化はさらに激しいことさえありうる。よく知られた古典的な例はセイヨウキヅタの経年変化だろう。これは木性のつる植物で普通の樹木ではないが、幼いときには心臓の形をした葉をもつつるで、気根を出して張りついている。しかし一度十分な光を獲得すると、成熟して開花期に入り、深い切りこみのある葉をつけるようになる。そうなると、もう気根は出さず、幹を低木のように直立させ、花を咲かせる。これは固定された変化であって、花をつける枝を挿し木して根を出させ定着させると、まったく同じ経過をたどって正真正銘の直立した低木になるのである。樹木はまた、突然曲げられると、当然のことのように劇的な樹形変化を成し遂げる。ヨーロッパアルプスのクリーピングウィローは直立して生活しはじめるが、すぐに根元から曲がり、それ以後は匍匐して生きていくようになる。樹木のいくつかの科、とくに針葉樹では、垂直の苗条と水平の苗条（専門的には、それぞれ直立枝、斜生枝と呼ぶ）からの挿し木苗はそのまま元の方向にそって成長する。したがって水平の枝からとった挿し木は匍匐する傾向をもった弱い樹木をつくり出すはずだ。

すべての葉が光を受けるための工夫

樹木が10万枚もの葉をもち、どうやってその各々の受光量を最大限にするかという問題に戻ろう。これは太陽発電の技術者にとっても挑戦的な課題だろう（植物の場合には、新しい葉が違った場所に出てくるとか、風によって葉が絶えず動くという厄介な問題が付け加わる）。最初に解決すべき問題は、1本の小枝にある多数の葉が互いに日陰になるのをどうやって避けるかである。垂直になっている枝では、葉が互いに重ならないように注意深く配列されている（螺旋状の葉の配置については、連続した葉の角度を予想する数列、フィボナッチ級数であらわすことができる）。あるいは、カエデ類の直立した枝で起こるように、お互いの葉の上に直接位置するようになると、上の葉はより小さく、かつ短い葉柄をもつようになる（図7.15a）。同じような水平方

向の枝で日陰ができるのを防ぐのはこれほど容易ではないが、縦方向で対になった二つの葉は上の葉をその下の葉より小さくすることで解決している（図7.15b：対の葉がこのように不同になることを不等葉性と呼ぶ）。水平に出る枝の下側に大きい葉が2列に並び、非常に小さい葉が上側に2列に並んでいるいくつかの熱帯樹は、その顕著な例である。ほとんどの樹木は葉柄をひねったり、あるいは芽や葉をうまく配置することで、水平な枝の上に葉の平坦な面をつくっている。あたかもジグソーパズルのピースをはめこむように、お互いが日陰にならないよう巧みに収められている（図7.15c）。

　樹冠全体について見てみよう。いくつかの樹種では、1本の小枝が一つの葉の集合体をつくるのに用いた方法を、樹冠全体にまで広げ、ドーム型ジグソーパズルのはめこみを行っている。ブナ類、ツガ類、サトウカエデなどの単層の葉をつけた樹木は日陰の環境によく適応していて、かなり日陰の森林内でも他の木の下で大きくなっているのを見かけることがある。他方、開放されたところに育つ樹木は、ただ単層の葉をつけるだけでは有用な光の多くが無駄になり、大部分の葉はわずか20％くらいの太陽光でなんとかやっていかざるをえない。この無駄になる光を利用すべく葉の層を次々に積み重ねると、多層の樹木ができあがる。多層の葉を見るのは常に容易とはいえないが、印象としては中が覗けるほど開いた樹冠がその一つで、カンバ類やポプラ類がその例である。これらの樹木は大量の光を必要とし、したがって開けた場所でおおむねよく成長する。全太陽光の54％というのが分かれ目のようで、これより暗いと単層の木が有利であり、これより明るければ多層の木がよく成長する。

　多層の樹木では一つ以上の葉の層があるわけだが、ここで重要なことは、下部の葉も一段上の葉の陰でじっとしているわけではないということである。それでは仕事にならない。葉を透過してくる緑色の光は有用な波長の部分が除去されており、下部の葉にはあまり役に立たないからだ。下部の葉が必要とするのは葉の間を抜けてきた光である。それを得るには、樹木の各部分が信じられないほどの高い水準で協調しなければならない。しかし幸運なことに解決策は単純である。

1．個々の葉は透過されていない光がくる方向へ向きを変えることができる。それはおそらく横方向からの光であろう。
2．第2章の陽葉と陰葉の項で述べたように、陰葉は動いている樹冠を通して入ってくるまだらな太陽光を効果的に利用することができる。ポプラ類やカンバ類などでは、細い葉柄をもつ葉が絶えずさらさらと揺れ動き、それによって生じる太陽光のモザイクから光を得ている。
3．枝や葉が日陰の影響を強く受けて養分を自給できなくなると、前述したように、落ちてしまう。
4．葉の層が遠く離れていれば上の層からの陰は消える。

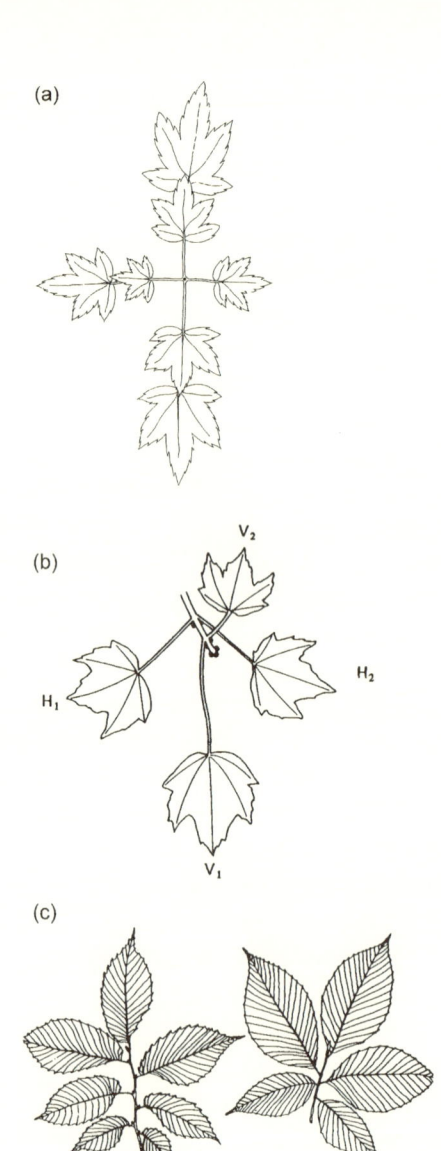

図7.15 庇陰を減らすための枝上の葉の配列
(a) 葉が上下に重なる直立の枝（カエデ類など）では、上の方の枝は小さくまた葉柄も短い
(b) 水平な枝では、垂直方向に向かう一組で上の方の葉（V_2）が下の方の葉（V_1）より小さくなる
(c) ほとんどの樹木では水平な枝にフラットな葉がついていて、左側のニレ類や右側のアメリカブナのように、それぞれの葉がジグソーパズルのピースのごとくはまりこんでいる

最後の点について説明すると、太陽は光の点ではなく円盤であるからだ。電灯と小さい硬貨でこれを試すことができる。紙の近くに硬貨をかかげると影がうつる。しかしそれを離すと、紙に届く光は薄暗くなっていくが、影は消える。そこで葉の層を十分離しておけば、上の層は単に中性フィルターとして働き、光と影の一連の点を投影するわけではない。下の層にある葉が、上の層の葉と無関係な配列になっているのはそのためだ。層間の最小距離はさまざまで、陽光に満ちた地域なら葉の直径の50～70枚分、光が空のあらゆる方向からくる曇りがちの地域なら葉1枚分である。

人間の影響

　何世紀にもわたってわれわれは樹木の形を自分たちに合うように変えてきた。時にそれは楽しみであった。さまざまな形の美しさを想像して装飾的な刈りこみが行われてきた。イボタノキ類、ヒバやヨーロッパイチイなどの生垣づくりがそれだ。垣根づくりの枝ならしのほか、果実の成長促進のための枝打ちがある（リンゴでは果実と葉が同じ短枝についていれば強い光を受けて実は大きく、かつ赤くなる）。林業家は古くから木の間隔を調整することで樹冠の大きさと樹形を調節してきた。われわれはまた、成長を促進したり、あるいは抑制したりする化学薬品を発見した。たとえばマレインヒドラジドを新しい萌芽に与えると翌年の発生が抑制される。ジベレリンの生合成抑制剤（たとえばパクロブタゾール）は送電線付近での枝の成長を抑えるために用いられてきた。さらに好ましい形の樹木を創出しようと育種や選抜を盛んに行ってきている（第8章）。

　そのうえ、われわれは知らず知らずのうちに樹木の形を変えてしまっている。その最たるものが放牧家畜の影響であろう。家畜は若木をそのまま殺さないまでも、形のない藪にしてしまうことがある。大きな木は低い位置の成長部分を地面と平行に枝打ちされてしまい、草食動物が兎、牛、鹿のどれであれ、どの高さまで食害するかを示している。機械の使用も問題である。私の家の近くにあるいくつかの道路にはセイヨウシデが街路樹として植えられているが、それらはほとんど矩形に刈りこまれていて棒キャンデーのようになっている。車体の高い車両が繰り返し若い成長部分を枝打ちしているからだ。機械が樹木の死を手助けすることもある。芝刈り機などで樹皮に傷がつくと、樹木の死期が早まる。これを「シェフィールド胴枯れ病」と呼ぶ。

注1 ――1haの熱帯雨林には普通60～150種、時には300種に及ぶ樹木がある。これが温帯林になると平均25～30種。北アメリカの温帯林の樹種は400種に満たないが、マダガスカルには一国だけで4000種の樹木がある。
　2 ――常に例外はあるものである。セコイアの場合、芽は複葉の横か下側にある。

第7章　樹木の形

しかし「葉」は実際には多数の葉をもつ小さい枝であり、これは考慮しない（自然史のクイズのために覚えておくとよい）。

3 ── カンバ類、ハンノキ類、サクラ類、ユリノキのような温帯産の成長の速い樹木（熱帯産樹木ではより一般的）の個体では、芽はそれが形成された同じ年に成長することがある（同時枝と呼び、休眠芽からの先発枝と対比したものである）。

4 ── マツ類、カラマツ類、ヒマラヤスギ類は幼年時代に単葉をつけていて、ほとんどの腋には芽がある。これらの芽は成熟した樹木の特徴である針葉の束をつくるが、これらの針葉は（針葉樹で一般的な）腋の芽を欠いている。

第8章 世代の交替
──古い樹木から新しい樹木へ

　第5章では種子が地上に落下するまでの再生産のプロセスを扱った。この章では種子の発芽と稚苗の初期生存、そして種子に頼らないで新しい樹木を生み出す方法を見ていく。

種子

　種子は宇宙船に似ている。着陸した場所の条件がよくて水に恵まれれば、新しい世界で定住していけるだけのものを、種子はすべて取り揃えているからだ。外側をおおう種皮が中身を保護している（図5.13）。種子の中央には胚があって、この中には幼根と幼芽がある。種子のそれ以外の部分を占めているのは食糧だ。発芽するまで胚の生存を保ち、かつ光合成ができるまでに成長するには食糧がいる。この食糧が蓄えられているのは子葉（種子の葉）だが、子葉の外の内乳に貯蔵しているものもある（内乳というのは胚の短命な異母兄弟ともいうべきもので、すべての顕花植物にあるが、すぐに消費されるケースがほとんどである）。たとえばセイヨウトネリコの子葉は小さく、内乳に囲まれているのに対し、オーク類の子葉は種子いっぱいに大きく膨らんでいて、内乳が残存する兆候はない。内乳の顕著な例はココナツで、一部は液体（ミルク）、一部は固体（果肉）からなる。食糧がどこに蓄えられているにせよ、澱粉の形態をとるのが普通である。しかし小型の風媒種子では油脂であることも珍しくない。油脂は重量当たり、容積当たりのカロリーが高く、種子は身軽になって飛んでいける（とはいえ大型の種子でも油脂を含んだものがある。調理用のウォルナットオイルやチョコレートに使うココア油を思い浮かべてほしい）。しかしこれもタダではない。脂肪の生産にはより多くのコストがかかるし、腐敗しやすいために長くはもたないのだ。

種子の休眠

　熱帯樹種の大部分と温帯樹種の一部（春に種子を生産するニレの仲間はその典型；第5章）では、種子が落ちた後すぐ発芽する。しかしほとんどの温帯樹種の種子は秋につくられるため、暖かな秋の終わりに繊細な芽を出してしまうことがある。翌年の春に確実に発芽させる仕掛けが休眠である。樹種によっては種子が長期間休眠していて、少しずつ発芽したり、あるいは集団発芽のサインが出るのをじっと待つものもある。

　さて、休眠はどのようにして破られるのだろうか。一般的には冬期の冷気である（火と熱については第9章を参照のこと）。ただし種子のすべての部分が冷気を必要とするわけではない。たとえば、オーク類とガマズミ類の場合は、秋に落下した種子はすぐさま根が成長を始めるが（土壌が過酷な条件から保護している）、シュートが伸びるのは冷気の後からである。根が先行することで春に伸びだす稚苗も有利なスタートが切れる。出芽に関しては冷気の必要性は回避でき（第6章）、温和な冬の後、春の暖かさで発芽が誘発される。

　種子が落下しても胚が未熟ですぐには成長できないため、休眠することがある。その古典的な例がセイヨウトネリコだ。秋に種子が落ちて、冬の冷気の後、少し（5％以下）は発芽するが、残りはひと夏かけて胚を成熟させ、翌年春の発芽に備えなければならない。種子の落下から18カ月かかる。種子が動物に食われる危険もそれだけ大きくなるが、それを上回るほどの理由があるのであろう。

　冬眠の3番目の理由は、マメ類の仲間やその他多くの樹種に共通することだが、硬くて浸透しにくい種皮と関係している。種皮が水の進入をはばみ、なんらかの方法で種子が破れるまでは発芽が起こらない。そのきっかけとなるのは、昼の高温と夜の低温が交差する夏の温度変化、野火の高い熱（ハリエニシダとアカシア類）、あるいは菌による時間をかけた腐朽、動物の胃腸による部分的消化などである。ヨーロッパイチイやネズミサシ類の種子は鳥類の消化器を通って排泄され冷気にあたると、すぐさま発芽するが、地上に落ちただけでは、厚い木質の皮が腐朽して発芽可能になるまでに1年ないし2年を要する。1681年にモーリシャス島のドードーが絶滅して、アカテツ科の *Calvaria major* が稚苗を残せなくなったのも同じ理由による。この種子には15mmもの非常に厚い果壁があり、これを食べたドードーの砂嚢に数日とどめられて消化可能になるのである。排泄されるか吐き戻される種子はいつでも発芽する。テンプルはこの果実を七面鳥に食べさせて実験したところ、それが実証され、300年ぶりに稚苗が育った。象やサイ、コウモリも発芽の改善に関係づけられてきた。食されないと1〜2％しか発芽しない樹木の種子が食されることで50％以上の発芽率になるのである。もっとも、中には種子を捕食する昆虫が殺されて発芽が促進されることも

ある。種子の外皮が硬いのは外国の珍しい植物に限られているわけではない。殻斗果（どんぐり）でも外皮が最初に除去されると、早く完全に発芽する。

　込み入った休眠もある。セイヨウヒイラギがなかなか発芽しないことに腹を立てていくつかの種子を開いてみると、胚がないので、これは不稔だと即断しがちだが、実際に発芽をはばんでいるのは二段構えの休眠である。硬い外皮で水の進入がはばまれているが（鳥類の胃を通れば入りやすくなる）、いったんこれが解決すると、微小な胚ができ、温和な期間が長く続いた後はじめてこれが成熟する。

　園芸家は以前からこの自然のプロセスをまねてきた。種子の低温処理と呼ばれるもので、湿った土に混ぜて冷蔵庫に入れておくのである。もう一つの方法は、ナイフで傷をつけるか酸に浸すかして硬い外皮を破り、発芽を促すことである。

　樹木の種子の中には、光を与えないと発芽しないものがある。普通これらは小粒の種子で、発芽にあたって埋まっている深さや被陰の程度を知らせる物理的なシグナルを必要とする。必要なのは通常の光ではない。種子で光を感知するのは色素のフィトクロムである（第6章）。赤色光（波長660ナノメーター前後）は休眠を破る傾向があるのに対し、遠赤色光（波長760ナノメーター前後）は休眠を誘発する。葉を通過する光は遠赤色光の割合が高い。したがって光を要する種子は他の樹木の下では発芽が困難になるだろう。これは生態学的に見て意味のあることだ。稚苗が出たとしても強い被陰で枯れてしまうのはほぼ確実である。それよりもギャップができるのをじっと待つ方がはるかに賢明だろう。いくつかの樹種の発芽でまず光が求められる理由は、フィトクロムのこうした切り替え効果にあるのかもしれない。草本植物でなされた研究によると、緑色の果実でおおわれた種子は大量の遠赤色光を得て、光の要求が引き起こされる。種子が乾き、活動しなくなると、この要求がセットされる。しかし種子が乾燥する前に緑を失うと、フィトクロムは活動形態にセットされているため、発芽に光はいらない。大部分の樹木の種子が光を必要としないのは、厚い果実にはばまれて遠赤色光が種子に届かないからであろうか。

　寒気の要件が回避できたように、光でもそれが可能であって、カンバ類は温度があれば暗所でも発芽する。

土壌の種子銀行

　地上に落下した種子が最初の春に発芽せず休眠を続けると、土壌の種子銀行に貯蓄されるだろう。どれくらい長く生きつづけられるかは、食糧の備蓄がどれほどもつかということと（すべての生き物は呼吸し、エネルギーを燃やす）、捕食者や菌類の攻撃からどこまで逃れられるかによる。種子銀行でとくに目立つのは、空き地に侵入して成熟した森から消えていく先駆種である。先駆樹種は目立たない小さな種子をもつ

か、よく保護された大きな種子をもつかのどちらかである。カンバ類や熱帯雨林の先駆種が前者の例で、捕食者の目にとまりにくいが、おおむね短命である（平均するとおそらく2～5年だろう）。他方、サクラ類、ハリエニシダ、キイチゴ、ラズベリーは後者で、150～200年も生きつづける。単位面積当たりの種子数も非常に大きくなることがある。ヨーロッパでは、硬い種子をもつハリエニシダやエニシダがそれぞれ1 m^{2}当たり3万以上、5万も見つかったという例がある（草本種では50万になることもある）。

その他の種子散布戦略

　ヨーロッパの主要な森林樹種（オーク類、ブナ、トネリコなど）では種子銀行に種子をためる例はきわめて少ない。事実、殻斗果は乾燥により簡単に死んでしまう（「扱いにくい強情者」と呼ばれるゆえんだ）。だからすぐに発芽するか、まったく駄目になるかのいずれかだ。前述したように、落下した後ただちに根が生え、翌春には地上にシュートが出てくる。殻斗果は木から落下するとき45％ほどの水分をもっているが、水分が25％まで下がると発芽しなくなる（冷たい水に48時間浸しておくと、いくらか戻すことができる）。
　これらの樹種が種子を土中に貯蔵しないのは、別の戦略で子孫を残すチャンスを大きくしているからであろう。たとえば、根元からの萌芽（ニレ類）や根からの萌芽（サクラ類）、さらに食糧になる実をつける（捕食者を飽きさせることと種子の長命は両立しない；第5章）ことである。あるいは、ブナや北アメリカのバルサムモミ、サトウカエデのような陰樹の多くは、日陰では成熟までには至らないが、発育不全のまま長く残存する稚苗を集団的に生産する。この「苗木銀行」に預けておけば、上をおおう1本の木が枯死してギャップができたとき、種子から出発するよりも有利である。

火と樹上での貯蔵——セロティニー

　種子が熟しても、それを落とさないで樹冠に蓄える樹種もある（正式には「セロティニー」と呼ぶ）。この種の樹木は世界で1000種にものぼり、ユーカリやオーストラリアのモクマオウ、北アメリカのジャイアントセコイア、それに多くのマツ類が含まれる。通常は何かの環境変化が引き金になって種子が放出される。砂漠の低木や多肉植物であれば降雨だが、もっと一般的な引き金は火である。このセロティニーが、なぜ、いかにして機能するか、そして種子を土壌にためるより有利なのはなぜかについては、第9章で詳しく議論することにする。

種子の大きさ

　世界でもっとも小さな種子をつけるのはランの仲間である。スコットランドのランの一種は1粒当たり0.000002g、1kg当たり5000万粒の種子をつける。樹木の種子はだいたいにおいて大きくなる傾向があり、並べると大きい方の極に偏ってくる。木本植物の最小はイギリスの高地に生えるヒースのもので、1kg当たり3300万粒。逆にトチノキ類は1kg当たり100粒にもならない。これがセイシェルのダブルココナツになると、一つの実の重さが実に18〜27kg、長さは45cmにもなる（ちなみに、このヤシの海による散布がよく知られているのは、死んだ実が2000kmも離れたモルディブ島の海岸に打ち寄せられていたからである。しかし新鮮な種子は海に沈む！　私たちが買って食べるココナツは確かに漂流する；第5章）。

発芽

　休眠が破られ、発芽条件（暖かさと水分、それに時として光）が整うと、発芽が始まる。水を吸収して種子が膨らみ、皮が破れる。安定した水分の供給を求めて幼根が出ると、すぐ続いて若いシュートが出てくる。シュートが地上に出た段階で、子葉（種子の葉）に二つのことが起こる。マツ類やブナのような小粒の種子では、子葉の下のシュートの部分が急速に拡張して、子葉をシードケースに入れたまま地上まで引っ張り上げる。子葉はそこで展開して緑色になり、光合成を始める（図8.1a,b）。若い稚苗は、蓄えられていた食糧とともに、子葉が自分で生産した食糧を利用するようになる。子葉のこうした二重の機能は一般に1〜2カ月続き、最初の本葉が展開し、食糧の蓄えがなくなると子葉はしおれ、倒れてしまう。これは「地上発芽」と呼ばれるタイプで、カエデ類、ブナ、トネリコ、大部分の針葉樹、それに種子の小さな熱帯樹種に見られる。

　もう一つの方法として「地下発芽」がある。子葉の上にあるシュートが成長して、幼い葉を地上に引き上げ、子葉は地下に残る（オークがその例である；図8.1c）。もちろん子葉は光合成ができず、自分で食糧を得るには最初の真葉がその機能を果たせるようになるまで待たねばならない。これは一見、太陽を求める競争でひどく不利なようだが、このパラドックスを解く鍵は種子の大きさにある。地下発芽をするのは、オーク、クルミ、トチノキ、サクラ、セイヨウハシバミ、パラゴムノキなど実の大きいものばかりだ。食糧のすべてを地上に出しておくのは草食動物に食われる危険が大きい。それに子葉はけっこうかさばるので、これを地上に引き上げるのは容易ではないし（おまけに繊細な根を傷める可能性もある）、また中空で支えるには重すぎる。

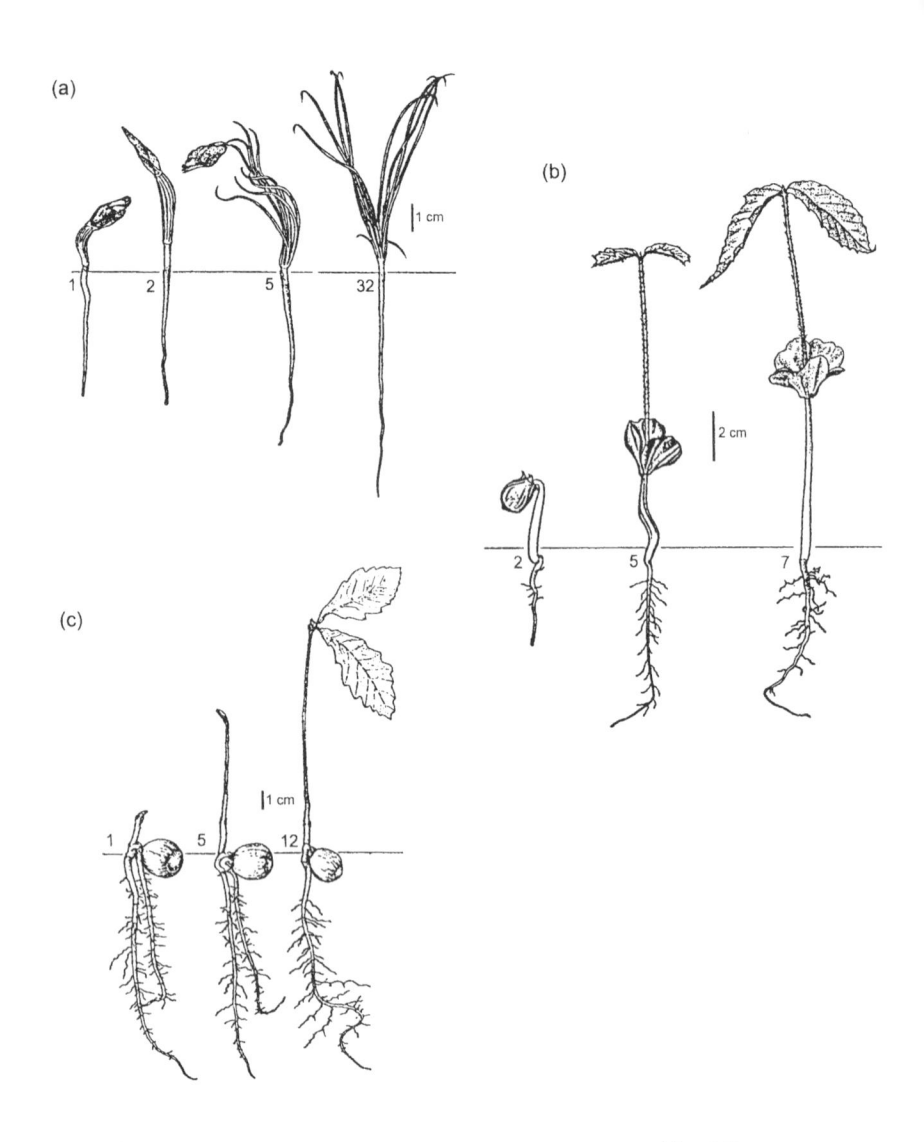

図8.1 (a) 発芽後1日、2日、5日、32日が経過したダイオウショウの稚苗、(b) 発芽後2日、5日、7日のアメリカブナ、(c) 発芽後1日、5日、12日のバーオーク

マツやブナの発芽は子葉を地表の上にまで持ち上げるが、オークの場合は子葉が地中にとどまる。またマツには1ダースないしそれ以上の子葉があるが、双子葉の広葉樹は二つ、進歩した単子葉は一つしかない。ただしセイヨウカジカエデは3ないし4の子葉をもつことがあるし、私が1998年発芽させたクラブアップルにはいくつかの余分な子葉があった。例外も珍しくないのである

サイズの大きい子葉が地下にうまく隠れていなかったとしても、それが稚苗の残存に直接かかわってくるわけではない。ヨーロッパで殻斗果の散布を担うのは主にカケスで、カケスはこれらの実を隠しておいて冬の食糧にするのだが、食べられなかったものは発芽して、次世代のオーク類を残すことになるだろう。春になって稚苗を見つけたカケスは、これをぐいと引っ張って子葉のある果実を露出させ、それだけを切り離して食べることがある。小さな苗木は引き抜かれるが、その多くは無傷で生き延びる。実験の結果によると、養分の乏しい土壌であっても、こうした扱いで苗木の残存と成長が左右されることはほとんどない。ひとたび最初の葉が出ると、苗木は子葉を必要としないようである。では、オーク類の殻斗果がこうも大きいのはなぜか。それを次に説明しよう。

種子の大きさのもつ意味

　地中海地方のイナゴマメの種子は、大きさがよく揃っていて金の測定単位（カラット）として使われたほどである。ほとんどの植物ではこれほど規則的ではないが、種子の重さは驚くほど一定している。生育条件によって異なってくるのは、種子の数であってその大きさではない。このように植物の定着にとって種子の大きさは決定的な役割を果たしている。とはいえ木の最終的な大きさとはあまり関係がない。世界最大の樹木であるセコイアやジャイアントセコイアの種子もボックス8.1にある序列からするとかなり下の方にある。

　一般的にいって、種子のサイズというのは微妙なバランスで決まってくる。つまり、一方では種子の数をなるべく多くし、（風散布の種子では）飛散距離をなるべく長くするには小さい方がいい。しかし稚苗をうまく発育させるだけの大きさがなければならない。空き地に侵入してくるカンバやドロノキのような先駆樹種は、最大限の拡散をめざして飛散に便利な小型の種子をつける。逆に、ブナやオークのような強い日陰で生育する樹種では、エネルギーや養分、時には水分の多い大型の種子の方が都合がよい。大きな種子はより大きな稚苗を出すので、比較的簡単に林内の暗い落葉層や草本層の上に頭を出すことができる（オークの稚苗は最初の葉が出るまでに5～10cm伸びることができる）。食糧の備蓄が大きければ、光のギャップができるのを種子銀行でゆっくりと待つことができる。

　しかし日陰対策は物語の一部でしかない。林内では落葉が分解されないまま深くたまっているので、種子がその上に落ちると急速に乾燥して根の浅い稚苗は定着できなくなってしまう。大きな種子であれば、大急ぎで根を下ろして落葉層の下の土壌に到達し、安定した水分補給にありつく可能性が高い。種子の小さい先駆種が侵入するのは落葉層のない空き地が多い。また、気候的には常時湿潤なところで小型種子の森林

ボックス8.1　1kgに含まれる種子の平均数（洗浄された種子で果肉を除く）

セイシェルのダブルココナツ	1個がなんと18〜27kg
ココナツ	4
ペルシャグルミ	85
セイヨウトチノキ	90
ヨーロッパグリ	250
ブリティッシュオーク	290〜400
セイヨウハシバミ	1,200
セイヨウカジカエデ	3,300
動物撒布のマツ	
シベリアマツ	4,000
スイスストーンパイン	4,400
ホワイトバークパイン	5,700
ヨーロッパブナ	4,500
セイヨウナナカマド	5,000
セイヨウトネリコ	14,000
セイヨウシデ	24,000
風撒布のマツ	
ポンデローサパイン	26,500
ストローブマツ	58,400
ヨーロッパアカマツ	200,000
フユボダイジュ	32,000
セイヨウキヅタ	49,000
セイヨウニレ	73,000
セイヨウヒイラギ	125,000
ハリエニシダ	150,000
ヨーロッパカラマツ	160,000
ドイツトウヒ	196,000
ジャイアントセコイア	200,000
ニオイニンドウ	220,000
セコイア	260,000
ヨーロッパハンノキ	770,000
シルバーバーチ	5,900,000
ヨーロッパヤマナラシ	8,000,000
ドワーフバーチ	8,450,000
ポンティックロードデンドロン（シャクナゲ類）	約11,000,000
ヒース	33,000,000

樹種が増えてくる。さらにココナツのような海岸性の樹木の種子が大きいのは、根を早く伸ばして海水の影響のない深い層から水を吸収する必要があるからである。事実、巨大種子のセイシェルのダブルココナツは、若い胚を地下50cmくらいまで下ろし、横方向には3mも広げていく。植木鉢で育てにくいのは当然だ（このように種子の中身を地下深く沈めるものは「偽装発芽」と呼ばれ、頻繁な野火から種子を守るアフリカの樹木に見られる）。大きな種子の泣きどころはその育成コストである。セイシェルのダブルココナツは一度に4～11しか実をつけず、しかも成熟するのに10年かかる。

　種子の大きさを左右する要因はまだほかにもある。大型の種子は、草食動物からすると魅力的な食糧であるが、これを隠すのは容易ではなく、食われないようにするにはそれなりの投資を必要とする。したがって小さくした方が「より安くつく」点がどこかにあるであろう。たとえば、中央アメリカのマメ科の樹種は、種子の中に棲むマメゾウムシ類の幼虫に悩まされているが、それは種子の大きさによってきれいに分かれてくる。ある樹種は毒物で重装備した大型の種子（1粒当たり平均3.0g）をもち、別のものは小型の種子（平均0.26g）をつけ、攻撃されてもいくらかは見過ごされることに期待をつなぐ。さらにある樹種の種子はあまりに小さすぎて（0.003g）、幼虫が生育できず、被害を受けないといった具合である。土壌の肥沃度も種子の大きさの進化に影響を与えた可能性がある。土地が痩せていて植生被覆の生育が遅いところでは、先駆樹種の種子は小さくなるだろう。近隣の植物との競争が少ないので食糧の備蓄が不要なうえに、種子が小さければ広く拡散して定着できる確率が高まるからだ。逆に、密な森林の痩せた土壌に侵入する樹種では、養分の豊かな重い種子をつけた方が先陣争いに有利だろう。その証拠に熱帯の痩せた土地では巨大な種子をつけるものが多く、果実があまりに重いため、細い枝ではなく幹にならせるものもある（第5章）。

　話はまた複雑になるが、巨大種子というのは、確実な定着とは関係なく、むしろ動物に散布してもらうことをねらった適応かもしれない。もう一度カケスの例でいうと、ヨーロッパのオークは種子の散布をもっぱらカケスに頼っているが、この鳥は大きな殻斗果を保蔵する習性があり、オークは定着よりも散布のためにその種子を大型に進化させた可能性がある（子葉の除去が稚苗に影響しない理由もこれで説明できる；前述の「発芽」の項参照）。世界中に広く分布するマツ類の多くも他のカラス類に依存しているが、これらの種子も羽根のない大きなものだ。1 kg当たり4000～6000粒で（ボックス8.1）、風で広がるヨーロッパアカマツの1 kg当たり20万粒と対照的である。

成功の確率

　1本のオークはその生涯に500万粒以上の殻斗果を生産し、カンバに至ってはその

短い一生の間に何億という種子を生み出すだろう。しかしこうした種子が周辺にはびこっていないところを見ると、死亡率はかなり高いはずである。当然のことながら、種子と虚弱な稚苗は死亡率が高く、年を重ねて成人するほど生存率が高くなる。大ざっぱな目安としては種子の死亡率はしばしば95％くらいになることがある。発芽する5％のうち95％くらいは最初の年に枯死するだろう。むろんこれは一般論で、種子や苗木の枯損率は年や場所によって、あるいは地すべりや火山噴火などの自然現象によって大きく変わってくる。生存率の目安としては、1000粒の殻斗果のうちの1粒が稚苗になり、成熟したオークになるのは100万粒のうちの1粒という見当であろう。これは途方もない浪費である。人間が数個の種子を植木鉢に撒くと、そのほとんどがうまく育つのに、なぜこうした無駄が起こるのか。移動できないという植物の宿命がそこにある。種子を別の場所に運んで根づかせるには、動物や風のような媒介物を必要とするが、そのいずれもあまりあてにならない。窓からひと握りの種子を庭に投げて育てるとしたら、何が起こるか想像されたい。加えて病気や害虫がはびこる中で、数本の木を生き残らせるには、大変な数の種子がいるのである。

　新しい稚苗が間をおいて形成されるのも珍しいことではない。それというのも、密に茂った林内では1本の木が倒れて空間ができたときだけ、苗木の生成があるからである。また環境の攪乱、たとえば野火、なだれ、暴風、地震、火山の噴火などが条件になることもあろう。チリのナンキョクブナは400年も500年も生存するが、その苗木の不足が憂慮されるのは、大きな地震の後でないと出てこないからである。樹木の寿命に合わせた時間のスケールで稚樹の形成を確かめないといけない。500年以上生きつづけるオークでは、数十年の不作など大海の一滴でしかない。同時に、人間がなんらかの役割を果たしている場合には、人間のせいで新しい稚樹が出なくなることもある。この数十年間オーク類の稚樹が少なくなったのは、カケスが迫害されて減少したからだとも（幸いこれは過去のことになった）、あるいは大型の草食動物がいなくなって良好なシードベッドが形成されなくなったからだともいわれる。確かに、オークやブナの森で「近年」稚樹が見られないのは、ウシやブタの林内放牧が中止されたからだと主張する人もいる。

　少数の樹種が均等に広がって優占する温帯林では、稚苗の残存はかなりランダムで稚樹の密度とあまり関係がない。ところが、とくに熱帯林の樹種では、近くにどれくらい苗木があるかによって生存率が変わってくる。稚樹が一つのところに詰めこまれたとき生存率が最高になるものと、離れているときに最高になるものとがある。藪状に生き残る前者のケースは、捕食者の飽食による種子の残存と同じ原理（第5章）によるものだ。小さな面積にあまりにも多くの稚苗があると、その近くにいる草食動物では食べきれず、一部のものが生き残るのである。ほとんどの種子は遠くには飛ぶことができず、親木の近くで稚苗がかたまって成立するというわけだ。その反対に仲間から離れたところ（散布域の外縁）でよく生存するのは、特定の種類の苗木を求めて

広い面積をさまよう捕食者の目にとまりにくいからである。藪になって生えていたのではすぐに見つかって食われてしまう。この「逃避仮説」を使えば、熱帯樹種の個々の樹木が温帯樹種のようにかたまって成立せず、なぜ広い間隔で林内に分散しているかを説明できるかもしれない。

種子を使わない樹木の再生——無性繁殖

　既存の樹木の断片から新しい樹木を生み出す方法はいくつかある。根からシュート（根萌芽）を出す例は温帯樹種に多く、ニレ類、サクラ類、プラム類、ニセアカシア、モミジバフウ、ドロノキ、ポプラ類などに見られる。最後の二つの樹種は比較的簡単に根萌芽を出して、種子での再生が困難な場所にも侵入していく。北アメリカの氾濫原に広がる広大なドロノキやポプラの林分はこのようにしてできたものだ。何ヘクタールもの土地に成立する何千本もの樹木はすべて1本（ないし数本）の親木のクローンであり、遺伝的に親と同一である。上述の樹種の中にはダメージがないとなかなか根萌芽を出さないものがある。私の家の近くのサクラの木は5年前に強く枝を下ろされ、根の方も溝掘りの被害にあった。それ以来この樹木は幹を中心に半径10mの円内に根萌芽を伸ばしていたのである。

　垂れ下がって地上に接した枝が根を出し、そこから新しい幹が垂直に立ち上がることがある。この「取り木」は、根萌芽と同様、熱帯ではまれで、湿潤なピート土壌の多い高緯度の場所や高地に見られる。とくに針葉樹がこれを得意とし、北半球ではトウヒ類、ネズミサシ、モミ類、ヨーロッパイチイ、ツガ類、ヒノキ類、南半球ではマキ類がある（ただしマツではまれ）。広葉樹でもレンギョウや萌芽で出てきたセイヨウシデのいちばん下のシュートのように自然に取木するものもあるが、全体としては例外的である。ただし人工的には不可能ではなく、挿し木の難しい樹木を取木で増殖することがある。

　また樹木から小枝が折れたり下に落ちたりして（第7章）、地面に突き刺さり、これが自然の挿し穂となって新しい木になることもある。これがうまくいくのは湿った場所だ。一つの川筋のポプラやヤナギがすべて雄ばかりか、あるいは雌ばかりになって、種子で期待されるような雌雄混合にならない理由がここにある。ポプラやヤナギは、養分に富み、芽がたくさんついた非常に健康な枝を落とすのである。繁殖材料としては最高のものだ。唯一のトラブルは、折れた枝から木が再生するのを野生の状態で確認した研究がないことである！

　前に見たように、ほとんどの広葉樹と一部の針葉樹は、樹冠が傷められて頂端調節が除去されると、株から再生してくる。古い芽や新しく形成された芽（それぞれ上茎芽および不定芽と呼ばれる；第3章）が、蓄えられていた食糧と古い木の根を使って

幹に成長する。ただし、これは以前の木に置き換わっただけなので、繁殖と呼べるかどうか論議のあるところだ。

マイクロプロパゲーション（組織培養）を用いて人工的に新しい樹木を生み出すこともできる。1本の木からとった細胞を実験室で育て、元の木と遺伝的にまったく同一の個体をつくるのだ（クローニング）。種子による増殖は予測不能な遺伝的変異をともなうが、クローニングではその心配なしに優秀な樹木を再生産することができる。この種の技術は、サクラ類のような木材用の樹種やナツメヤシのような果樹木に援用されている。

新しいタイプの樹木の生産

とくに若木の挿し穂から根を出させ、新しい樹木をつくり出すことができる。これによって新しい種を生産することはできないが、新しい成長形態（栽培品種）を創造することは可能だ。これは挿し穂がその成長の仕方を「記憶」する方法に依存している。1本の木の先端からとられた挿し穂は直立して速く伸張するが、横枝を根づかせるとしばしば横向きに成長し、匍匐性の低木か、せいぜい成長の遅い低木的な個体になってしまう。成熟したセイヨウヒイラギやニセアカシアの先端からとげの少ない部分（温帯の草食動物ではここまではとどかない。自然は無駄なことはしないのである）を挿し穂に使うと、とげのない品種ができる。

新しい品種の誕生は遺伝的な突然変異や変種の出現によることもある。遺伝子のコードに突然変異が生じて、一つの種子から異常な個体（変種苗木）がごくまれに生じることがある。カッパービーチ（秋に葉が橙色になる）はこのようにして出現したもので、ヨーロッパの大陸部で野生で生育しているのがいくつか確認されている（とはいえ、ほとんどの変種苗木は保護された苗床でしか生存できないだろう）。この種の愛くるしいブナがほしければ、何千もの種子を撒いて変種の発生にはかない望みをかけるよりも、挿し穂を使う方が簡単である（カッパービーチの種子でも大部分がグリーンか薄い色のついた苗木ができる）。

もっと一般的なのは、一つの木から異常な枝を見つけることだ（芽や枝の変種）。これからとった挿し穂が根づくと、全体が変種タイプの木ができる。ピンクのグレープフルーツ、タネなしブドウ、ネーブルオレンジなどは、こうした枝から生まれたものだ。1本の大きな木には1万〜10万の成長点（芽）があり、突然変異の出現率が比較的低い1万分の1であったとしても、かなりの数の変種が生まれるはずだ。突然変異の大部分は有害なものでその枝はすぐに死んでしまうが、時どき好都合なものが出現して、増殖に値するような変種になるのである。同じような突然変異が繰り返し起こることがあるため、似たような変種がたくさん市場に出てきて、区別しにくい。

突然変異で出てくるのは、矮小化したもの、形が奇妙なもの、色の変わったもの（多様な斑入りや金色の針葉を想起されたい）などである。さらには若い葉を成熟するまで持続させる若齢固定（大部分は針葉樹；第2章）があって、サワラから「鱗」や「羽毛」のある変種が出てくるのはそのためだ。ただ、芽の変種から繁殖した樹木は不安定で、盛んに葉を茂らせて元に戻りやすいので注意を要する。これを防ぐにはこの葉を刈り取らねばならない。

広葉樹の「天狗巣」から挿し穂をとると、時どき矮性の樹木になることがある。小さな枝が異常に多く出て鳥の巣状を呈する天狗巣がなぜ生じるのか、その原因はほとんどわかっていないが、第9章を参照されたい。

交雑（通常、比較的系統の近い種のかけ合わせ）も新しい樹木を得る手法である。これはしばしば自然に起こるが、人為的にできないことではない。意図的につくり出された雑種の中で、もっとも有名なのはカラマツの雑種（Larix × eurolepis）[注1]である。これはヨーロッパカラマツとニホンカラマツのかけ合わせで、少なくとも若いうちはどちらの親よりも旺盛に成長し、林業家に好まれている。イギリスの都市域に広く散らばり、よく知られている雑種はレイランドイトスギである。これは属の違うアメリカヒノキとモントレーイトスギのかけ合わせである。この雑種は1988年にウェールズのレイトンパークで誕生した。たまたま2種の親木が近くで育っていたのである（両者の自然の分布域は北アメリカの西海岸で、互いに300マイル以内に近づくことはない）。J・C・レイランドはアメリカヒノキの種子から6個体を育てたが、1911年に逆交配が生じ、モントレーイトスギから採取された種子が2本の苗木をもたらした。レイランドイトスギは、雑種の活力があって最高樹高は35mに達し、なお力強く成長している。この調子でいくと世界一背丈の高い木になる可能性があるともいわれているので、われわれをあっといわせるかもしれない。動物と違って植物の雑種はしばしば完全な不稔である。交雑が一般的な樹木の仲間（カンバ科、マツ科、バラ科、ヤナギ科）で親木との戻し交雑が起こってさまざまな中間種ができるのはこのためだ。フィールド調査を手がける植物学者や植物の同定テストを課された学生にとってはとんだ災難である！

接ぎ木も新しいタイプの樹木（少なくとも大きさの違った樹木）の創造に使われる。一つの木の先端（接ぎ穂）を別の木の根元（台木）に接げばよい。弱い木は別の木の強い根の恩恵を受けるし、リンゴのような元気な木は矮性にする台木に接ぐことで小さく保つことができる。接ぎ木で問題なのは、台木から盛んに出るシュートを刈りこまないとひ弱な接ぎ穂がやられてしまうことだ。さらに接ぎ穂と台木の直径成長が同じくらいでないと不格好な樹木ができてしまう（図8.2）。

接ぎ木が新しい樹木の創出法かどうかについては議論があるだろうが、非常に興味深い事実も見つかっている。接ぎ穂と台木は接合点でつながっているだけだが、接合点から出てきた芽が時どき二つの植物の奇妙な複合体になることがある。中の部分と

図8.2 接ぎ木したトネリコで問題なのは、接ぎ穂よりも台木が速く成長したり（手前の木）、この逆が起こったり（後方の木）することである。キューの王室植物園で

薄い表皮の部分は別の植物ということになり、接ぎ木雑種、ないしは接ぎ木キメラが誕生する（キメラというのはギリシャ神話に出てくる火を噴く怪物で、頭はライオン、体はヤギ、尾はドラゴンである）。おそらくもっともよく知られた木本の接ぎ木雑種はキングサリとエニシダの一種（*Cytisus purpureus*）の雑種だろう。1825年にフランスのアダムという苗木屋の畑で最初の接ぎ木の個体が誕生し、それからとられた挿し穂で広がっていった。この木の全体の形は台木となったキングサリを受け継いでいる。しかし表皮の方は細胞一つ分だけだがエニシダ類のそれであり、葉や枝は形こそキングサリの痕跡を残しているもののエニシダである。花はエニシダの紫色になるか、キングサリの黄色になるか、あるいはその混合になることがある（真ん中で二分されて半分が紫色、半分が黄色という具合に）。通常、接ぎ木雑種の花は不稔であるか、髄に親木の種子をつける（この場合はキングサリ）。これらの樹木は普通安定しているが、いくつかの芽が中の種の枝になるかもしれない。カットリーフあるいはファンリーフと呼ばれるブナの栽培品種は、通常のブナにカットリーフタイプの表皮がつい

たものだが、枝の方は通常のブナか中間形になることが珍しくない。

　面白いことに、キメラにはまた別のタイプがある。斑入りの植物は一つの個体の中で成長点に突然変異が起こって自然に生じたものだ。大部分の植物の成長点ないしは分裂組織は、本のページのように細胞の独立した層からできていて、各細胞は始原細胞から派生したものである。始原細胞の突然変異はその層を通して広がっていくだろう。無色と緑色の層がサンドイッチ状になる芽の突然変異は、ゲラニウムのほかカエデ類からセイヨウヒイラギ類まで多くの樹木に見られるように、白色で縁取られた斑入りの葉をもたらす

注1――同じ属の二つの種の雑種は新しい種名の前に×印をつけて表記し（たとえば *Larix × eurolepis*）、属が異なる場合は新しい属名の前に×印をつける（たとえば *× Cypressocyparis leylandii*）。同様にして接ぎ木交雑の雑種は便宜的に＋印をつけて表記する。

第9章 健康と損傷と死
──過酷な世界に生きる

　樹木が生きていくのは容易なことではない。光や水分、無機塩類をめぐって周辺の植物と絶えざる争奪戦がある。そのうえ、樹木から食物を得たり、樹木を好適な棲みかと見なす生き物たちの注意を払いのけなければならない。木の大部分を昆虫が食べつくし、丸坊主になることもあるのである。大食漢の大型の動物は、食葉性のサルを除いて、地上を徘徊し、樹木の下の部分の葉を食べつくす。キリンになると5.5mの高さまでとどく。木に登ったり空中を飛ぶことのできる動物たちは、もっと養分に富んだ花や果実、糖分の多い内皮をねらって群がってくる。1880年代に北アメリカからイギリスに導入されたハイイロリスなどはその典型だ。甘い樹液を好むこのリスは春に広葉樹の外皮をはいで、大きな被害をもたらしている。自生した林分の広葉樹は樹液が少なく、ほとんど被害を受けない。郷土の北アメリカで問題が起こらなかったのはそのためだろう。ところが、手入れの行き届いた植栽木は樹皮が薄くて樹液が多いので、容赦なく攻撃される。とくにブナとセイヨウカジカエデの被害が大きく、その結果、リスにあまり食われないトネリコやシナノキ、野生のサクラ類がイギリスで優占するおそれさえある。

　動物の中には木で住みかをつくったり、樹木に住みつくものもいる。ワシ類などが巣づくりのためにかなり大きな枝を引きちぎる例がある。これらは罪のない方だが、樹木に完全に寄食する動物もいる。タマバチの幼虫は寄主植物の特定の部分（樹種により葉、花、果実、幹など）に虫こぶ（ゴール）を成長させる。盛り上がった組織は滋養分が多く、それが幼虫の住みかとなり、食糧源ともなるのである。異常にたくさんの細い小枝がほうき状に出てくる「天狗巣」もさまざまな生物体によって引き起こされたもので、カンバの菌類（*Taphrina betulina*のような）によることもあるし、ダニによることもある。さらに北アメリカでは*Arceuthobium*類のような小さなヤドリギが原因になっている。この種の寄生動物としては、このほか通常樹木の根に寄食するものや、開花時だけに見られるものもある。ハマウツボ類（*Orabanche* spp.）やヨーロッパのヤマウツボ類（*Lathraea squamaria*）が後者の例だ。これに対してセイヨウヤドリギは部分的な寄生である。樹木の導水組織から水分をとるが、必要な糖分は

自らの緑葉でつくっている。

　地衣類やツタのような着生植物は、太陽に近づける場所として樹木を利用しているだけだ。樹木から何もとっていない。しかし、パイナップル類やオーキッドなどの熱帯の着生植物は雨で葉や枝から洗われる養分を横取りして、木の根まで届かないようにすることがある。こうした「養分の略奪」は熱帯樹木の健康に影響することがあり、キャノピー・ルート（樹冠根）が出る理由にもなっている（第4章）。セイヨウキヅタが木を殺すかどうかについては以前から論議のあるところだが、健全な樹木なら問題はないという見方が正しいと思う。木が年をとって弱ってくると、常緑のセイヨウキヅタのために木全体が強い風圧を受けることになり、強風が吹く冬季に倒されやすくなる。セイヨウキヅタが健康な樹木の葉を圧倒するのはまれであり、トネリコを除くと樹冠内部の照度は低くて花をつけるセイヨウキヅタのシュートは成長をはばまれている（第7章）。新規の成長に影響が出てきそうなのは、これらのシュートが藪のようになって伸びてくる場合である。

　被害のリストはまだ続く。病気の被害は無視できない。とくに木の根や幹を襲う菌による病気は樹木の健康にとって脅威である（詳しくは後述）。バクテリアや、あるいはウイルスなどもかかわってくる。たとえば「水食い材」というのは木材の一部にメタンを多く含んだ湿性の腐れができることだが、これはバクテリアによるものだ。

防御

　樹木は大地にしっかりと根を下ろしているので、たとえ環境が過酷であったり、厄介な動物や病気にねらわれるにしても、その場所から逃げ出すわけにはいかない。移動という選択肢があるのは種子だけだ。しかも樹木の寿命は長いから、生涯に直面する問題の数は限りなく多い。そのため樹木はその存立する場所で自らを守るべく、感心するような防御手段をいろいろ編み出すことになった。生きた樹皮の寿命はせいぜい20年か30年であり、葉や花、果実になるともっと短命である。こうした部分の防御は非木質の植物とそれほど変わらない。防御面で真に特異なのは、何百年、時には数千年にわたって生きながらえる木質の骨格部分をどのようにして維持するかである。以下、これについて考えてみよう。

最初の防衛ライン──損傷を阻止する

物理的防御──針、とげ、いが

　大型の草食動物は、いくらかの小枝とともに大量の葉を摂食する。葉の栄養価は低いので、どうしても量で稼がざるをえない。これに対する防御策は針、とげ、いがである。針ととげは植物学的には同じもので、葉や葉の一部、あるいは茎の変形である（図9.1）。メギ属の仲間では、サボテンのように葉が変形して針になり、その枝には緑の葉がつかない。新しい葉は、（通常の）次の年でなくその年に成長した葉腋の芽から生産される。セイヨウヒイラギには針になる縁があって、中間形態とみてよい。ニセアカシアの場合は托葉（葉脚から派生したもの）が変形して針になる。サンザシ類やトキワサンザシ類では葉の上部にとげがあるが、このとげは枝の変形で、芽から伸びていることを示している。これらの樹木はとげのそばで余分な芽を狡猾に伸ばしているので、次の年も成長することができる。この場合も中間形態があって、ある種のエニシダ、ブラックソーンやサクラ類の仲間は正常な枝の端にとげをつくる。

　バラ類とキイチゴ類のいがは、とげとはまったく異なり（図9.1）、単に樹皮や生皮から生じたものなので（したがって維管束組織がない）簡単にとれてしまう。これらのよじ登り植物はこのいがを防御に使う一方で、這い上がっていくときの留め金（フック）としても役立っている。

　針やとげはその生産に費用がかかるから、本当に必要な場所にだけつくられる。ほとんどの食葉動物は体重が重すぎて登ったり飛んだりすることができず、もっぱら地上で葉を食べる。セイヨウヒイラギのような樹木がおおむね樹冠の下部2mまでしか針をつけないのも頷けるだろう。しかし一部の樹木にとげがあって、その他の木にないのはなぜだろう。ケンブリッジ大学のピーター・グラップは、この一見でたらめな分布を次のように説明している。まず物理的な防御が見られるのは、おおむね栄養成長がまれな生育地である。砂漠や荒れ地にとげ植物が多いのはそのためだ。また森林内のギャップに侵入した植物にも、サンザシ類、リンゴ類、アメリカサイカチやニセアカシアのように、とげのあるものがある。これも他の植生が大型草食動物の手の届くところになく、食糧が不足しているからだ。セイヨウヒイラギの場合も、落葉した木々の中に常緑で混じっているため、冬場の貴重な食糧になる。事実、イングランドのペニン地方の南部では、羊飼いたちは他の食糧がなくなる春先にヒイラギの上部の枝（ここにはとげがない！）を切り取って家畜に与えたものだ。さらに、ヤシや木生シダの成長点のまわりに針があるのは、一つしかない成長点が駄目になると木全体が死ぬことになり、投資する価値が十分にあるからである（第3章）。

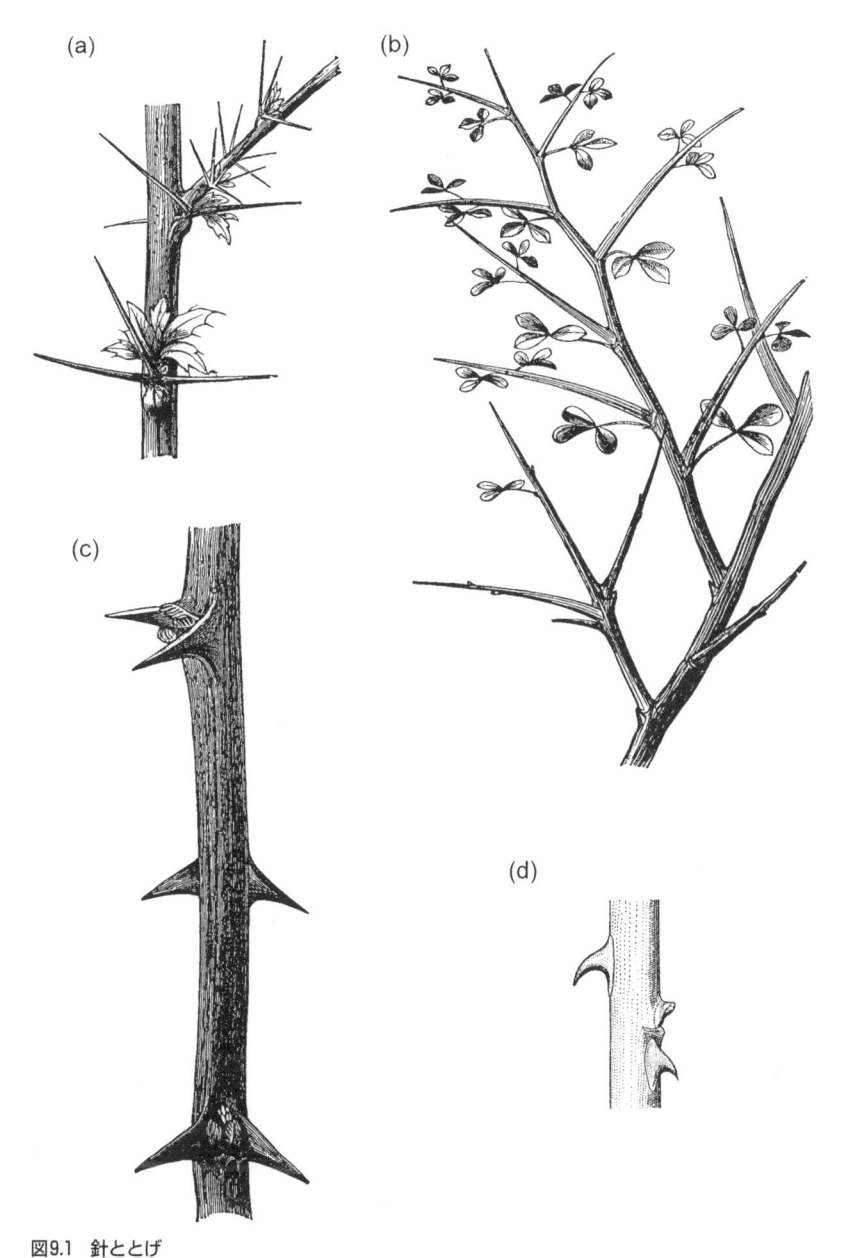

図9.1 針ととげ
　(a) メギ類の針は葉の変形、(b) エニシダの一種 (*Cytisus spinosus*) の針は枝の変形、(c) ニセアカシアの針は葉脚の二つの托葉（葉が落ちても小枝に残る）からできている、(d) バラのとげは幹についている

その他の物理的防御

　樹木が編み出した物理的防御はこれだけではない。表皮の毛は傷つきやすい若い成長部を昆虫の攻撃から守るのに役立っている。この毛は物理的な障害物になることもあるし、化学的な妨害物を含むこともある（たとえばオーストラリアの多雨林にある有刺樹木、イラノキ類の毛）。

　物理的防御の中には非常に精妙なものもある。青虫はその歯並びのゆえに葉を端から食べていく。ヒイラギはそれを見こして葉の縁を厚くし、青虫が食べはじめるのをはばんでいる。しかし多くの樹木が進化の過程で同様のメカニズムを身につけなかったのはどうしてか。考えられる一つの理由は、そのコストに照らして寿命の長い常緑の葉しか引き合わないからであり、通常これらの葉は化学物質で保護されているからである。さらに精妙な防御の例を一つだけあげると、ヘリコニアチョウの青虫に食われるパッションフラワー（*Passiflora* spp.）のつるの擬装がある。このチョウはすでに産みつけられた黄色の卵のあるところには、産卵しない（食物をめぐって青虫同士で競争するのはばかげている）。そのためパッションフラワーのつるは葉の上に黄色い卵のイミテーションをつくるのである。

アリと小動物

　熱帯の樹木の中にはアリを防御に使う例が少なくない。木のまわりをアリが走りまわることで鳥や動物が巣をつくるのを妨害し、葉の摂食を断念させ、着生植物やつる植物を切り離し、場合によっては樹木を中心に半径10mの場所に生えてくるものをすべて殺してしまう。この種の樹木に寄りかかっていればすぐにわかることだが、このアリたちは鋭い毒針をもっている。その代償として樹木は食糧と、時には棲みかを提供している。たとえば、新世界と旧世界のアリアカシアには膨らんだとげがあり、アリはそれをくり抜いて巣をつくっている。花蜜は葉柄（花ではなく「花の外にある蜜腺」）から届けられ、タンパク質は小葉の先端で生産された明るいオレンジ色の物体からもたらされる。アリアカシアの葉は他のアカシアほど苦くはない。おそらくアリを世話する方が、内部で阻害物質を生産するよりコストがかからないからであろう。

　護衛者を雇うという方法はもっと小さなスケールでも機能している。葉の裏側で葉脈が一体となる接合点に小さな毛の房がついていることが多いが、ヨーロッパの常緑低木ガマズミ類の一種 *Viburnum tinus* ではこの房の間の裂け目に10種類ものダニが棲んでいることがわかった。これらのダニのほとんどは微生物を食べる捕食者であって、棲みかを提供してもらう代償に有害な微生物の侵入を食い止めている。

化学的防御

　木質の植物はさまざまな化学物質を生産して、他の植物、ならびに病気や大小の草食動物から身を守っている。アルカロイド、テルペン、フェノール類（カフェイン、モルヒネ、タンニン、レジンなど）、ステロイド、それにシアン生成者（シアン化水素をつくることのできる配糖体）がそれだ。こうした化学物質は植物のどのような部分にも存在する。たとえばリンゴの葉のすべすべした表面には、アブラムシを撃退するある種の毒物が含まれている。また相当な量が大気中に放出されることもある。マツの材がよい香りを発するのはこのためだし、オーストラリアのユーカリの低木地にかかるブルーの霧もこれである。こうした物質は樹皮や葉の気孔からしみ出たり、あるいは特殊な腺（分泌物を出す器官）から出ることもある。この腺は葉が若いときは葉縁の鋸歯にあることが多い（マツ、ハンノキ、ヤナギ類、セイヨウシデ、カエデ類、トネリコ類、ニレ類、ガマズミ類など）が、クラックウィローのように生涯の遅い時期に見られることもある。ところで、植物はこうした高価な物質を目的もなくただ漫然と放出しているのであろうか。実のところ、オーク類の場合はこれが樹木同士のコミュニケーションを可能にしている。以下、この点について説明しよう。

　化学的防御にはいくつかの機能の仕方がある。非常に毒性の強いものであれば、少量でも攻撃者を殺してしまうだろう（その物質があれば量は問題にならないため「質的防御」と呼ばれる）。たとえばロードデンドロンのアルカロイドがその例で、花が出す蜜は人間にも有毒である（ただし苦くて食べられない）。またセイヨウバクチノキの葉を押しつぶすとシアン化物（青酸）ができるが、それは殺虫ビンで使われている。別の化学物質は草食動物の体内で蓄積して効果をあらわす（多ければ多いほど効果があるという意味で「量的防御」と呼ばれる）。古典的な例は、クレオソートブッシュのフェノール樹脂や多くの植物に含まれるタンニンである。タンニンは食物の消化を妨げる「タンパク沈殿剤」で、これを食べた草食動物は飢えや発育不全に苦しめられる。そのため動物たちをほかの場所に移動させるという効果もある。少し話がそれるが、イギリスのキタリスの存続が危ぶまれているのは、北アメリカから導入されたハイイロリスのせいではなく、殻斗果（どんぐり）が原因ということもありうる。どんぐりには消化阻害物質が含まれており、ハイイロリスにはこれを解毒する能力があるが、キタリスにはそれがない。滋養に富んだマツの種子のある針葉樹の人工林で、かつハイイロリスを有利にするオーク類のないところなら、キタリスは健在である。

　植物とて化学的防御の影響を受けないわけではない。アメリカ南部や南アメリカの樹木に張りつくスパニッシュモス（*Tillandsia usneides*）はマツには決してつかない。樹脂があるからであろう。紀元1世紀に大プリニウスが書いた『博物誌』にも、植物に対する化学的防御の、よく知られた例が報告されている。「クルミの木の陰はその

範囲内にあるすべての植物にとって有毒だ」という記述がそれだ。クルミ類は根から化学物質ユグロンを滲出し、競争者の発芽を減らしたり生育を妨げ、近隣の植物を殺してしまうこともある。そのため樹冠の開いたクルミ類の下にはほとんど何も生えていない。とくに敏感なのはトマト、リンゴ、ロードデンドロン類で、逆に多くの草本、野菜、ヴァージニアクリーパーなどはクルミ類の下でもよく育つ。

　防御用の化学物質は生産するにも貯蔵するにもコストがかかる。そのうえこの多くはこれを生産する植物自身にとっても有害である。オーク類では生産するエネルギーの15％くらいを化学的制御に投入しているであろう。ストレスを受けた樹木がもっとも攻撃されやすいのは、防具の生産に向けられるエネルギーが十分でないからである。激しい攻撃が常態化しているところでは防御物質の大きなプールが事前につくられているだろうが、それほど状況がひどくなければ、必要になったとき一生懸命に化学物質を生産するというのは、理にかなっている。オーク類やその他の多くの樹木の場合、葉のタンニン濃度をそれほど高くせずに過ごしている。しかしひとたび樹冠の一部が攻撃されると、その樹木はタンニンを大量につくり出すだろう。のみならず、大気中に放たれたタンニンをまわりのオーク類が感知し、猛攻撃に備えて自分でもタンニンを生産するのである。カンジキウサギに食べられるアラスカのヤナギ類も、栄養価が低くリグニンと阻害フェノールの多いシュートを生産して食べにくくしている。こうした「派生的な」防御の効果は一定期間持続することがあり、カンバ類は食われた後3年くらいまで摂食されにくくなっている。

　高価な防御物質は不要な時期だけでなく不要な場所でも生産されない。北アメリカのクエイキングアスペンでは、肥沃な土壌に生えている場合はタンニンの生産が少ない。失われるのを防ぐより、失われた分を再生産した方が安くつくのである。逆に草食動物や病気がはびこっているところでは、防御への投資が多くなる。熱帯林では毎年の成長分の実に7～8％が草食動物に食べられてしまう。温帯林ではこれが3.5～4％にとどまっている。熱帯の樹木から人間にも免疫性のない興味深い物質が数多くとれる理由がそこにある。極端なものになると、摂食を試みる動物のみならず、人間に対しても激しい攻撃を仕掛けてくる。つる植物マチン類（主としてミャンマーやインド原産の*Strychnos nuxvomica*）の樹皮からとれるストリキニーネは筆舌につくしがたい激痛と筋肉のけいれんを引き起こし、それを逃れるには死しかない。また同じつる植物のマチン類の一種（*Strychnos toxifera*）やバリエラ類の一種（*Chondrodendrum tomentosum*）の皮から得られるクラーレ（南米原住民が矢に塗る毒）は、（草食動物に対する防御であれば当然のことだが）筋肉を麻痺させる。これも致命的な窒息や心臓麻痺をもたらすが、その一面で手術の際の弛緩剤として使われている。この種は熱帯だけに限られているわけではない。バラ科の仲間のリンゴ類、プラム類、モモ、アンズ、アーモンドなどは、その種子の中にシアン化水素酸のようなシアン化物をもっているし、カリフォルニアゲッケイジュはシアン酸を含んでいて、手

にとると不快臭を発して頭痛をもたらし、時には意識さえ失わせる。

その他の物質は人間への毒性が弱く、むしろ心地よいものさえある。コーヒーやチャに含まれるカフェインは防御用の化学物質だし、シナモンの木の樹皮にある物質もそうだ。これが命を救ったこともあった。1535年、ジャック・カルチェの船は現在のモントリオールの近くまできて、氷の張ったセント・ローレンス川に閉じこめられ、すでに25名が壊血病で命を落としていた。その時イロコイ族の先住民がホワイトシーダーの樹皮と葉を煎じることを教えてくれた。この茶にはビタミンCが多量に含まれており、その効果はてきめんだった。カルチェはこの樹木を「生命の木」と名づけたほどである。木本植物をこのような目的に使う例はこれ以外にもたくさんあって、キャプテン・クックはスプルースビールを、またキャプテン・バンクーバーは南米産のウインターズバークを用いていた。ビタミンCは動物に対すると同様に植物に対しても同じ仕事をしているようだ。つまり酸化防止剤として自分自身の好気性代謝やさまざまな汚染物質から植物を守っているのである。もう一つだけ付け加えると、古代ギリシャ人はマツカサを細かくして薬草と混ぜ、痔の治療薬にしていた。

進化の中の争い

完璧な防御はありえない。長い進化の過程で草食動物は防御をかいくぐる方法を見つけ、植物の方は新しい武器でこれに対抗してきた。この争いにはきりがない。牛馬に有毒なイチイ類もシカには食べられる。アカジカやダマジカはとげのあるセイヨウヒイラギを平気で摂食する。シカやウサギはセイヨウカジカエデを食べないが、リスにとっては好物だ。ヤナギにつく甲虫の中には、寄主の出すサリシン（生のアスピリン）で生きながらえ、逆にそれを自らの防御用分泌物の生産に使っているものさえある。青虫は若いオークの葉にタンニンが含まれていても全木を丸裸にすることもできる（青虫にはアルカリ性の消化管があり、タンニンの効力を弱める）。樹木の方は、病気の侵入を防ぎ、虚弱な葉への無駄な養分補給を避けるべく、傷んだ葉を落として対応している。

こうした攻撃と反撃の争いの中で樹木はどのようにして生き延びてきたのか。数百年生きてきた1本の樹木の場合、その防御方式は遺伝的に固定されてしまっている。ところが昆虫の方はこの間に何千回もの世代交代があるわけだから、樹木の防御の裏をかくような新方式を編み出すこともできたはずだ。にもかかわらず生きながらえた一つの理由は、樹木の大きさにある。大きなオークやマツになると、1万〜10万もの芽（分裂組織）をもっている。また、こうした成長点の一つに自然発生的な変異が起こり、これが一つの枝全体に広がって、他のものとは遺伝的にはっきりと異なる枝になることがある。変異の確率は低く、その多くは有害なので、変異した枝のほとん

どは落ちてしまうが、長い年月の間に遺伝的に区別される枝が集積し、木全体が巨大な遺伝モザイクになることがある。秋の早い時期に一部の枝が落ちる理由もこれで説明できるだろう。このように変異した枝のあるものが、昆虫の新手の攻撃によく耐え、繁栄する可能性を否定するわけにはいかない。自然淘汰は１本の木でも起こるのだ。抵抗力の強い枝は力強く成長するので、林冠の主要な部分を占有することになろう。種子をたくさんつけるのもこれらの枝であり、その種子は当面の外敵に対してもっともうまく対処できる遺伝的な素質をもつと見てよかろう。このようにして寿命の長い樹木は、世代交代の長い時間と進化の速度とのつながりを切断し、急速に増殖する害虫と対抗しているのである。

木の骨格を守る

　ちょっと見た目には、木材は食べられないので防御がいらないように思われる。木材を構成するセルロース（40〜55％）、ヘミセルロース（25〜40％）、リグニン（18〜35％）はすべて分解しにくい強靭な炭水化物である。そのうえ木材はタンパク質、したがってチッソの含有量が驚くほど少ない。緑葉にはチッソ分が１〜５％含まれているのに、木材のそれはわずか0.03〜0.1％である。食糧としての価値が低いのは当然だ。たとえば穴をあけて木に入るオオボクトウガの幼虫は成熟するまでに４年もかかるが、よい餌を与えると数カ月で成熟する。木材が提供できるのはいわば飢餓食糧である。にもかかわらずこの木を餌にして生きることのできる昆虫、菌類、バクテリアがたくさんいる。

外敵を遠ざける――樹脂、ガム、ラテックス

　これらの液体の役割は、虫害や事故で生じた傷を大急ぎで封印したり、動物たちの侵入をやめさせることである。木をかじろうと群がってくる動物を物理的にはばんだり、わなにはめたり、あるいは毒性のある化学物質で撃退している（樹脂の中を泳いでいるキクイムシを見かけることがあるが、この場合の樹脂は多少の妨害にはなっても無害のようだ）。

樹脂　年を経たマツの木にもたれたり、マツカサを手にとったりするとすぐに気づくことだが、針葉樹には大量の樹脂を生産する能力がある。針葉が出す典型的なマツの匂いは樹脂によるものだ。イチイ類には樹脂がないから匂いがない。
　マツ類、ダグラスファー、カラマツ類、トウヒ類など、ほとんどの針葉樹で樹脂が見られるのは、樹皮や木部を通って細根や針葉に至る管である。ツガ類、ヒマラヤス

ギ類、モミ類などではおおむね樹皮に限定されているが、他の針葉樹と同じように、傷ができたり感染したりすると木部にも「傷害樹脂道」をつくる。モミ類では盛り上がったこぶに樹脂がある。道管やこぶのまわりの細胞は樹脂を分泌して、わずかに圧力を高めているので、樹木が傷つくと樹脂がしみ出てくる。大気に触れると軽いオイルは蒸発し、樹脂のかさぶたが傷をおおうことになる。

　生産される樹脂は木の種類によってそれぞれに違う。アメリカで南北戦争が始まったとき、カリフォルニアの山麓の丘にいた北軍はテレビン油の補給を断たれ、ポンデローサマツの樹脂を蒸留してそれを得ていた。標高の高いところではこれによく似たジェフレーマツが生育していてこれも使われたが、その樹脂は非常に燃えやすいヘプタンを多く含んでいた。ジェフレーマツの樹脂が混ざった粗悪なテレビン油を燃やすのは、石油タンクの下で火を起こすようなものであった。

　針葉樹以外の樹木も樹脂を生成する。カンラン科の仲間はとくに皮の部分に樹脂をもっている。たとえばニュウコウジュ（*Boswellia carterii*）は香料に使われるし、アラブの人たちは清涼剤として嚙んでいる。またモツヤクジュ類（*Commiphora* spp.）は香料や香水に使われる。

ガム　　木本植物が生産するさまざまなガムも同じような機能をもっている。ガムを生成する木としてよく知られているのはウルシ科の仲間である。中国原産のウルシ（*Rhus verniciflua*）のガムは塗料の主成分になっている。温帯の樹種でもサクラやプラムなどのサクラ属のように傷口からガムを出しているものもある。これらのガムは針葉樹と同様、樹皮にある道管や木部の放射組織、さらに木理にそった道管で運ばれる。モミジバフウやサクラ類のような広葉樹では傷害性の樹脂道が形成されることがある。

ラテックス　　ラテックスというのは、樹脂、油脂、ガム、タンパク質などが混じり合った乳液で、菌類、タンポポ類、樹木に至るさまざまな植物に見られるものだ。多くのタイプの高木や低木からラテックスが採取され、ゴムの製造に供されてきた。室内の植木鉢で広く育てられているインドゴムノキもその一つである。熱帯雨林の樹木はその3分の1ほどがラテックスをもっている。もっとも多く市場に出回っているのはトウダイグサ科のパラゴムノキで、アマゾンと南アメリカのオリノコ川流域を原産とする。この木の豊かなラテックスは33〜75％が水分で20〜60％がガムである。ラテックスは樹皮を貫いて同心円状に走る特殊な管（乳管）に見られる。針葉樹の樹脂もそうであったが、ラテックスにはいくらか圧力がかかっており、どんな傷でも凝固するラテックスで封じられるようになっている。

カルスの成長

　樹脂、ガム、ラテックスが生産されたとしても、傷があまり大きくなると役に立た

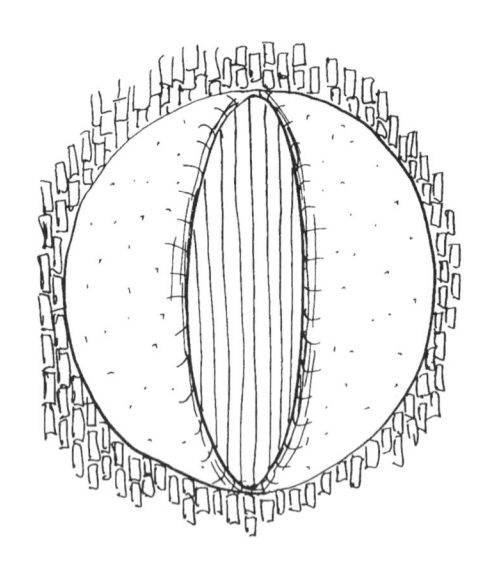

図9.2 新しいカルスは主として傷の両側で成長し、年とともに卵型になっていく。というのは、木が風で曲がるとき、もっとも圧力がかかるのはこの部分だからである

ない。たとえば大枝が折れるとか、樹皮がリスによって大きくはぎ取られる場合がそれだ。プラスチックやラノリン（羊毛脂）など毒性のないもので傷口をおおって人工的に湿度を保つことができれば、放射組織の生きた細胞は乾燥しないので、多くの樹種では同じシーズンに新しい樹皮が形成されるだろう。ただし枝打ちをした場合にこれができるのは、根株の縁の辺材にできた若い柔組織細胞だけである。しかし新しく出てきた柔組織が塗料の毒物でやられたり、乾燥したりすると、生きた形成層や縁のまわりの放射組織からカルスの組織がゆっくりと成長してきて傷をおおうことになる。カルスはその成長とともに傷のまわりを均一におおいはじめるが、側面の成長がどうしても速くなり（図9.2）、丸い傷も紡錘型の傷跡となる。カルスの両側が合わさると、形成層が合体し、傷跡のある樹皮の下に再び完全な円筒形の新しい木部がつくられる。

傷をいやす

　動物と違って樹木の傷は治癒することがない。ただ傷をおおうだけである。木部が腐りはじめたら、その修復は不可能だ。新しい木部が成長してそれをおおうので健康そうに見えるが、腐った部分はその下でそのままになっている。ウィリアム・ポンティの『フォレスト・プルナー（森の剪定）』（1810年）には次のような格言が引用され

ている。「オークの老木は商人のようなものだ。死んだ後でないとその本当の資産価値はわからない」。

内部の防御

樹脂などをつくったり、新しい木部で傷を封印したとしても、第一の防御をくぐり抜けて入りこむ菌類の胞子やその他の外敵がいなくなることはない。したがって外敵の侵入を想定して内部での防御策を講じておく必要がある。本論に入る前に、問題が起こる最大の原因について見ておきたい。

菌類による腐朽

木材が構造的に大きく崩れる主な要因は菌類による腐朽である。この菌類は材の細胞壁を分解して食糧にすることができる。腐朽の初期の段階では多数の菌類やバクテリアが滋養の多い細胞の中身を食べて生きているが、木材を構造的に弱めることはない。ただこれは木材を変色させ、建築材やパルプ材としての価値を下げるので、林業者は迷惑する。構造的崩壊には菌類の二つのグループがかかわっている。褐色腐朽は木材のセルロースとヘミセルロースを攻撃し、リグニンには手をつけない。通常褐色の塊が幹の中に入りこんでいる。白色腐朽は木部の全部の成分を攻撃し、淡い色のスポンジ状の物体にしてしまう。

木材の含水率が20％以上で湿っていると、腐朽は急速に進む（家具や家屋の木材は含水率がおおむねこれよりも低いので腐らない。乾性の腐朽菌は糖類から必要な水分をつくり出したり、水を求めてかなりの距離を動くことでこれを回避している）。過度に湿った木材も腐朽に対して安全である。丸太を長期に保存する伝統的な方法は池に入れておくことであった。1987年にイングランド南部をハリケーンが襲って1500万m^3の樹木が倒れたときには、木材の大きな山をつくり、スプリンクラーで絶えず水をかけながら保存された。価格が上昇したらいつでも売れる態勢をとっていたのである。木材はこのような方法で4年ほど貯蔵されたが、材の質はほとんど低下しなかったという。

とくに広葉樹では腐朽した材に黒い線が走っていることがある。ろくろ師が「くず材」と呼ぶこの線は、ごつごつした黒色の菌糸の塊でできており、二つの異なった菌種（あるいは同一種の異系統）が「拮抗作用領域」で出会ったときに形成される。しかし一部の菌は他の菌がいなくても自分のまわりに黒い線を生産する。おそらく一つの菌類が一時的に成長をストップしている場所に線をつけているのであろう。

木材の防御——辺材と心材

　第3章で述べたように、樹木の中の木部は中心部で芯となっている心材と、それを取り巻く辺材に分けられる。辺材の役割は水を通し、生きている放射組織に食糧を蓄えることだ。心材は完全に死んでいて、あらゆる寄生者を撃退するための化学物質が詰まっている。時間の経過とともにいちばん内側の辺材から順次心材に変わっていく。心材の形成は意図的なプロセスであって、しばしばいわれるように、ただ単に次第に活力を失っていく古い組織というわけではない。また、心材は除去するのが困難な廃棄物の非常に有用な捨て場だという論議もある。しかし心材に含まれる化合物は特定の目的のもとに多大の犠牲を払って生産されたものだ。これら物質の質量当たりのエネルギーコストは木材のそれの二倍にもなる。

　心材形成の最初のプロセスの一つは、水を通す管を閉鎖することである。ただしこれは第一義的にはシステム内の空気への反応であり、心材が形成される前に起こっているかもしれない。針葉樹では空気が管に入ってくると壁孔が閉じ（第3章）、これに樹脂が加わって封鎖することがある。広葉樹の場合は辺材に生きた細胞がたくさんあるため、細胞がガムを滲出させるか、あるいはバルーンのような派生物（チロースという）を道管に入れてこれを塞ぐのである（図9.3）。原初のエアバッグだ！　道管と放射組織の間の壁孔が小さい樹木はガムの栓を使い、これの大きい樹木はチロースになる傾向がある（ただし一部の樹木にはこの両方がある）。こうした細胞の閉鎖は、管が空気で満たされた辺材で始まる。この理由については第3章を参照されたい。

　壁孔を閉じ、ガムやチロースを添加することで管は閉鎖されるが、通常は心材の形成時までにはこれが完了している。ただしすべての樹木が管を閉ざすわけではない。レッドオークはチロースが非常に少なく、心材の中を風が通るほどである（だからこれで樽をつくるのはナンセンスだ！）。いずれにせよ閉鎖が完了していると木部での腐朽の進行がどうしても遅くなるだろう。腐朽菌は障害物のない管をつたって伸びていくことができず、消化して道をつけねばならないからだ。

　辺材が心材になると、心材の縁の生きた細胞は死に、それが蓄えていた食糧は心材の形成に使われるか、他の場所に移される。細胞の死にはさまざまな化合物の生成をともなっている。その代表的なものは、リグニン、ポリフェノール、ガム、樹脂など、一般に「抽出物質」として知られているものだ。この中には人間にとっては心地よくても木材を劣化させる菌類などからすると、有毒なものがある。整理ダンスの虫除けに使われるクスノキ、東洋で古くから香料として使われたビャクダン、ヒマラヤスギ類からとれる独特の油脂など。中にはあまり魅力のないものもある。ニレの生材は揮発性油を含んでいて独特な不快臭を出す。私がこの木片を自分の研究室に持ちこんでいたら、私の同僚はサービス・ダクトで何かが死んでいるといって騒ぎ出したことがある。

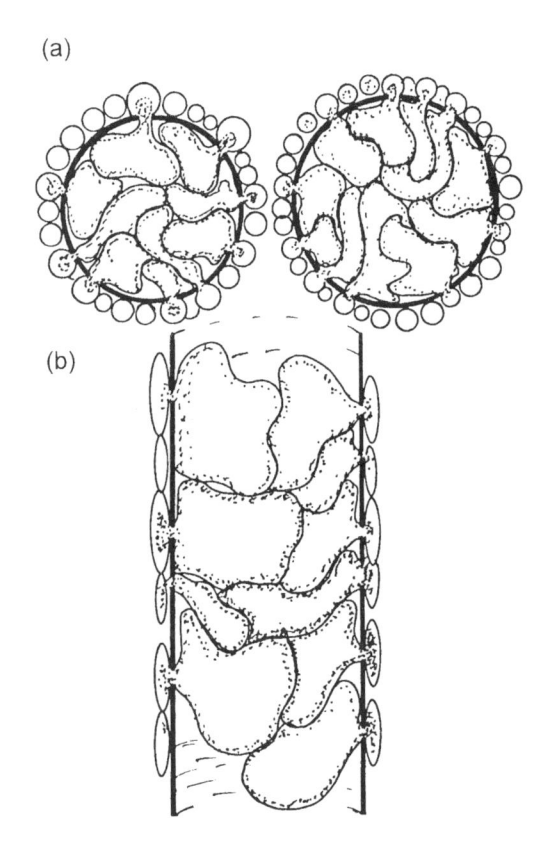

図9.3 広葉樹に見られるバルーン様のチロース
周辺の生きた細胞から道管に膨れ出て閉塞する。(a) は上から、(b) は横から見たところ

　抽出物質は、以前の道管の壁と内腔の双方に充填され、それがまた心材の密度と耐久性を高めるのである。抽出物質の少ない樹種、たとえばハンノキ、トネリコ、ブナ、シナノキ、ヤナギなどは地面と接触させておくと5年も経たないうちに腐ってしまう。他方、オーク、ヨーロッパグリ、アメリカネズコ、イチイなどは抽出物質が多く、普通25年以上の耐久性がある。ニレは耐久性がないといわれ、確かに垣根の柱にするとあまり長持ちしない。しかし湿ったところなら数百年はもつ。ローマ人はこのことを知っていて、中空のニレの丸太を水道管として使った（ちなみに丸太に穴をくり抜くのはうんざりする仕事であり、boring（穴をあける）は「退屈な」という意味にもなった）。1930年にロンドンでニレの水道管が発掘されたが、300年以上地中にあっ

第9章　健康と損傷と死——過酷な世界に生きる　　225

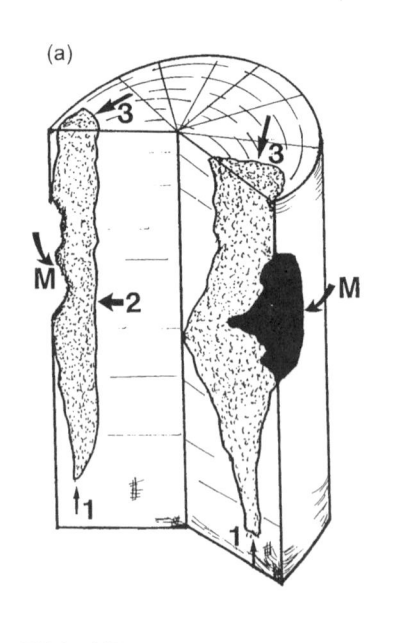

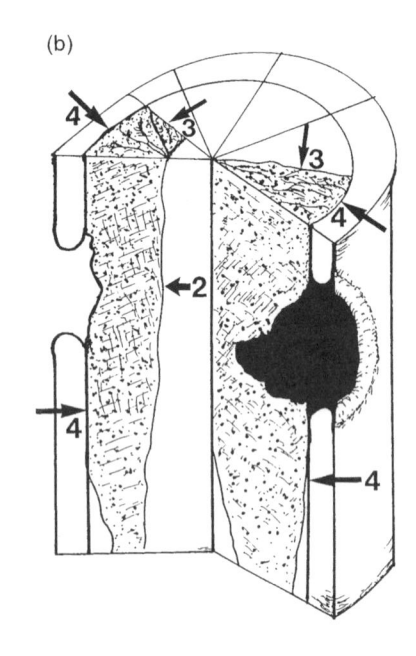

図9.4 木部における腐朽の区画化
(a) 木に傷がつくと（Mの部分）、3つの壁（1〜3）が垂直方向、中心方向、半径方向への腐れの拡大を防ぐ
(b) 傷がついた後の新しい成長は、4番目の強い壁、バリアゾーン（4）の形成によって、損傷の中心部から隔離される。1〜3の壁を破って腐れが木の中に広がっても、新しい木部にはなかなか届かない。中が腐っても木がただちに死なないのはこのためだ

たにもかかわらず、ほとんど傷んでいなかった。

腐朽の分画化

　腐朽に対して抵抗力のある心材は、1本の木を木部でいっぱいにして保つべく、長い道を歩むのであるが、木材は腐朽しにくい材料の塊ではない。したがって保護するのも単純ではないのである。アメリカの林学者のアレックス・シーゴは、数十年間樹木の内部を観察し、木部はいくつかの区画に分かれているというアイデアに到達した。彼の観察によると、十分な時間があったとしても腐朽が樹木の全体に広がるとは限らず、病気の拡大を防ぐ3つの「壁」があるようだ、というのである（図9.4a）。壁1は縦方向の腐朽に抵抗する。木材の構造からするとこれはもっとも弱い部分であり、壁がないと上下方向の腐朽が急速に進んでしまう。壁の形成にはチロースやガムが一定の役割を果たしているのであろう。これを欠く木材はもっとも耐久性がない。壁2

は年輪の境界にそっていて内側への腐朽を食い止める。また壁3（放射組織）は放射方向への拡散を防いでいる。こうした化学的な壁は木部の形成時につくられる。軍隊が退却するとき戦車の進路をふさぐため格子状の構造物を敷設するが、それと似ている。

　たとえば芝刈り機にぶつかって木に傷がついたとしよう。傷から侵入する腐れの拡大速度を抑えるべく、3つの壁が働くことになるが、それで終わるわけではない。傷を受けた翌年の生育期には形成層が4つ目の壁をつくる。「バリアゾーン」と呼ばれるこの壁は、傷ついた時点での木部とその後に成長する木部とを隔てるもので、樹脂やその他の防御物質で強化されている（図9.4b）。バリアゾーンは樹木をぐるっと取り巻いて伸びていることもあるし、子どもの膝に貼ったばんそうこうのように、とくに傷口の近くで円周にそって小さな弧をつくるだけのものもある。損傷を受けた後にこうした処理がなされることで、新しい木部から腐れを隔絶する強力な壁ができる。もちろん強力とはいえ、難攻不落というわけではなく、腐朽菌はいずれ壁を破って入ってくる。形成層は離れたところにある腐れと直接接触するわけではないから、放射組織の中の生きた組織を経由してメッセージを受け取るのであろう。腐朽の拡大があまりにも速くバリアゾーンが形成される時間のないままに、幹がやられてしまうこともありうる。

　こうしたバリアの価値は、心材に腐れが入って空洞になっても、区画化のおかげで外側の生きた肌が保護されることである。もちろん木がすっかり腐朽して簡単に折れてしまうこともあるけれど、この点については本章の後半で見ることにしよう。

環境からのダメージ

厳しい条件と汚染

　環境によって引き起こされる問題も少なくない。異常な気温、日照り、洪水、落雷（第3章）、土壌の悪化、風、火災など、いくらでもある。さらにまた人為的なものとして、根を傷める深耕、除草剤の大量散布、大規模な汚染など、これもまたきりがない。

　汚染というのは永続的なものだが、幸いなことに、多くの樹木は比較的汚染に強い。モミジバスズカケノキは、締め固められたり、おおいのある土壌でも根を張ることができ、汚れた都市環境に耐える能力がある。二酸化イオウに比較的強い樹種もいくつかある。ローソンヒノキ、ネズミサシ類、コルシカマツ、アメリカネズコ、イチョウ、ブナ、オーク類、セイヨウシデ、プラタナス類などがそれだ。とはいえ、汚染物質が樹木に悪い影響を与えている証拠もたくさんある。

- 酸性雨は根を枯らし、土壌の酸性化を通して菌根菌にも悪影響が及ぶ。また酸性雨が樹冠を通って落下する際、大量の養分を葉から持ち去ることがある。
- 化石燃料の燃焼や家畜の飼育（アンモニアの発生）による過剰なチッソが、土壌を酸性化し、オランダでは森林衰退の潜在的な一因となっている。
- 過剰なオゾンが光合成を阻害するし、他の汚染物質と一緒になって花粉を不稔化して種子の生産を減らすことがある。また成層圏のオゾンが少なくなると、樹木は有害な紫外線にさらされることになるだろう。
- 重金属による汚染は直接木を枯らすこともあるし、土壌の酸性度が変わることで間接的に枯らすこともある。
- すすの分子が葉にたまると被陰の害が出てくる。北インドには、その下で仏陀が悟りを開いたという2500年生のインドボダイジュがあるが、巡礼のろうそくの煙で危機にさらされているという。すすは葉を黒くし、光合成を妨げるからだ。

都市域ではこれに加えてさまざまなストレスがある。
- 道路に撒かれる結氷防止剤の塩
- 根にかぶさるタールマック（舗装材料）
- 雑草や草との競争
- 統計的には不明だが、大量の犬の尿（過剰カリウムの原因）と糞便
- 土壌の締め固め（第4章）
- 樹木への暴力

都市の樹木は短命だといわれるのも無理はない。生け垣のような孤立した樹木は、相互に守り合っている森林内の樹木よりも多くの汚染物を濾し取るので、とくに被害を受けやすい。ニューヨークの樹木の平均寿命は7〜40年である。

寒さ

第3章で見たように、幹が寒さで凍裂を起こすことがある。また寒さが原因で幼樹が凍上したり、小さな枝が枯れたりする。後者がとくに問題になるのは、春先の晩霜であって、寒さへの抵抗性を解除した芽を直撃するのである。クルミ類、トネリコ類、ヨーロッパグリ、オーク類、ブナは被害を受けやすく、カンバ類、セイヨウハシバミ、セイヨウシデ、シナノキ類、ニレ類、それに多くのポプラは比較的霜に強い。常緑樹も免疫があるとはいえない。中でも日本のスギのある系統のもの（*Cryptomeria japonica* 'Elegance'）や若いアメリカネズコの葉は、冬季にもっとも心地よい青銅色に変わる。もう少し深刻なのは、針葉樹に見られる「レッド・ベルト」の害であり、気温は高いが大地がまだ凍結しているときに起こる。葉が水分を失って枯れていくの

である。

　こうした被害はあるけれど、寒さへの慣れがきちんとできていれば、多くの樹木は低温に耐えられる。そのメカニズムによって保護の程度はさまざまだ。穏和な気候下の植物であれば、樹皮による断絶だけで十分である（パイプを断熱材で包むのと同じ）。生きた細胞が凍結しそうになると、まず細胞での氷の形成を阻止しなければならない。結晶で細胞が破裂し、死んでしまうからである。そこで最初の防衛線は細胞の中に糖や有機酸、アミノ酸を蓄積して氷結点を押し下げることである。これは通常短日の長さや温度の低下に反応して起こる（たとえばホワイトスプルースは前者であり、アメリカヒノキやアメリカネズコが後者である）。機能的には道路に塩を加えて凍結を防ぐのと同じ要領だが、このメカニズムを使うと、植物は－1℃ないし－2℃くらいまでの穏やかな霜に耐えられる。木本植物に一般的な第二の防衛線は、凍結させずに細胞の中身を過冷却することだ。これなら－40℃くらいまで下がっても保護できる。ただし5℃以下の日が数日先行していることが条件である。冬のはじめに寒い日が続くと木が枯れ、その後なら同じ気温でも枯れないのは、これによって説明できる。また亜高山帯のように凍結と霜どけが短期間に繰り返されると、非常に頑強な樹木でもやられることがある。第三の防衛線は、非常に条件が厳しい場所でカンバ類、ポプラ類、ヤナギ類のような樹種が必要とするものだが、凍結しそうな水分をすべて細胞から抜き出して細胞の間で凍らせ、細胞内での極度の乾燥に耐えることである。これは緩慢な連続的冷却が条件になるが、これが満たされていれば、ヤナギ類など多くの北方樹種の冬眠中の小枝は、少なくとも液体窒素の温度（－196℃）に耐えることができ、なんの害も起こらない。

熱と火災

　温帯地域では気温が17～20℃よりも高くなると光合成がゆるやかになり、50℃にもなれば、生きた組織のほとんどは死に近づいていく。普通の環境下の植物なら、水分の蒸散などを通して温度を低く保ついくつかのすべを心得ている。植物はほとんどの環境に対応することができ、水不足の砂漠でも生きていける。しかし、ろうそくの炎や燃えさかる山火事のように800～1000℃にもなる高温に対しては、どのように対処しているのであろうか。

　まず注意しておきたいのは、森林を含めて世界中のさまざまな植生では、野火が自然に発生しているということである。大草原の一画をとってみると1～10年ごとに火が入り、世界各地の針葉樹林も平均すると50～500年に一度は燃えているだろう。湿潤な広葉樹林は比較的燃えにくいが、それでも乾季が規則的にあらわれる熱帯の季節林では数百年に一度は燃えているはずだ。おそらく過去1000万年以上にわたって世界の至るところで落雷などによる火災が起こっていたわけだから、植物は高温に耐え

られるだけでなく、それを利用しているのかもしれない。事実、植物にはそのような能力がある。

　ドロノキのような多くの樹種は樹皮が薄く、弱い火力にもやられてしまう。しかし、土壌は優れた断熱材で、地表から2cmくらいのところでも100℃以上になることはめったにない。ヤマナラシをはじめ、その他森林性の低木や草本の根は生き残り、また芽を吹くのである。これとは違った戦術をとる樹種もある。北アメリカのダグラスファーとジャイアントセコイアは生きた組織を高熱から遮断するために、不燃性の厚い樹皮を発達させてきた。カリフォルニアのシエラネバダの山々では、自然発火の火が10年に一度くらいの割合でジャイアントセコイアの林に入っている。この樹種の寿命は2000年にも達するので、生涯のうちに200回もの野火に遭遇することになるだろう。これほど頻繁に火が入ると、落葉落枝などの可燃物の堆積が少なくなり、火の勢いも弱くなる。燃えるものがほとんどないうえに、樹木の皮の厚さは30cm、時には80cmにもなっていて、そこには絶縁用の空気が詰まっている。山火事の多発にもかかわらず、樹木が生き残るのは当然だろう。これに対してホワイトファーのような樹皮の薄い競争者は比較的簡単に焼かれてしまう。つまり火のおかげでジャイアントセコイアが森の支配者になったのである。温帯の落葉林では熱に強い樹皮はそれほど目立たないが、それでも皮の薄いアメリカブナやアメリカスズカケノキは皮の厚いアメリカグリに比べるとずっと火に弱い。

　ジャイアントセコイアはもう一つ別の仕掛けを密かに用意している。数種類のマツ類やその他世界の多くの樹種に見られることだが、この樹種は数十年間にわたってしっかりと球果を閉ざしておくことができる。このセロティニーと呼ばれる機能のおかげで、何千もの種子が樹冠に保存されることになる（マツ類は活力のある種子を宿した球果を20〜50年ないしそれ以上保持し、オーストラリアのブラッシノキの仲間は20〜50年、南アフリカの*Protea*属は数年間それができる）。そしてだいたい火がこの種子を解き放す。

　セロティニー機能のある針葉樹は球果の鱗片が樹脂で封印されており、球果が50〜60℃にまで熱せられないと種子が放出されない。樹冠の温度がこのレベルに達するには、親木を焼き殺すほどの熱を必要とする。野火の後の数時間ないし数日内に、昼間の熱で鱗片が開き、その時までにすっかりと冷えた地表に種子が落下していく。南半球では、この種子がさらに木質の果実で保護されている。ブラッシノキ類には木質の苞葉をボトル状に集めた袋果があるし、モクマオウには木質の球果に似た果実がある。ブラッシノキ類で特徴的なのは、古い花が落下せずに移動する火の熱（100〜300℃の数分間の持続）で開いていくことだ。これらのセロティニー果実が特別火に強いというわけではないが、短時間であれば高温から種子を守ることができる。

　セロティニーの種子が焼き跡の土壌に落ちるのもまことに好都合なことである。競争相手がおらず、光と温かさに恵まれ、残された灰には養分が含まれているからだ。

はじめの数年間はセロティニー樹種の二代目が森の優占種となる。あたかも不死鳥のように同じ種の灰から再生するのだ。このメカニズムはまことにすばらしく、多くのセロティニー樹種はすぐに燃えるように進化してきた。たとえばユーカリは樹皮をはがし、マツ類は死に枝をつくって樹冠に火を呼びこみ、隣人をも道づれにしながら自己犠牲の完遂をめざしている。これにはまた別の側面もあって、カナダの野火の頻発する地域では、火に適応したジャックパインやロッジポールパインが自然の優占種となっているが、野火が人為的に制圧されたところでは、火によって成立した林分が高齢化してひ弱になり、火に弱いモミ類やツガ類の若木がその下から生い茂ってマツに取って代わる勢いである。

　いくつかの樹種は種子を土壌中に蓄えておいて山火事の後に再生する（第8章）。この場合の秘訣はいつ火災が起きたかを検知することだ。まず火事それ自体が引き金になることがある。ヨーロッパの荒地に生えるハリエニシダの種子ではその硬い種皮が火の高温で割れ、ここから水が入って発芽する。ヒースなどは火を感知しないが、植生が除去されたことによる温度変化を察知するようだ。また、南アフリカやオーストラリアの樹木の中には煙に含まれる化学物質に刺激されて発芽するものがあるし、カリフォルニアのチャパラル（硬葉常緑樹低木林）にある低木の場合は火が（周辺の意地悪な植物が出す）阻害物質を取り除くことがきっかけをつくる。

　樹冠に種子を蓄えることの明白な利点は、山火の後大量に種子を放出して、落葉落枝などの障害物や競争植物が取り除かれた種子床で発芽させられること、それに稚樹が多ければマスティング（第5章）と同じ理屈で捕食者を飽きさせて残存確率が高くなることだ。しかし土壌ではなく樹冠に種子をためるのはどうしてか。一見したところ、セロティニーはすべての種子を火災後の一つの籠の中に放りこむわけだから、次の生育期が不順であれば全滅するおそれもある。これに対する第一の回答は、種子の集団放出といっても一回かぎりのものではないということである。セロティニー樹種のほとんどは山火のない年にも多少は種子を落としているし、火災で放出された種子もその一部は発芽が次年以降に繰り越されるのが普通である。災難に対する小さな保険といっていい。第二の答えは、落葉落枝や有機屑の上層数センチが焼失して種子銀行の蓄えの多くが失われることである。樹木が枯れ、貯蔵種子がなくなる前に野火があるとすれば、樹冠に種子を蓄えた方が安全である。

　とはいえ、火災の多い森林でもすべての樹種がセロティニーというわけではない。これは樹木が生産寿命内に期待される山火事の頻度と大いに関係している。山火事が非常に頻繁（10年かそれ以下で一度）か、予測不能であれば、厚い樹皮などをもつ火に強い樹種や、焼けた根株から萌芽をよく出す樹種が優占するだろう。また山火の間隔が樹木の寿命よりも長ければ、セロティニー（樹冠での種子貯蔵）は役に立たない。ひとたび木が枯死すると種子は長くは生きられないからだ。この場合は土壌に蓄えられた種子か、地域の外から入ってくる種子が次世代を生み出す。セロニティー樹

種の領域はこの両極の間にある。

　火への対応はこのほかにもさまざまあるが、ここでとくに言及しておきたいのは、アメリカ東南部のダイオウショウである。開けた草原性の場所であるだけに火災が頻繁に起こり、若い苗木は簡単に焼かれてしまう。ただ樹高が２ｍになると樹皮が厚くなり火への抵抗力も強まってくる。そこで新しく発芽した苗木は数週間で数センチのシュートを伸ばし、それからは３〜７年間地上部での成長を止めてしまう。この「草の段階」にいる間は、針葉の密な束で芽が保護され、すべてのエネルギーは根に向けられる。エネルギーが十分に蓄えられた段階で、シュートが急速に伸び出し、ひ弱な状態になっている時間を短縮するのである。

　最後に薪について一言。トネリコ類やセイヨウヒイラギは、乾燥していなくてもよく燃え、良質の薪材として広く知られている。これは火の生態学と関係があるのだろうか。答えはおおむね「ノー」である。これらの樹種が自然の野火に遭遇することはめったにない。よく燃えるのは油脂を食糧としてためているからだ（第２章）。トネリコには大量のオレイン酸（オリーブオイルをつくる脂肪酸）が含まれているため、材がよく燃えるのである。

風

　風のために森全体の樹木が折れたり、根こそぎ倒れているのを見ると、風の破壊力はあまりにも大きく、どうにも防ぎようがないという印象を受けるが、樹木は風に対処するさまざまなメカニズムをもっている。樹木に吹きつける風は、レバーの端を手で押して木を曲げているようなものである（第７章で述べたことだが、重い枝や傾いた木が重力で曲げられるのと同じ理屈である）。木が高くなるほど、樹木を押すレバーの力は強くなる（長いスパナを使えば固く締まったボルトでも簡単にゆるめられる）。これに対しては柔軟になることがある程度有効である。風が吹いたとき枝を曲げれば「耳を後ろにやる」ようなもので、樹高を実質的に低めることができる。風がさらに強くなると、小さな枝が折れて吹き飛び、その影響が小さくなる。見かけの樹高が低くなれば基部に働く風の力もそれだけ弱まる。

　樹木はまた、折れやすい弱い部分を減らすべく樹形を注意深く調整している。木が風で曲げられたとき、ある部分がほかのところよりも多くの圧力を受けるようなことがあると、そこで折れてしまう。ところが形成層は圧力のかかった場所を感知して、そこの木部を増やし、強化するのである。逆に圧力のあまりかからない場所では少しの木部しか振り向けない。最適な構造では表面積全体に均一の圧力がかかっているというクラウス・マセックの原理がこれだ。風で湾曲したとき、最大の圧力を感じるのは樹木の外側の生皮である。川の中の岩は水の流れをそらせ、岩の側面での水のスピードを速めるが、これと同じ理屈で、樹木表面の欠陥はそのまわりで圧力のラインを

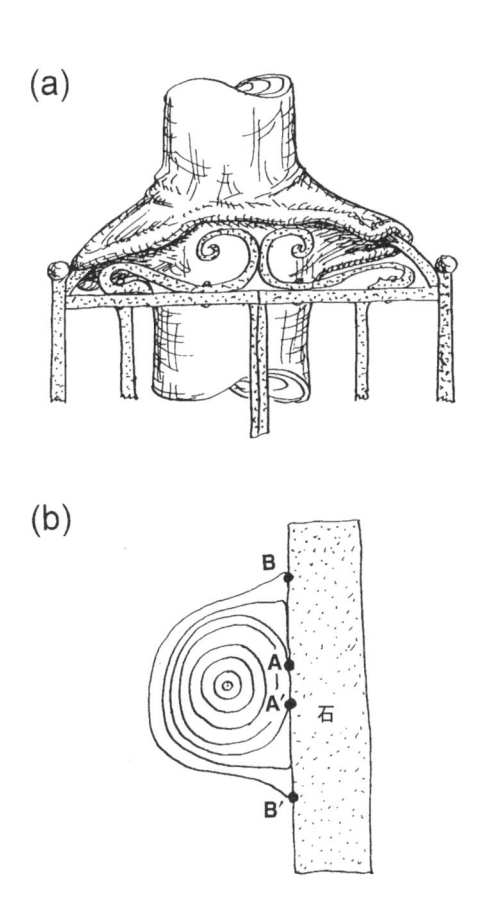

図9.5 樹木がガードレールや大きな石のような障害物にぶち当たると、その圧力点を感知して余分な木部を生成する。できるだけ広い面積に負荷を分散させて、この点で折れてしまうのを防ぐためである。(b)にあるように、最初の接触点A‐AはB‐Bに広がる

変え、欠陥の側面での圧力が最大になる。幹の割れはどのようなものでも穴の側面から始まるため、ダメージの「修復」もここに集中する。樹木は圧力を感知し、穴の側面で新しいカルスの生成に力を入れるだろう(図9.2)。同様に、重い物体が樹木に寄りかかったり、肥大している樹木がガードレールのような不動の物体にじゃまされると、樹木はその圧力を検知してその点に木部を加え、負荷をできるだけ大きな面積に分散させている。これによってある一点での圧力を減らすことができるからだ(図9.5)。

それでも樹木は失敗する ── なぜ？

　木部は生産するのにコストがかかる。不要なところに木部をつくるような樹木は、資源を浪費していることになり、生存を賭けた競争にも悪い影響が出てくるだろう。樹木のデザインもまた、リスクと安全を勘案した妥協の産物である。つまりあらゆる不測の事態に備えた過度の装備はとられていない。ハリケーンなどの極端な圧力が加わったとき、木が折れるのは当然のことだ。大きな木が倒れてきて車をつぶしたとしても、責めたり訴えたりする相手がいない。もともと樹木はこのようにデザインされているのであり、これを受け入れるしかないのである。強風で煙突が倒れ、屋根のタイルがはがれたとしても、煙突や屋根を放逐することはないのだが、樹木は追放される。

　とはいうものの、それぞれの樹木は異なったレベルでリスクと安全のバランスをとっているから、安全性にも差が出てくる。オークのような樹種は強くてよく保護された木部に多大の投資をしている。そのため高い背丈のわりに強い圧力に耐え、高齢になるまで生き延びるのだろう。反面、これらの樹種は、競争に弱く、とくに若齢のものは厳しい競争に苦しむだろう。空き地に侵入するカンバのような先駆種は安全の天井を低くして、背丈を速く伸ばすことに重点をおいている。細くて高い幹には耐久性に乏しい木部しかない。全滅や早死のリスクは大きいが、再生するのも早い。いわば「乗るかそるか」の戦略である。さらに同じ種であっても、個々の樹木の安全の限界はそれぞれの必要に応じて「決定」されるだろう。日陰にある樹木はとくに被害を受けやすい。機械的な強度を二の次にして陽光を得ようと背伸びしているからである。

空洞木

　樹木の安全性戦略がなんであれ、幹の中心部を食べつくす腐朽菌があると、風で木が折れやすくなる。直感的にはそのように思えるが、本当だろうか。クラウス・マセックがさまざまな樹種の1200本を調べたところ、折れたものもあれば、折れないものもあった。そこで樹木の直径と対比して健全な木部がどれほど残っているかを計測した。彼が見出したのは、樹種や大きさに関係なく、直径の70％以上が残っていれば（つまり壁の厚さが半径の30％以下にならなければ）、折れることはめったにないということである。直径50cm、半径25cmの樹木なら、最小限7.5cmの壁があればよく、直径1mの樹木なら15cmで安全だ。壁がこれより薄くても、樹冠が小さくて風の影響を受けにくい樹木なら立っていることができる。こうした事実から推測できるのは、健全な木部がかなり少なくても大きな樹木を支えることができるということであり、つまりは木部と樹木がきわめて巧みにデザインされているということである。

　樹木を支えるだけなら、幹の木部の多くが余分であることは明らかだ。実のところ

図9.6 伐採されたハンティンドンエルム（*Ulmus* x *hollandica* 'Vegeta'）
虚の中央に向けて鉛筆様の根を伸ばしている。この細根は分解された木部の養分を吸収してきたのであろう。自己リサイクルのすばらしい例である

空洞は利点にもなりうる。1987年にイングランド南部を襲った強風の後に、虚のある木がかなり残って、中身の詰まった健全木が倒れていた。空洞木は樹冠が小ぶりで、風を受ける面積が小さいという利点がある。また、虚があると木のしなやかさが増し、風の揺さぶりに耐えられるのかもしれない。

空洞の利点はほかにもある。熱帯の樹木でよく知られていることだが、イチイ類やニレ類のような温帯樹木でも健全な木部から中央部の腐朽した部分に向けて不定根を出すことができる。腐朽によって解放された養分をこの根で吸収し、リサイクルするという寸法だ。さらにまた、虚に生息する動物の排泄物や遺骸が余分な食糧になり、競争で優位に立つことができる。私が見たニレは伐採後それほど経っていないのに、鉛筆の太さくらいの根を数十本中央に向けて出し、養分を吸収する細い根は虚の内側に付着する褐色腐朽の部分にしっかりと入っていた（図9.6）。

だから空洞木を見ても同情心を起こす必要はない。虚は意図的なもので生存戦略の一部をなしているのであろう。それは樹木をしなやかにして風への抵抗力を高め、それ自身のリサイクルを可能にしているのである。

風倒──根返り木

第3章で述べたように、樹木を支えているのは大きな骨格を形成する根であり、それはおおむね樹冠の幅で広がっている。こうした根が結合して土壌に「ルートプレー

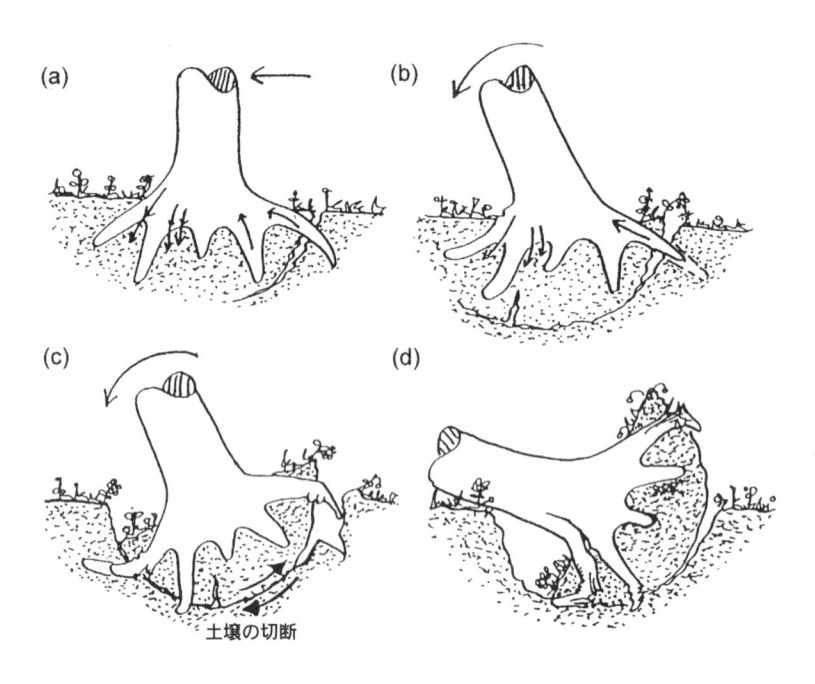

図9.7 比較的根の深い樹木が風で倒れる4つの段階
ルートボールがその土壌の受け口にそって回転し風倒が起こる

ト」を形成する。しかし主根やシンカーのある大部分の樹木では「ルートボール」と呼ぶのが適切だろう。

　どのようにして樹木は倒れるのか。木が風で揺すられると、土壌に割れが入って風上の水平根が引き抜かれるか、引きちぎられる（図9.7a,b）。こうした「支え綱の根」がなくなるにつれ、ルートボールはその土壌の受け口にそって回りはじめる。そうなるとさらに多くの根が切断されて、だんだんと木は傾いていく（図9.7c）。樹木が風で押し倒されるというより、むしろバランスを失ったその自重で崩落するのである（図9.7d）。本当に樹木を支えているのはルートボールとそれを取り巻く土壌との結びつきである。湿った土壌では水がこの結びつきを弱めているから風倒が起こりやすい。また樹木の大きさと重さが増加するにつれて、土壌に深くくいこんで周囲との結びつきが強まり、ルートプレートはそれに比例して相対的に小さくなっていく。小さな木のルートプレートは幹の半径の15倍以上にもなるだろうが、大きな木では3倍もあれば十分だ。

　トウヒやブナのような非常に根の浅い樹木では倒れ方が少し違う。土壌に割れが入

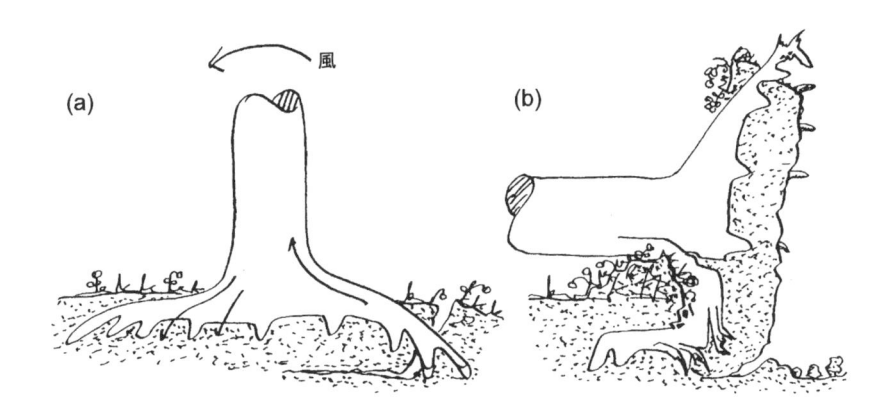

図9.8 根の浅い樹木の風倒
ルートプレートの端が傾く樹木の重みで持ち上げられて、コートスタンドがひっくり返るように倒れる

って風上の根が引き抜かれたり破壊されたりする最初の段階は深根性のものと同じだが（図9.8a）、次の段階では風下方向にルートプレート全体がひっくり返るのである（図9.8b）。これらの樹木の直立を支えているのは、第一に樹木自体とルートプレートが保持する土の重さであり、第二は水平根の長さである。土壌との結びつきの強さはあまり関係がない。湿性の土壌では根がどうしても浅くなるが、樹木を支えるにはこれがベストなのである。とはいうものの、環境というさいころには樹木に不利な細工がしてあるらしく、浅根性の樹木は深根性のものより安定度が低い。イギリスの高地にある針葉樹の造林地で風倒がよく起こるのはこのためである。

樹木は風に対していつも受け身というわけではない。支配的な風向を軸にして風上の側に多くの根を伸ばすのが普通である。風下の側はそれよりも少なく、風に直角の側はさらに少ない。風が強いのは一般に冬季で、多くの樹木は冬眠中である。しかしヨーロッパアカマツを対象にした研究によると、この期間でも幹にかかる機械的圧力を感知して、次の生育期にそうした情報を生かしているという。前にも述べたように、樹木は希少な資源の浪費を避け、不要な根は伸ばさない。林内の中ほどに位置する樹木は、林縁の樹木に比べて根を発達させていないのが普通である。林分の一部が倒れて、残された木が強風にさらされるようになるまでは、余分な根の伸長を保留している。この経済はすばらしい。

風害と樹木の枯損

　最近（最終的に）確認されたことだが、1987年にイングランド南部を襲った強風で折れたり倒れたりした1500万本の樹木の多くは、当初の予想に反して、死んでいなかった。風で傾いたままの樹木もちゃんと生きている。根は再び伸長を開始し、「あて材」の成長で樹木の傾きが是正されていく（第3章）。ところが傾いた大量の樹木が死んだものとあきらめられて、きれい好きな人たちの手で片づけられてしまった。完全に倒れた木でも一部の根が無傷であれば（とくに図9.8のような根の浅い樹木）、そこから匍匐枝を出すこともできるし、あるいは枝から新しい幹を出してまっすぐに伸ばすこともできるのである（もともとの幹が落ち葉で隠されると樹木の奇妙な列ができ、軽率な自然愛好家はこれによくだまされる）。同じように、折れた木の幹も蓄えられた芽から新しいシュートを出すことができる。例外的に風で死ぬのは年をとって弱った木である。これについては本章の最後で触れよう。

樹木の年齢

　樹木の生存を脅かす要因はたくさんあるが、動植物の中では長命であり（聖書のイザヤ書にも「わたしの民の寿命は木の寿命に等しく」とある）、もちろん世界一高齢の生き物は樹木である。樹木の寿命はおおむね数百年に及ぶが、大部分は500年以下である（ボックス9.1）。熱帯の樹木もおそらくそうだろう（ただし年輪がないので判断が難しい）。リチャーズの名著『熱帯多雨林』によると、最大平均寿命がわかっている樹種は二つだけで、レッドメランチの一種（*Shorea leprosula*）が250年、ホワイトセラヤ（*Parashorea malaanonan*）が200年、最大で300〜350年程度となっている。一部の樹種は1500年くらい生きられるという推測もあるが、憶測の域を出ていない。植生の再生に関するクラカトアでの研究では、この地の熱帯樹木の平均寿命は80〜120年である。

　世界を見渡すと、これらよりもずっと長生きしている樹木がたくさんある。セコイア類の多くは長命で、セコイアは2000年以上、ジャイアントセコイアは3000年以上生きている。幹が生きている樹木で最高齢とされているのは、カリフォルニアとネバタの標高3000m以上に生育するブリッスルコーンパインである。年輪で数えて4600歳というのが、もっとも高齢の生きた個体である。不注意にも切り倒された痩せこけた個体には4900もの年輪が刻まれており、その寿命は5000年を超えるかもしれない。エジプト人がピラミッドを建造していたころ、これらの樹木はすでに根を下ろしていたのである。

　別のタイプの樹木であれば、もっと高齢になることもありえるだろう。スマトラの

ボックス9.1 樹木類の予期される寿命（年）	
カンバ類	80〜200
レッドメープル	110
セイヨウトネリコ	200〜300
ヨーロッパブナ	200〜400
ヨーロッパアカマツ	500
オーク類	700〜1000
ダグラスファー	750
ポンデローサパイン	1000＋
リンバーパイン	2000
セコイア	2000＋
ジャイアントセコイア	3000＋
ブリッスルコーンパイン	4900＋
ヨーロッパイチイ	たぶん5000＋

　リュウケツジュは1万年以上だと考える人もいるし、ソテツ類の中には1万4000年ないしそれ以上だという推測もある。しかしこれらの樹木は年輪をつくらず、放射性炭素で年代測定ができるような固形の中心部を欠いているから、こうした推定も独りよがりな話ではないかと私は疑っている。
　信じられないほど高齢の樹木が発見されたという記事が時どき新聞に載ることがある。たとえば、カリフォルニアのクレオソートブッシュで1万1700年生のものがあったとか、タスマニアのフオンパインはたぶん1万年生だろうとか、あるいはタスマニア西南部に生育するキングズホリーという低木の年齢は4万年だといった推測がそれである。これは本当だろうか。答えはイエス・アンド・ノーである。これらのケースで本当に古いのは植物のクランプ（集団）である。クレオソートブッシュの年齢は、既知の率で外側に成長する年輪様の輪の大きさを調べて決定するのだが、クランプの年齢に近いところには幹がない。同様にフオンパインとキングズホリーはクローンであり、数千年にわたってこの場所に生育していたであろうが、現在の幹はいずれもかなり若く、フオンパインでは2000年以上の古い幹は見られない。これはむしろ取り替え用の5つの新しいヘッドと二つの新しい柄を使って50年間働いてきた古いほうきのようなものだ。ブリッスルコーンパインとキングズホリーのどちらを最高齢の植物とするかは論議のあるところで、両者とも同じくらい印象的である。私個人としては、4000年もかけて育ってきたブリッスルコーンパインの幹に触れるのはすばらしく、これ以上のものはなかなか望めないと思う。

イギリスのイチイ類は何世紀にもわたって生存できると考えられてきたが、数千年生きられそうだ。最大のものは確かにすごい。スコットランドのタイサイドにあるフォーティンガルのヨーロッパイチイは、幹はぼろぼろになっているものの、その胴回りは17mもあり、樹齢は5000年と推測されている。正確な樹齢の決定をはばんでいるのは年齢を数える技術である。最高齢の個体は空洞木であり、虚がなかったとしても年輪を数えるのは困難だろう。樹齢決定のためだけに尊敬すべき高齢木を切り倒すわけにはいくまい。成長錐を幹に差しこんでストロー状の年輪のサンプルをとることもできるが、直径数メートルの大木が相手では容易なことではない。温帯の樹木の胴回りは年に1.3〜2.5cm成長するというミッチェルの目安（第6章）は、木に傷をつけないで樹齢を推定する実用的な方法だが、年齢のわかっている樹木のデータをもとに胴回りと年齢の関係を示すグラフができていると、推定精度はずっとよくなる。ところがイチイ類は年輪をつくるとは限らないし（第3章）、300年間胴回りの成長がないということも知られている（ただし幹の一部が失われていることや胴回りを測る幹の高さと精度が変わっていることに注意）。継続測定の示すところによれば、その胴回りは年平均で5mmだが、高齢木では0.3mmに落ちる（年輪幅にすると0.8mmと0.05mm）。これはミッチェルの目安よりもずっと低く、フォーティンガルのイチイの樹齢が5000年でもおかしくはない。おそらくイチイの古さでもっとも説得力のある証拠は、サレイのタンドリッジにある教会横の1本のイチイである。サクソンの時代、この木の根のまわりに教会の基礎がつくられた。根の肥大成長はきわめて遅いので、1000年前でも木自体はかなり大きく、根も橋を渡すほどの大きさになっていたにちがいない。また胴回り11mというのも国内最高ではなく、樹齢は2500年程度と見積もられている。教会の庭には伝統的にヨーロッパイチイが植えられてきた。なぜ植えられたのか。イチイの予想外の年齢はこの古くからの疑問に対する答えになっている。異教徒があがめていたイチイのまわりに教会が建てられたのだ。

何が樹木を死に至らしめるか

樹木の環境

樹木をめぐる環境に欠乏（たとえば干魃）や過剰（たとえば寒気、塩分、汚染）があると、木はそれで簡単にやられることがある（ボックス9.2）。個々の汚染物質やその他のストレスが樹木の生理や働きに及ぼす影響については、部分的にせよある程度わかっているのだが、病める樹木や森林の正確な原因を突き止めるのは多くの場合困難である。というのも、原因は別でも同じ兆候を示すことがあるからだ。たとえば地下のパイプラインから天然ガスが漏出したとする。これ自体は有毒ではないが、酸素

を置換して排水不良や土壌の締め固めと似たような症状を起こさせる。さらにバクテリアが天然ガス（メタン）を酸化して水を生産するため、ガス漏れのあるところは過湿になる。そして菌による致命的な病気（フイトフソラ）は、この過湿土壌の条件とかかわりが深い。このように、木を殺しているように見えるものが、もっと重大な死因をおおい隠すこともありうるのだ。病気や汚染のような原因で弱った樹木は、干魃や風倒、あるいは別の病気などにやられやすい（153ページ参照）。衰退の最初の原因が見過ごされて、明白な原因の方に目が向けられてしまう。同様に、小さなストレスの積み重ねが重大な問題に発展することがある。「工業国全体の生態的クライシスになった」とされる「森林衰退」も単一の原因に帰することはできず、いくつものストレスの集積のように思われる。

致命的な病害

　樹木がある病気に感染すると、その防御が急速かつ激的に破壊されて、突然死に至ることがある。中でもよく知られているのはナラタケだろう（ボックス9.2）。その他の病気のいくつかは特定のタイプの樹木にとりついて世界を驚愕させた。すぐ思い浮かぶのは北アメリカのクリ胴枯病とニレ立枯病である。もちろん、この二つに限られているわけではないし、出番を待つものも少なくない。

ニレ立枯病　これは致命的な病気の典型であり、詳しく見ておくだけの価値がある。この病気のためにヨーロッパと北アメリカと西アジアで大量のニレが失われた。イングランドで最初に報告があったのは1927年のことで、北アメリカからの輸入丸太を経由して入ったものであろう。ヨーロッパにおける最初の蔓延（1920～1940年代）は穏やかなものであったが、その後もともとの菌の系統（*Ophiostoma ulmi*）が、より攻撃的な系統（*O. novo-ulmi*）に変わっていった。1960年代の後半にイギリスで猛威をふるったのは後者である。この国のニレの総数は3000万本とされていたが、そのうちの2500万本が犠牲になった。一部のものは生き残って根から匍匐枝を出したが、それが大きくなると菌を運ぶキクイムシに繰り返し攻撃された。
　菌を木から木に移動させるのは主として大型のニレキクイムシ（*Scolytus scolytus*）である。感染した樹木から5月ころ離れていく若いキクイムシは、巣穴の中の菌が生産するねばねばした胞子を身につけている。外に出たこの昆虫はニレの木（とくに弱った木や病気の木）が出す特殊な化学物質を風の中に求めて、5 kmくらいまで飛んでいく。1匹のメスのキクイムシが適切な場所を見つけると、「集団フェロモン」と呼ばれる臭いを出して、同様の場所を探している他のメスをひきつける。これらのキクイムシが仲間になると、放散する臭いを変え、通り過ぎていく他のキクイムシを逆に排斥するようになる。1本の木にたくさんのキクイムシが群がるのを避けるためで

ボックス9.2　さまざまな問題に対する樹木の感受性	
被害を受けやすい	耐性がある
霜の害	
クルミ類 セイヨウトネリコ ヨーロッパグリ オーク類 グランドファー シトカトウヒ ドイツトウヒ カラマツ類 アメリカツガ アメリカネズコ	カンバ類 セイヨウハシバミ セイヨウシデ シナノキ類 多くのポプラ ヨーロッパアカマツ モントレーイトスギ
二酸化イオウの害	
クルミ類 カンバ類 リンゴ類 イタリアポプラ ヤナギ類 カラマツ類	コブカエデ セイヨウシデ ヨーロッパブナ プラタナス類 アメリカクロヤマナラシ オーク類 ローソンヒノキ ネズミサシ類 コルシカマツ アメリカネズコ イチョウ

ある。腰を落ち着けたメスたちは穴をあけて樹皮に入る（好まれるのは4年生くらいの木で、やや大きめの枝の叉である）。キクイムシが糖分の多い内皮を食すると辺材に刻み目がつき、一緒に運ばれてきた胞子が導入される。

　この菌は「維管束萎凋菌」に分類され、水を運ぶ管（維管束組織）をブロックして上にある葉をしおれさせるのである。菌糸が木部を摂食しながら進んでいくと、空気が吸いこまれ、（とくに水に大きな圧力がかかっている場合）管の働きが止められてしまう（第3章）。残って機能している部分も菌糸で急速にブロックされ、それにそって

ボックス9.2	
塩害	
コブカエデ	ニレ類
ヨーロッパカエデ	ホームオーク
セイヨウカジカエデ	アメリカスズカケノキ
セイヨウトチノキ	ヨーロッパハンノキ
グレイオールダー	ニセアカシア
グリーンオールダー	ゴールデンウィロー
ヨーロッパブナ	タマリスク
シナノキ類	カサマツ
ドイツトウヒ	フランスカイガンショウ
	シトカトウヒ
	イチョウ
ナラタケ菌の害	
ライラック	オーク類
リンゴ類	ツゲ
セイヨウイボタ	サンザシ類
ヤナギ類	セイヨウキヅタ
クルミ類	セイヨウヒイラギ
ヒマラヤスギ類	ニセアカシア
イトスギ類	ヒイラギナンテン類
アメリカネズコ	シンジュ
チリマツ	セイヨウバクチノキ
ジャイアントセコイア	ブラックソーン
	タマリスク
	ヨーロッパイチイ

　胞子が広がり、穿孔板に堆積する。それはゴミが鉄格子にひっかかって水が流れなくなった排水路のようなものだ。菌はまた致死的な毒素を出してくる。この闖入者に対抗して樹木の方も患部になっている管の上下をチロースで閉鎖している（図9.3）。しかし悪いことにニレは環孔材で（第3章）大部分の水は樹皮のすぐ下のいちばん若い年輪の中だけを移動するから、この病気にやられやすい。典型的な兆候は6月までに葉が黄色くなってしおれ、その年のうちか、高齢木なら2～3年のうちに死んでいく。
　1本の木がやってきたキクイムシに侵されるかどうか決まるのは、数当て賭博と競

争である。侵入を成功させるにはおよそ1000個の胞子がなければならない（大きな隊をなして砦を攻撃した方が一人でやるよりうまくいく）。キクイムシはあちこち飛んでいるうちに胞子を失うので、1匹のキクイムシが新しい木を確実に侵すためには1万個もの胞子が必要だろう。これまでの調査によると、キクイムシの60〜90％が樹皮に感染させて去っていくが、新しい木に到着するもののうち十分な数の胞子をもっているのは10〜50％にすぎず、感染するのは摂食のためのトンネルのうち3〜5％にとどまっている。この病気の伝播において大型のニレキクイムシが小型のもの（Scolytus multistriatus）より力があるのはそのためである。

この菌自身がウイルスに似た自然の病気（d-ファクターと呼ぶ）をもち、これが侵入に必要な数の胞子を1000から約5000に増加させる働きをしている。これは普通のキクイムシの密度では運ぶのが困難な量である。1930年代の流行が突然予期せぬ形で下火になった原因がここにあるのかもしれない。セイヨウニレがイギリスのオウシュウニレよりもこの病気にやられにくいのは、（菌には侵されやすいのだが）ニレキクイムシが摂食するのをあまり好まないのと、枯れはじめたセイヨウニレの樹皮にすぐさま入ってくる菌（Phomopsis oblonga）がキクイムシに対抗するからである。

この病気に対してはさまざまな防除対策がとられてきた。
・「衛生伐」および感染した木材や樹皮の処分
・健全木と感染木の間に溝を掘って根の接合を断つ
・フェロモンのわなと殺虫剤（メスが出す集団フェロモンに擬してキクイムシを粘着性のあるトラップに誘いこむ）
・治癒または予防措置として殺菌剤を木に注入する

いずれも大変なコストがかかるが、確実に成功する保証はない。

物理的な問題

この章の冒頭で見たように、山火事、暴風、地震、火山活動などの自然災害で樹木は物理的にうち砕かれるし、汚染も油断ならない。しかしこうした出来事によるダメージは見かけほどではないことが多い。一見、完全に破壊されたようでも、必ず死に至るというわけではないのだ。1945年に広島に原爆が落とされたとき、爆心近くの1本のイチョウの木は樹幹を完全に失ったが、その基部から再生した。しかし高齢の大きな木は、しばしば萌芽を出すこともなく、その場で立ったまま文字通り崩れるようにして死んでいく。これは飢餓と強度の問題である。

飢餓と老齢

動物と違って植物の場合は年齢そのものは中心的な問題ではない。植物はモジュー

ル構造になっているので、古い手足がなくなっても新しいものが生えてくる。人間でいえば足が老化するか関節炎で使えなくなったら、これにかわる足が出てくるようなものだ。さらに毎年新しい内皮を成長させる樹木では、生きている部分は常時若く、いちばん古いものでも30年もつことはまれで、最大限でも50年くらいである。

　生存にとってもっと重要なのは木の大きさである。樹木は成長していずれ樹冠の極大点に達する。樹高の方は主として水輸送の関係で無制限に大きくなれないし（第6章）、側枝を長く伸ばそうとすると、それを支えるのに大変なコストがかかる。したがって1本の木がつけられる葉の数にも上限があり、それはまた食糧生産の制約を意味する。ところが樹木の方は樹皮の下に毎年木部の新しい層を加えていく必要がある。ロシア人形と同じことで、木が大きくなるにつれ樹木の全体をおおうのに必要な木部の量は年々大きくならざるをえない。おまけに木が大きくなると生存（呼吸）に必要な食糧も増え、成熟木では所得となる糖分の3分の2に達する。所得（食糧）は固定されているのに支出（呼吸と新しい木部）は増えつづけるわけだ。樹木はその対策として当分は年輪幅を縮めていくことになるが、これにもおのずと限度がある。何かを犠牲にしなければならない。その対象になるのは普通、最大の水分ストレスを受けている先端部の枝条である。死んだ枝がシカの角のように樹冠の先から突き出ている光景がその結果である。枝がなくなれば葉が少なくなり、新しい木部も形成されない。終焉に向けての旋回が始まったのである。ただし多くの樹木はこのプロセスを遅くすることができる。不定芽のある樹木は幹から新しい枝を伸ばし、先端部でなくした分を十分補うほどの葉をつける。しかもその枝は細いのであまり木部を必要としない。これらの樹木は、上部の幹とその太い枝の維持に費用をかけないで葉面積を維持してきたのである。

　不定芽の寿命はそれほど長くはない。オークは100年、セイヨウシデとブナは60年くらいで、カンバ類やヤナギ類はさらに短い。しかしオークやヨーロッパグリ（とくに大きなこぶのあるもの）のように、不定芽をたくさん出す樹木は新しい枝を次々と供給し、何世紀にもわたって死を逃れることができる。昔から「オークは成長するのに300年、成長を止めて300年、死ぬまでに300年」といわれてきた。オークの頂上の枝が枯れはじめるのは、人間でいえば中年になって少し髪の毛が薄くなった年代に相当するだろう。とはいえトネリコ類やブナなどはこうした「費用削減」があまり得意でないため、衰退が急速に進んで、比較的若くして死んでしまう。

　いずれにせよ、樹木には固定した寿命がない。1本の木の寿命を延ばすには、木を小さく保つに限る。それにはゆっくり成長させればよい。その典型が高齢のブリッスルコーンパインで、その生育環境は寒冷で土壌が痩せていて雨が少なく（年降水量300mm以下でその多くは降雪）、生育できる時期も年に数週間しかない。アメリカ西南部の高地（標高3400m）にある個体は700年生なのに樹高1m、直径7cmしかなかった。樹木を小型に保ち寿命を長くするためのもう一つの方法は、逆説的だが、刈り

こんでいくことだ。これは木部の量を減らし、樹木を実質的に若返らせる（もちろん切り口から再生する樹木に限られるが）。イギリスに分布するセイヨウトネリコの正常な寿命は250年であるが、サフォーク、ブラッドフィールドの森にあるセイヨウトネリコは萌芽仕立てになっていて、幹の直径は5.6mあり、樹齢は少なくとも1000年と見られている。

　食糧の収支は備蓄のあり方によっても影響される。第3章で見たように、食糧は辺材の生きている細胞に蓄えられる。樹木が大きくなり、食糧生産が赤字になってくると、備蓄用食糧のゆとりも少なくなる。それと同時に、新しい木部が成長しないから食糧の貯蔵室も小さくなる。さらに腐れや感染部分が累積すると、患部を封印すべく形成層にバリアゾーンが敷かれ、貯蔵能力はさらに失われる。樹木の生きている部分は壁に囲まれてますます薄くなり、樹皮の下に押しこめられるからだ。呼吸もいくらかは減少するが、十分ではない。予備のエネルギー生産と備蓄が細るにつれ、木は弱っていく。また損傷部と新しい木部の間にバリアができにくくなる。おまけに新しい木部が狭くなることから、菌による腐れが簡単に樹皮に到達する。樹木のこの部分は死ぬだろう。新しい不定芽を出して寿命を延ばすことができるが、大きな老木からは新しいシュートが出にくい。これはおそらく不定芽の蓄えがつきてきているのと、厚い樹皮の下で芽が動けなくなるからであろう。加えて弱った樹木の新しい枝条が、これから成長するかと思われる時期になって枯死することも珍しくない。バリアゾーンがなくなるか、非常に弱まっているからであろう。あるいは新しい枝から根に至る薄い木部層を成長させるだけの備蓄がないからである。いずれのケースも新しい枝と根の間が病気になり、枝は枯れてしまう。こうなると疲弊した老木は粛々と退出するしかない。

樹種名索引

本文中に多くの樹種名が書かれているので、その中の比較的出現頻度の高いものを選び、日本産の樹種と対照して理解を深める手助けとしたい。著者は英国あるいは欧州での樹種名を念頭においているが、それらを慣例にしたがって翻訳すると、日本産の同類の樹種と同じになってしまうことが多い。たとえば、本文中に記されているブナは欧州産のもので、同じブナの類ではあるが、日本のブナとは種が異なる。一方、学名が付記されて種が明らかにされ、かつ日本語名がすでによく知られている場合には、日本語名をつけている（例 ヨーロッパブナはEuropean beech *Fagus sylvatica*に対応している）。よく知られている日本名がない場合には、そのままカタカナ読みをし、さらに文中の出現頻度が低い樹種については、学名と英語名を併記している。本文中にしばしばオークあるいはオーク類という表現が出ているが、これは属の名前の*Quercus*に属する種の総称あるいは一ないし数種の樹種を意味している。この属の中は、日本であれば大きく分けるとナラ類とカシ類になり、文中ではしばしば区別しにくいためオークあるいはオーク類としている。なお英語名は本文中のものを用いた。

【ア】

アークティックウィロー arctic willow *Salix nivalis* 10

アーモンド almond *Prunus dulcis* 99, 111, 218

アイリッシュユー Irish yew（もとは*Taxus baccata*の一本の雌株からのクローン）128

アカシア類 acacia *Acacia* spp. 9, 22, 23, 25, 32, 59, 75, 90, 91, 113, 132, 198, 216

アブラヤシ oil palm *Elaeis guineensis* 103, 115

アボカド avocado *Persea americana* 6, 28, 87, 139, 159

アメリカキササゲ Indian bean-tree *Catalpa bignoides* 13

アメリカグリ American chestnut *Castanea dentata* 121, 230

アメリカクロヤマナラシ eastern cottonwood *Populus deltoides* 13, 242

アメリカサイカチ honey locust *Gleditsia triacanthos* 87, 164, 168, 181, 214

アメリカシナノキ linden *Tilia americana* 56

アメリカスズカケノキ American plane *Platanus occidentalis* 138, 230, 243

アメリカタラノキ Hercules' club *Aralia spinosa* 33

アメリカツガ ベイツガ（木材）western hemlock *Tsuga heterophylla* 242

アメリカニレ American elm *Ulmus americana* 8, 92, 168

アメリカネズコ ベイスギ（木材）western red cedar *Thuja plicata* 130, 152, 159, 168, 225, 227～229, 242, 243

アメリカヒノキ ベイヒバ（木材）Nootka cypress *Chamaecyparis nootkatensis* 209, 229

アメリカヒルギ red mangrove *Rhizophora mangle* 87

アメリカブナ American beech *Fagus grandifolia* 194, 202, 230

アメリカンホップホーンビーム American hop hornbeam *Ostrya virginiana* 30

アンズ（アプリコット）apricot *Prunus armeniana* 99, 218

【イ】

イタリアポプラ Italian poplar *Populus nigra*からの交配種 128, 242

イタリアンオールダー Italian alder *Alnus cordata* 47

イチイ類 yew *Taxus* spp.（日本のイチイは*Taxus cuspidata*）2, 3, 27, 38, 44, 127, 128, 131, 132, 139, 147, 149, 153, 170, 219, 220, 226, 235, 240

イチゴノキ strawberry tree *Arbutus unedo* 109

イチジク fig *Ficus* spp. 25, 56, 75, 78, 93, 101,

103, 104, 113〜116, 129, 135, 139, 163
イチョウ　ginkgo　*Ginkgo biloba*　2〜6, 89, 104, 121, 127〜129, 131, 159, 183, 227, 242〜244
イトスギ類　cypress　*Cupressus* spp.　2, 8, 22, 29, 77, 78, 127, 157, 182, 243
イナゴマメ　carob tree　*Ceratonia siliqua*　6, 203
イボタノキ類　privet　*Ligustrum* spp.　106, 195
イラノキ類　stinging tree　*Dendrocnide* spp.　216
インドキングサリ　Indian laburnum　*Cassia* spp.　17
インドゴムノキ　Indian rubber tree　*Ficus elastica*　104, 221
インドボダイジュ　bo-tree　*Ficus religiosa*　228

【ウ】
ヴァージニアクリーパー　Virginia creeper　*Parthenocissus quinquefolia*　25, 218
ウインターズバーク　Winter's bark　*Drymis winteri*　219
ウエルウイッチア　welwitschia　*Welwitschia mirabilis*　2, 10, 17, 121
ウルシ類　sumac　*Rhus* spp.　221

【エ】
エゾノウワミズザクラ　bird cherry　*Prunus padus*　139
エダハマキ類　celery-topped pine　*Phyllocladus* spp.　23, 24
エニシダ類　broom　*Cytisus* spp.　3, 24, 107, 113, 114, 140, 200, 210, 214, 215
エンゲルマンスプルース　Engelmann spruce　*Picea engelmannii*　168

【オ】
オウシュウニレ　English elm　*Ulmus procera*　64, 244
オーク類　oak　ナラ類　カシ類　*Quercus* spp.　1, 2, 4, 5, 8, 12, 15, 20, 25, 28, 30, 41〜44, 49, 51, 52, 58, 60〜62, 64, 73, 75〜80, 88, 90, 102, 108, 117, 121, 129, 130, 133, 135〜137, 140, 145, 146, 149, 154, 158〜160, 162, 163, 169, 170, 175, 180〜183, 190, 197, 198, 200〜203, 205, 206, 217〜219, 223, 225, 227, 228, 234, 239, 242, 243, 245（ナラ類　55）
オールダーバックソーン　alder buckthorn　*Frangula alnus*　107
オセージオレンジ　osage orange　*Maclura pomifera*　55
オニヒバ　incense cedar　*Calocedrus decurrens*　130
オニヒバ類　incense cedar　*Calocedrus* spp.　120
オリーブ　olive　*Olea europaea*　6, 15, 16, 21

【カ】
カウリマツ　kauri pine　*Agathis australis*　127
カエデ類　maple　*Acer* spp.　4, 31, 32, 42, 45, 51, 52, 54, 59, 60, 70, 77, 78, 88, 89, 100, 105, 108, 121, 127〜129, 131, 133, 138, 158, 180, 183, 186, 192, 194, 201, 211, 217
カカオ, ココア　cocoa tree　*Theobroma cacao*　6, 113, 126, 159
カキノキ類　persimmon　*Diospyros* spp.　128（カキ　131）
カサマツ　stone pine　*Pinus pinea*　172, 173, 243
カシ類　oak　*Quercus* spp. → オーク類
カッパービーチ　copper beech　*Fagus sylvatica* f. *purpurea*　31, 208
カツラ　*Cercidiphyllum japonicum*　31, 83, 183
カナリーパイン　canary pine　*Pinus canariensis*　65
カポック　kapok　*Ceiba pentandra*　112, 138, 142
ガマズミ類　guelder, wayfaring tree　*Viburnum* spp.　108, 157, 198, 216, 217
カラマツ類　larch　*Larix* spp.　2, 3, 12, 27, 29, 121, 130, 152, 159, 168, 183, 184, 196, 209, 220, 242
カリビアマツ　Caribbean pine　*Pinus caribaea*　159
カリフォルニアゲッケイジュ　California laurel　*Umbellularia californica*　218
カルミア　kalmia　*Kalmia* spp.　113, 114
カンバ類　birch　*Betula* spp.　2, 8, 13, 14, 21, 29, 32, 42, 45, 47, 57, 58, 60, 62〜64, 73, 77, 78, 88, 107, 119, 121, 129, 135〜139, 153, 159, 162, 168, 183, 193, 196, 199, 200, 203, 205, 209, 212, 218, 228, 229, 239, 242, 245
カンボク　guelder rose　*Viburnum opulus*　110

【キ】

キイチゴ（常緑）evergreen blackberry　*Rubus* spp.　100, 200

キイチゴ類　blackberry　*Rubus* spp.　139, 214

キササゲ　Indian bean-tree, catalpa　*Catalpa* spp.　31, 33, 42, 138

キニーネブッシュ　quinine bush　*Petalostigma pubescens*　140

ギャンベルオーク　gambel oak　*Quercus gambelii*　128

キリ　foxglove tree　*Paulownia tomentosa*　8, 33

キングサリ　laburnum　*Laburnum anagyroides*　17, 78, 91, 108, 132, 210

キングズホリー　King's holly　*Lomatica tasmania*　239

【ク】

グースベリ　gooseberry　*Ribes* spp.　111

クエイキングアスペン　quaking aspen　*Populus tremuloides*　54, 135, 147, 218

クスノキ　camphor, laurel　*Cinnamomum camphora*　28, 224

クラックウィロー　crack willow　*Salix fragilis*　127, 217

クラブアップル　crab apple　*Malus sylvestris*　107, 202

グランドファー　grand fir　*Abies grandis*　242

クリーピングウィロー　creeping willow　*Salix repens*　192

グリーンアッシュ　green ash　*Fraxinus pennsylvanica*　76

グリーンオールダー　green alder　*Alnus vilidis*　243

クリ類　chestnut　*Castanea* spp.　100, 126, 241

クルミ類　walnut　*Juglans* spp.　9, 42, 65, 73, 89, 100, 119, 124, 158, 191, 201, 218, 228, 242, 243

グレイオールダー　grey alder　*Alnus incana*　243

クレオソートブッシュ　creosote bush　*Larrea tridentata*　17, 19, 24, 182, 217, 239

クレマチス　clematis　*Clematis* spp.　25

クロウメモドキ類　buckthorn　*Rhamnus* spp., *Frangula* spp.　58, 91, 106

クロフサスグリ　black currant　*Ribes nigrum*　87, 189

クロベ類　arborvitae　*Thuja* spp.　157

【ケ】

ゲッケイジュ　laurel　*Laurus nobilis*　4, 5

ケルメスオーク　kermes oak　*Quercus coccifera*　181

ケンタッキーコーヒーツリー　Kentucky coffee-tree　*Gymnocladus dioica*　33, 87

【コ】

コウヤマキ　Japanese umbrella pine　*Sciadopitys verticillata*　23, 24

コウヨウザン　Chinese fir　*Cunninghamia lanceolata*　127

ゴールデンウィロー　golden willow　*Salix alba* の変種　243

コクタン　ebony　*Diospyros ebenum*　55

ココナツ　coconut　*Cocos nucifera*　141, 197, 201, 204, 205

コバノブラッシノキ類　bottlebrush , カユプテ　*Melaleuca leucadendra*を含む　102

コブカエデ　common maple　*Acer campestre*　168, 242, 243

コルクガシ　cork oak　*Quercus suber*　28, 61, 62

コルシカマツ　Corsican pine　*Pinus nigra* var. *maritima*　227, 242

コンモンコトネアスター　common cotoneaster　*Cotoneaster integrrumus*　107

コンモンドッグウッド　common dogwood　*Cornus sanginea*　107

コンモンボックス　common box　*Buxus sempervirens*　100, 107

【サ】

ザイフリボク類　mespil　*Amelanchier* spp.　129

サクラ類　cherry　*Prunus* spp.　31, 57, 60, 62, 77, 78, 83, 99, 100, 107, 111, 159, 164, 187, 189, 196, 200, 201, 207, 208, 212, 214, 221

サクランボ　cherry　ほとんどがセイヨウミザクラ　*Prunus avium*　129, 139, 143

サゴヤシ　sago　*Meteroxylon sagu*　54

サトウカエデ　sugar maple　*Acer saccharum*　30, 85, 152, 193, 200

サブアルペンファー　subalpine fir　*Abies*

樹種名索引　249

lasiocarpa 174
サラノキ属 shorea 123
サワラ *Chamaecyparis pisifera* 209
サンザシ類 hawthorn *Crataegus* spp. 38, 78, 100, 105, 108, 118, 129, 165, 181, 214, 243

【シ】

シーバックソーン sea-buckthorn *Hippophae rhamnoides* 109
ジェフレーマツ Jeffrey pine *Pinus jeffreyi* 138, 221
シダレガジュマル weeping fig *Ficus benjamina* 103, 104
シデ類 hornbeam *Carpinus* spp. 13, 30, 60, 63, 78, 119, 138, 158, 183
シトカトウヒ Sitka spruce *Picea sitchensis* 145, 159, 166, 171, 242, 243
シナノキ類 lime, linden *Tilia* spp. 21, 25, 42, 57, 59, 73, 77, 78, 102, 106, 108, 121, 126, 138, 156, 159, 160, 168, 183, 212, 225, 228, 242, 243
シナモン cinnamon *Cinnamomum versus* 6, 58, 219
シベリアマツ Siberian stone pine *Pinus sibirica* 204
しめころしイチジク strangler fig *Ficus globosa*, *Ficus leprieuri* 92, 103, 104, 139, 163
ジャイアントセコイア giant sequoia, giant redwood *Sequoiadendron giganteum* 62, 130, 145〜147, 168, 181, 200, 203, 204, 230, 238, 239, 243
シャクナゲ類 rhododendron *Rhododendron* spp. 100, 138, 204
ジャックパイン jack pine *Pinus banksiana* 231
シャリントウ類 cotoneaster *Cotoneaster* spp. 100
ショートリーフパイン shortleaf pine *Pinus echinata* 159
ジョジョバ jojoba *Simmondsia chinensis* 15
シルバーバーチ silver birch *Betula pendula* 159, 181, 204
シルバーファー silver fir *Abies alba* 63
シンジュ tree of heaven *Ailanthus altissima* 31, 33, 127, 243
ジンチョウゲ類 daphne *Daphne* spp. 109

【ス】

スイスストーンパイン Swiss stone pine *Pinus cembra* 204
スカーレットオーク scarlet oak *Quercus coccinea* 130
スギ *Cryptomeria japonica* 2, 22, 89, 100, 127, 181, 183, 228
スグリ類 currant *Ribes* spp. 107, 111, 134
スクリューパイン, アダン screw pine *Pandanus tectorius* 2, 38
ススキノキ grass tree *Xanthorrhoea* spp. 2, 38
ストローブマツ eastern white pine *Pinus strobus* 162, 204
スネークバークメープル snake-bark maple *Acer pennsylvanicum* 128
スパニッシュオーク Spanish oak *Quercus hispida*（常緑性のQ. cerrisと落葉性のQ. suberとの雑種） 28
スパニッシュモス Spanish moss *Tillandsia usnoides* 217
スマック sumac *Rhus* spp. 33, 127

【セ】

セイヨウイボタ privet *Ligustrum vulgare* 27, 108, 243
セイヨウカジカエデ sycamore *Acer pseudoplatanus* 31, 63, 75, 168, 202, 204, 212, 219, 243
セイヨウキヅタ, ツタ ivy *Hedera helix* 13, 15, 28, 139, 192, 204, 213, 243
セイヨウキョウチクトウ oleander *Nerium oleander* var. *oleander* 13
セイヨウクロウメモドキ buckthorn *Rhamnus cathartica* 107, 184
セイヨウシデ European hornbeam *Carpinus betulus* 13, 107, 168, 195, 204, 207, 217, 227, 228, 242, 245
セイヨウシナノキ common linden, lime *Tilia* x *europaea* 13, 61, 64, 145, 147, 170, 172
セイヨウスモモ common plum *Prunus domestica* 188, 189
セイヨウトチノキ horsechestnut *Aesculus hippocastanum* 107, 109, 168, 204, 243,
セイヨウトネリコ common ash *Fraxinus excelsior* 32, 76, 107, 128, 153, 168, 197, 198,

204, 239, 242, 246
セイヨウナシ　common pear　*Pyrus communis*　189
セイヨウナナカマド　rowan　*Sorbus aucuparia*　100,125, 204
セイヨウニレ　common elm, Wych elm　*Ulmus glabra*　168, 186, 204, 244
セイヨウニワトコ　European elder　*Sambucus nigra*　78, 107
セイヨウネズ　juniper　*Juniperus communis*　107, 126, 131
セイヨウバクチノキ　common cherrylaurel　*Prunus laurocerasus*　13, 100, 217, 243
セイヨウハシバミ　hazelnut　*Corylus avellana*　65, 107, 140, 168, 201, 204, 228, 242
セイヨウハナズオウ　Judas-tree　*Cercis siliquastrum*　126
セイヨウヒイラギ　English holly　*Ilex aquifolium*　3, 15, 25, 27～29, 100, 107, 127, 139, 199, 204, 208, 211, 214, 219, 232, 243
セイヨウマユミ　common spindle　*Euonymus europaea*　105, 107, 133
セイヨウメギ　berberis　*Berberis vulgaris*　107
セイヨウヤドリギ　European mistletoe　*Viscum album*　212
セコイア　redwood, sequoia　*Sequoia sempervirens*　2, 39, 62, 65, 120, 127, 130, 138, 145～147, 149, 159, 168, 181～183, 195, 203, 204, 238, 239
セッコウボク　snowberry　*Symphocarpos albus*　107
センネンボク類　cabbage palms　*Cordylime* spp.　2, 38, 58

【ソ】
ソテツ類　cycad　*Cycas* spp.　2～4, 38, 91, 121, 127～129, 239

【タ】
ターキーオーク　turkey oak　*Quercus cerris*　28, 145
ダイオウショウ　longleaf pine　*Pinus palustris*　202, 232
タイサンボク　southern magnolia　*Magnolia grandiflora*　76
ダグラスファー，ベイマツ（木材）　Douglas-fir

Pseudotsuga menziesii　39, 79, 89, 121, 145～147, 159, 168, 220, 230, 239,
タビビトノキ　traveller's palm　*Ravanala madagascariensis*　2, 8, 10, 112
ダブルココナツ　double coconut　*Lodoicea maldivica*　201, 204, 205
タマリスク(ギョリュウ)　tamarisk　*Tamarix* spp.　16, 85, 243
タマリンド　tamarind　*Tamarindus indica*　17
タラノキ　Japanese angelica tree　*Aralia elata*　8～10

【チ】
チーク　teak　*Tectona grandis*　42, 142, 152, 166, 168
チャ　tea　*Camellia sinensis*　6, 98, 159, 164, 165, 219
チリマツ　Chili pine, monkey puzzle　*Araucaria araucana*　3～5, 27, 39, 65, 127, 129, 134, 149, 243

【ツ】
ツガ類　hemlock　*Tsuga* spp.　2, 69, 121, 152, 193, 207, 220, 231
ツゲ類　box　*Buxus* spp.　15, 100, 243

【テ】
テーダマツ，ロブロリーパイン　loblolly pine　*Pinus taeda*　95, 159
デザートアイアンウッド　desert ironwood　*Olneya tesota*　25

【ト】
ドイツトウヒ　Norway spruce　*Picea abies*　54, 98, 141, 204, 242, 243
トウヒ類　spruce　*Picea* spp.　2, 27, 41, 53, 63, 73, 75, 99, 130, 168, 172, 181, 207, 220, 236
トガサワラ類　Douglas-fir　*Pseudotsuga* spp.　121
トキワサンザシ類　fire thorn　*Pyracantha* spp.　214
トチノキ類　horse-chesnut　*Aesculus* spp.　9, 12, 32, 65, 77, 78, 109, 126, 132, 145, 156, 158, 185, 186, 191, 201
トネリコバノカエデ　box elder, ash-leaved maple

樹種名索引　251

Acer negundo 33, 100
トネリコ類　アッシュ　ash　*Fraxinus* spp.
　9, 31, 33, 52, 70, 77, 78, 90, 101, 102, 120, 121, 129,
　138, 158, 160, 162, 180, 181, 200, 201, 210, 212,
　217, 228, 232, 245
ドロノキ類　poplar　*Populus* spp.　180, 203, 207,
　230
ドワーフウィロー　dwarf willow　*Salix herbacea*
　15
ドワーフバーチ　dwarf birch　*Betula grandulosa*
　204

【ナ】
ナガミマツ　sugar pine　*Pinus lambertiana*　53
ナギイカダ　butcher's broom　*Ruscus aculeatus*
　2, 24, 25, 127, 128
ナシ類　pear　*Pyrus* spp.　100, 107, 129, 139
ナツメヤシ　date　*Phoenix dactylifera*　208
ナナカマド類　mountain ash, rowan, whitebeam
　Sorbus spp.　78, 105, 107, 117, 129
ナラ類　oak　*Quercus* spp.　→　オーク類
ナンキョクブナ類　southern beech　*Nothofagus*
　spp.　31, 89, 145, 206
ナンヨウスギ類　monkey puzzle　*Araucaria* spp.
　89, 121

【ニ】
ニオイニンドウ　honeysuckle　*Lonicera*
　periclymenum　204
ニシキギ類　spindle tree　*Euonymus* spp.　132
ニシキフジウツギ　butterfly bush　*Buddleja*
　olavidii　107
ニセアカシア　false acacia　*Robinia pseudoacacia*
　15, 18, 25, 42, 55, 78, 91, 96, 100, 152, 168, 207,
　208, 214, 215, 243
ニューカレドニアマツ　New Caledonia pine
　Araucaria columnaris　129
ニレ類　elm　*Ulmus* spp.　42, 43, 48, 77, 78, 89,
　93, 102, 107, 117, 118, 120, 126, 129, 130, 135, 144,
　159, 160, 162, 182, 183, 189, 194, 198, 200, 207,
　217, 224, 225, 228, 235, 241, 243, 244
ニワトコ類　elder　*Sambucus* spp.　139

【ヌ】
ヌマミズキ　tupelo　*Nyssa sylvatica*　99, 101,
102, 160

【ネ】
ネズミサシ類　juniper　*Juniperus* spp.　2, 22, 25,
　88, 157, 159, 198, 207, 227, 242

【ハ】
バーオーク　bur oak　*Quercus macrocarpa*
　141, 202
バイカウツギ　mock orange　*Philadelphus*
　gordonianus　100
ハイビスカス　hibiscus　*Hibiscus* spp.　163
バオバブ　baobab　*Adansonia digitata*　5, 32,
　112, 148, 149
パゴダツリー　Pagoda tree　*Plumeria acutifolia*
　91
ハゴロモノキ類　grevillea　*Grevillea* spp.　88,
　132
パシフィックユー　Pacific yew　*Taxus brevifolia*
　39
バターナット　butternut　*Juglans cinerea*　45
ハナガサノキ　mountain laurel　*Kalmia* spp.
ハナミズキ　dogwood　*Cornus floridum*　31, 186
パラゴムノキ, ゴムノキ　para rubber tree
　Hevea brasiliensis　6, 97, 141, 159, 201, 221（ゴ
　ムノキ　104）
バラ類　rose　*Rosa* spp.　77, 91, 100, 107, 129,
　135, 209, 214, 215, 218
ハリエニシダ類　gorse　*Ulex* spp.　3, 107, 140,
　198, 200, 204, 231
バルサムモミ　balsam fir　*Abies balsamea*　99,
　200
パロベルデ類　palo-verde　*Cercidium* spp.　32
ハンカチノキ　dove (handkerchief) tree　*Davidia*
　involucrata　31
ハンノキ類　alder　*Alnus* spp.　31, 43, 58, 61, 90,
　91, 99, 101, 119, 135, 153, 159, 169, 196, 217, 225

【ヒ】
ヒース　heather　*Calluna vulgaris*, *Erica* spp.な
　ど　21, 27, 94, 113, 115, 139, 201, 204, 231
ヒイラギナンテン類　Oregon grape　*Mahonia*
　spp.　113, 243
ビクトリアプラム　victoria plum　*Prunus*
　domestica　125

ビッグツースメープル　bigtooth maple　*Acer macrophyllum*　129
ヒッコリー類　hickory　*Carya* spp.(*C. ovata*, *C. laciniosa*など)　42, 73, 158, 159, 168
ピニヨンパイン　pinyon pine　*Pinus edulis*　21, 136, 168
ヒノキ　*Chamaecyparis obtusa*　(ヒノキ科　2, 78, 89, 130, 157, 181, 207)
ヒバ　*Thujopsis dolabrata*　181, 195
ヒマラヤスギ　Himalayan cedar　*Cedrus deodara*　2, 120, 121, 182, 191, 196, 244
ヒマラヤスギ類　true cedar　*Cedrus* spp.　130, 134, 183, 184, 196, 220, 225, 243
ビャクダン　sandalwood　*Santalum album*　224
ヒルギダマシ類　*Avicennia* spp.　100, 102
ヒルギ類　red mangrove　*Rhizophora* spp.　99, 101

【フ】

ブーゲンビリア　bougainvillea　*Bougainvillea spectabilis*　110, 164
フェニックス類　date palm　*Phoenix* spp.　102
フオンパイン　huon pine　*Lagarostrobus franklinii*= *Dacrydium franklinii*　239
フクシア類　fuchsia　*Fuchsia* spp.　110, 163
フジウツギ類　butterfly bush　*Buddleia davidii*　163
ブドウ　grape vine　*Vitis* sp.　(ブドウ科　25, 100, 208)
ブナ類　beech　*Fagus* spp.　5, 6, 25, 30, 31, 42, 43, 59〜62, 65, 76, 78, 79, 88, 100, 121, 125, 129, 135〜137, 152, 158, 159, 161, 162, 168, 169, 180, 183, 184, 193, 200〜203, 206, 208, 210〜212, 225, 227, 228, 236, 245
フユボダイジュ　small-leafed lime　*Tilia cordata*　204
ブラジルカルナバロウヤシ　Brazilian carnauba wax palm　*Copernicia cerifera*　12
ブラジルナッツ　Brazil nut　*Bertholletia excelsa*　6, 140, 141
プラタナス類　plane　*Platanus* spp.　4, 62, 78, 90, 160, 227, 242
ブラックスプルース　black spruce　*Picea mariana*　168
ブラックソーン　blackthorn　*Prunus spinosa*

107, 214, 243
ブラッシノキ　bottle-brush tree　*Banksia* spp.　110, 111, 230
プラム（スモモ）類　plum　*Prunus* spp.　99, 131, 134, 189, 207, 218, 221
フランスカイガンショウ　maritime pine　*Pinus pinaster*　243
ブリッスルコーンパイン　bristlecone pine　*Pinus aristata*　27, 145, 238, 239, 245
ブリティッシュオーク　British oak　*Quercus robur*　13, 118, 135, 147, 154, 165, 168, 204
ブルーガム　blue gum　*Eucalyptus globulus*　13, 26

【ヘ】

ベイウィロー　bay willow　*Salix pentandra*　100
ヘイゼル　hazel　*Corylus* spp.　100
ペカン　pecan　*Carya illinoensis*　87
ペルシャグルミ　common walnut　*Juglans regia*　78, 98, 168, 204
ベンガルボダイジュ　banyan　*Ficus bengalensis*　103, 149, 177

【ホ】

ホームオーク　holm oak　*Quercus ilex*　15, 28, 243
ボケ　Japanese quince　*Chaenomeles* sp.　25
ポプラ類　popular　*Populus* spp.　14, 21, 31, 33, 41, 42, 47, 57, 65, 73, 77, 78, 88, 96, 102, 107, 119, 127, 128, 135, 136, 138, 159, 168, 182, 183, 191, 193, 207, 229, 242
ホロムイイチゴ　cloudberry　*Rubus chamaemorus*　126
ホワイトアッシュ　white ash　*Fraxinus americana*　56, 57
ホワイトシーダー　white cedar　*Thuja occidentalis*　145, 181, 219
ホワイトスプルース　white spruce　*Picea glauca*　168, 180, 229
ホワイトバークパイン　whitebark pine　*Pinus albicaulis*　204
ホワイトファー　white fir　*Abies concolor*　230
ポンティックロードデンドロン　pontic rhododendron　*Rhododendron ponticum*（シャクナゲ類）　107, 204

樹種名索引　253

ポンデローサパイン　ponderosa pine　*Pinus ponderosa*　168, 204, 239, 221

【マ】

マーベックスオーク　Mirbeck's oak　*Quercus canariensis*　28
マイハギ　Asian semaphore, telegraph tree　*Codariocalyx motorius*　19
マキ類　yellow-wood　*Podocarpus* spp.　22, 127, 207
マツ類　pine　*Pinus* spp.　1, 2, 4, 21, 22, 25, 27, 39, 41, 44, 45, 52～54, 73, 75, 77, 88, 90, 121, 127, 129, 130, 136～138, 140, 142, 143, 152, 153, 159, 168, 172, 181, 183, 184, 196, 200～202, 204, 205, 207, 209, 217, 219, 220, 231
マドローン　madrone　*Arbutus menziesii*　63
マングローブ類　mangrove　ヒルギ科の樹木が主要構成樹種　16, 58, 87, 100～102, 156
マンゴー　mango　*Mangifera indica*　129, 142, 159

【ミ】

ミカン類　citrus tree　*Citrus* spp.　6, 27, 32, 43, 59, 97, 159
ミズキ類　dogwood　*Cornus* spp.　104, 110

【ム】

ムラサキハシドイ　lilac　*Syringa vulgaris*　78, 100, 243

【メ】

メキシコホワイトパイン　mexican white pine　*Pinus ayacahuite*　53
メギ類　barberry　*Berberis* spp.　113, 214, 215
メスキート　mesquite　*Prosopis* spp.　32, 75
メタセコイア　dawn redwood　*Metasequoia glyptostroboides*　3, 5, 9, 27, 182, 183

【モ】

モクマオウ　she-oak　*Casuarina equisetifolia*　24, 91, 200, 230
モクレン類　magnolia　*Magnolia* spp.　4, 25, 89, 105, 106, 125, 186
モダマ類　sea bean　*Entada gigas*　141
モチノキ類　holly　*Ilex* spp.　59, 100, 129

モミジバスズカケノキ　London plane　*Platanus x acerifolia*　63, 145, 182, 227
モミジバフウ　sweet gum　*Liquidambar styraciflua*　20, 159, 160, 168, 173, 207, 221
モミ類　fir　*Abies* spp.　2, 27, 52, 53, 60, 73, 121, 129, 130, 134, 152, 168, 172, 181, 207, 221
モモ　peach　*Prunus persica*　99, 218
モモタマナ類　terminalia　*Terminalia* spp.　102
モルッカンソー　*Albizzia falcataria*　144
モントレーイトスギ　Monterey cypress　*Cupressus macrocarpa*　209, 242

【ヤ】

ヤシ類　palm　*Palmae*　2～4, 7, 8, 14, 25, 31, 38, 39, 50, 54, 58, 63, 100, 102, 141, 170, 201, 214
ヤナギ類　willow　*Salix* spp.　1, 4, 8, 29, 41, 58, 73, 75, 77, 78, 83, 88, 99, 102, 107, 111, 121, 127, 135, 137, 138, 145, 158, 159, 163, 168, 182, 207, 209, 217～219, 225, 229, 242, 243, 245
ヤマナラシ類　aspen　*Populus* spp.　127, 152, 230
ヤマモガシ科　Proteaceae　88, 110, 112,

【ユ】

ユーカリ類　eucalyptus　*Eucalyptus* spp.　14, 15, 25～27, 42, 58, 59, 62, 64, 88, 89, 94, 102, 110～112, 121, 132, 138, 144, 156, 157, 163, 164, 168, 200, 217, 231
ユーフォルビア類　*Euphorbia* spp.　16
ユッカ　Joshua tree　*Yucca brevifolia*　2, 38, 58
ユリノキ　tulip tree　*Liriodendron tulipifera*　25, 26, 88, 95, 138, 145, 156, 158, 159, 164, 168, 191, 196

【ヨ】

ヨーロッパアカマツ　Scots pine　*Pinus sylvestris*　61, 70, 107, 141, 145, 155, 159, 167, 168, 204, 205, 237, 239, 242
ヨーロッパイチイ　common yew　*Taxus baccata*　15, 107, 145, 181, 195, 198, 207, 239, 240, 243
ヨーロッパカエデ　Norway maple　*Acer platanoides*　142, 243
ヨーロッパカラマツ　European larch　*Larix decidua*　13, 56, 204, 209
ヨーロッパグリ　European chestnut, sweet

chestnut　*Castanea sativa*　107, 133, 168, 204, 225, 228, 242, 245
ヨーロッパクロヤマナラシ　black poplar　*Populus nigra*　13
ヨーロッパハンノキ　European alder　*Alnus glutinosa*　15, 54, 107, 204, 243
ヨーロッパブナ　European beech　*Fagus sylvatica*　8, 62, 76, 107, 139, 165, 204, 239, 242, 243
ヨーロッパモミ　silver fir, European fir　*Abies alba*　75
ヨーロッパヤマナラシ　aspen　*Populus tremula*　21, 204

【ラ】
ライラック → ムラサキハシドイ
ラクウショウ　swamp cypress　*Taxodium disticum*　3, 27, 99, 102, 182, 183
ラジアータパイン　radiata pine　*Pinus radiata*　159, 168
ラズベリー　raspberry　*Rubus* spp.　200
ラフィアヤシ　raphia palm　*Raphia farinifera*　8

【リ】
リュウケツジュ　dragon tree　*Dracaena* spp.　2, 3, 38, 58, 239
リュウゼツラン類　century plant　*Agave* spp.　2, 38
リンゴ　apple　*Malus prunifolia*　8, 12, 14, 87, 98, 100, 105, 117, 125, 129, 131, 135, 139, 141, 143, 151, 159, 183, 195, 209, 214, 218, 242, 243

【レ】
レイランドイトスギ　Leyland cypress x *Cupressocyparis leylandii*　77, 209
レッドオーク　red oak　*Quercus rubra*　48, 64, 70, 75, 79, 87, 96, 130, 168, 224
レッドオールダー　red alder　*Alnus rubra*　91
レッドメープル　red maple　*Acer rubrum*　93, 97, 239
レンギョウ類　forsythia　*Forsythia* spp.　207

【ロ】
ローソンヒノキ, ベイヒ（木材）　Lawson cypress, P.O. cedar　*Chamaecyparis lawsoniana*　23, 181, 227, 242
ロードデンドロン　rhododendron　*Rhododendron* spp.　3, 16, 17, 19, 27, 161, 217, 218
ロッジポールパイン　lodgepole pine　*Pinus contorta*　141, 231

事項索引

【ア行】

足場枝　scaffold branch　182
圧縮あて材　compression wood　68
あて材　reaction wood　68, 238
アブシシン酸（ABA）　abscisic acid　151
アルカロイド　alkaloids　217
アレロパシー　allelopathy　92
アントシアニン　anthocyanin　143
いが　burs　214
維管束　vascular bundle　9
維管束萎凋菌　vascular wilt fungus　242
維管束形成層　vascular cambium　35
維管束植物類　vascular plants　4
維管束組織　vascular tissue　35
生きた化石　living fossils　5
生節　intergrown knot あるいは tight knot　67
異系交配　outcrossing　124
異形葉　heterophyll　159
一次成長　primary growth　35, 155
井戸植物→地下植物
陰樹　shade-tolerant trees　152
陰葉　shade leaf　13
羽状複葉　pinnate compound leaf　9, 12
衛生伐　sanitation felling　244
栄養系（クローン）　clone　125
腋芽　axillary bud　179
枝　branch　34
遠赤色光　far-red light　199
塩類腺　salt gland　16
オーキシン　auxin　70, 98, 150
汚染　pollution　227, 241
オゾン　ozone　228

【カ行】

開花　flowering　186
外樹皮　outer bark　34, 57
外生菌根　ectotrophic mycorrhiza, ectomycorrhizae　88, 89
花芽　flower bud　9
化学的防御　chemical defences　217, 224
垣根仕立て　espalier-trained　190
核果→石果
拡張成長　dilation growth　59
殻斗→杯状体
花茎　flower stalk　54
過剰チッソ　excess nitrogen　228
ガスエチレン　gas ethylene　151
カスパリー線　Casparian strip　95
化石林　petrified forest　4
褐色腐朽　brown rots　223
仮道管　tracheid　39
かなめ石の種　keystone species　6
カフェイン　caffeine　219
花粉媒介者　pollinator　105〜115
ガム　gums　16, 41, 51, 221, 224, 226
ガム道　gum canal　41
絡まり根　girdling root　77
仮軸成長　sympodial growth　181, 186
芽鱗　bud scale　156
芽鱗痕　bud scale scar　178, 179
カルス　callus　53, 221, 233
カロチン　carotene, carotin　143
乾果　dry fruit　132
管孔　pore　41
環孔材　ring-porous wood　42, 44, 55, 160
環状痕　girdle scar　178
幹生花　cauliflory　126
飢餓　starvation　244
偽果　false fruit　135
気孔　stoma　12, 13, 15, 57
気根　aerial root　100
寄主植物　host (plant)　86
寄生生物　parasites　212
偽装発芽　cryptogeal germination　205
拮抗作用領域　zone of antagonism　223
基底面積成長　basal area increment　154
キメラ　chimaera　31
ギャップ　gap　33, 178
球花, 球果　cone, strobilus　119
休眠芽　dormant bud　64

偽葉　phyllode　22, 23
境界層　boundary layer　15
共生　symbiosis　88
鋸歯　teeth　9
近交弱勢　inbreeding depression　124
菌根　mycorrhizae　87, 88, 89, 90, 228
菌根菌　mycorrhizal fungus（複数 fungi）　88
近親交配　inbreeding　124
菌類　fungus　212, 223, 241, 243
杭根　peg root　100, 101
空洞木　hollow trees　227, 234
クチクラ　cuticle　13
クチクラ蒸散　cuticular transpiration　15
クランプ　clump　239
クローニング　cloning　208
毛　hairs　216
形成層　cambium　34
齧歯類　rodent　112
結節, 根粒　(root) nodule　90, 91
結氷防止剤　de-icing salt　228
堅果　nut　107〜109, 133
顕花植物類　flowering plants　2
限定成長　determinate growth　158
交雑　hybridization　209
高木限界　tree-line　145
コウモリ　bat　112
広葉樹　hardwoods, broadleaved trees　3, 39
互生　alternate　180
固定成長　fixed growth　158
コルク　cork　57, 58, 59, 61
コルク形成層　cork cambium または phellogen　36, 57, 58
コルク組織　phellem　57
コルク皮層　phelloderm　57, 58
根圧　root pressure　45
根冠　root cap　94
根圏　rhizosphere　92
根萌芽　root sucker, root sprout　83, 207
根毛　root hair　87
根粒→結節

【サ行】
細根　fine root　79, 80, 81
サイトカイニン　cytokinins　98, 151
栽培品種　cultivated varieties, cultivars　208

先枯れ　die-back　84
支え綱の根　guy root　236
挿し木　cutting　207
挿し穂　cuttings　208
雑種強勢　hybrid vigo(u)r　124
サバンナ　savanna　32
皿状(の)根系（ルートプレート）root plate　73, 235
散孔材　diffuse-porous wood　42, 44, 55, 160
酸性雨　acid rain　228
産卵　oviposition　115
シアン化物　cyanide　217, 218
C_3光合成　C_3 photosynthesis　16
C_4光合成　C_4 photosynthesis　16
自家受粉　self-pollination　124
自家不和合性　self-incompatibility　125
師管　sieve tube　53, 56
師管要素　sieve tube element　53, 56
軸方向柔組織細胞　axial parenchyma　41
始原細胞　initial cell　211
師細胞　sieve cell　53, 56
支持根→支柱根
雌蕊先熟→雌性先熟
雌性先熟　雌蕊先熟　protogyny　125
自然落枝　natural pruning　182
シダ植物類　pteridophytes, ferns　2
支柱根, 支持根　stilt root　100, 101
膝根　knee root　100, 101
質的防御　qualitative defences　217
死節　encased knot あるいは loose knot　67
子嚢菌類　Ascomycetes　89
師板　sieve plate　56
師部　phloem　9, 34, 40, 55, 57
ジベレリン　gibberellins　151
脂肪の木　fat tree　53
しめころし植物　strangler　102, 104
霜腫れ　frost rib　53
若齢固定　juvenile fixation　209
斜生枝　plagiotropic shoot　192
雌雄異株　dioecious, (dioecy, dioecism)　107〜109
雌雄異熟　dichogamy　125
収穫級　yield class　166
周期成長　rhythmic growth　159
重金属汚染　heavy metal contamination　228

事項索引　257

柔細胞　parenchyma cell　34
シュウ酸石灰　calcium oxalate　41
自由成長　free growth　159
集団開花　mass blooming　122
集団フェロモン　aggregation pheromone　241
雌雄（異花）同株　monoecious,（monoecy, monoecism）　107〜109
周皮　periderm　57, 58
収斂進化　convergent evolution　3
樹冠　canopy　170, 172, 180
樹冠根　canopy roots　86, 213
樹冠の内気さ　crown shyness　180
主根, 直根　tap root　74, 75
種子　seeds　197
樹脂　resin　16, 41, 220, 224, 227
種子銀行　seed bank　199
主軸突出性　excurrent　190
樹脂道　resin canal　39
出芽　bud burst, bud break　161
種皮　seed coat, testa　197
樹皮　bark　55
受粉, 授粉　pollination　105〜129
受粉滴　pollination drop　120
主要栄養素　macronutrients　152
子葉　cotyledons　197
漿果　berry, bacca　134
傷害樹脂道　traumatic resin canals　221
蒸散　transpiration　14
掌状複葉　palmate compound leaf　9
小葉　leaflet　8
常緑樹　evergreens trees　3, 15, 27
シリカ　silica　41
進化　evolution　3, 4
シンカー根　sinker root, striker root, dropper root　74, 75
シンク　sinks　150
心材　heartwood　34, 55, 224
靱皮繊維　bast fiber　56, 60
針葉　needle　21
針葉樹　conifers, softwoods, needle trees　3, 39
森林衰退　forest decline　228, 241
心割れ　heart shake　52
髄　pith　34
水平根, 側根　lateral root　73, 75
睡眠運動　sleep movement　17

ストレス豊作　stress crop　163
スベリン　suberin　57
成熟葉　mature leaf　26
生殖　reproduction　166
成長阻害因子　growth inhibitors　150
成長調節因子　growth regulators　150
成長ホルモン→オーキシン
成長輪　growth ring　41, 154
生物季節　phenology　161
石果　drupe　134, 135
石細胞　stone cell　21
赤色光　red light　199
接合菌類　Zygomycetes　89
セルロース　cellulose　39
セロティニー　serotiny　131, 200, 230
繊維　fibre　41
旋回木理　spiral grain　52
先駆樹種　pioneer tree　146
穿孔板　perforation plate　41
腺毛　glandular hair　16
早材　early wood　42, 43, 44
双子葉類　dicotyledons　2
「早」葉　early leaves　159
側芽　lateral bud　179
側根→水平根
組織培養　micropropagation, tissue culture　208

【夕行】
タールマック　tarmac　228
耐陰性　shade tolerance　152
袋果　follicle　132
対生　opposite　180
他家受粉　cross pollination　124
托葉　stipule　9, 25, 156
多孔穿孔　multiple perforation　41
多肉果　succulent fruit　134
多年生　perennial　1
多列　multiseriate　41
単為結果　parthenocarpy　129
短果枝　spur shoot　184
短枝　short shoot　183
担子菌類　Basidiomycetes　89
単軸成長　monopodial growth　181
短日　short day　18
単子葉類　monocotyledons　2

単穿孔　simple perforation　41
タンニン　tannin　217
単葉　simple leaf　9, 12
単列　uniseriate　41
地下水植物, 井戸植物　phreatophyte　85
地下発芽　hypogeal germination　201
地上発芽　epigeal germination　201
着生植物　epiphytic plants, epiphytes　86, 213
チャンピオン・ツリー　champion trees　147
中央脈　central vein, midvein　22
虫媒性　insect-pollinated　105～116
頂芽　terminal bud　9, 170, 178
頂芽制御　apical control　190
頂芽優勢　apical dominance　96, 190
長枝　long shoot　183
長日　long day　18
頂端　apex　189
頂端分裂組織　apical meristem　34
直根→主根
直立枝　orthotropic shoot　192
チロース　tylosis　51, 224, 243
通気根　pneumatophore　102
接ぎ木　grafting　209
接ぎ木キメラ　graftchimera　210
接ぎ木雑種　grafthybrid　210
接ぎ穂　scion　209
つる植物　lianas　1
低温処理　cold treatments　199
低出葉　cataphylls　156
低木　shrub　1
天狗巣　witches' broom　212
デンドロクロノロジー　dendrochronology　154
豆果　legume　132
道管　vessel　40, 41
道管要素　vessel element　41
凍結乾燥　freese-dry　52
凍上　frost heaving　228
逃避仮説　escape hypothesis　207
動物による受粉　animal pollination　105～116, 121
頭木更新　pollarding　65
凍裂　frost cracks　52, 228
トールス　torus　41
とげ　thorns, prickles　214
とげ林　thorn forest　32

土壌の締め固め　soil compaction　228
突然変異（genetic）mutations　208
土用枝　lammas shoot　20
「土用」成長　'lammas' growth　159
取り木　layering　207

【ナ行】
内交配→近親交配
内樹皮　inner bark　34, 40, 55, 57
内鞘　pericycle　36
内生菌根　endotrophic mycorrhizae、endomycorrhizae　88, 89
内乳　endosperm　197
内皮　endodermis　36
内部の防御　internal defences　223
苗木銀行　seedling bank　200
流れ節　spike knot　65
夏の休眠　summer dormancy　160
二回羽状複葉　bipinnate compound leaf　9, 10
二酸化イオウ　sulphur dioxide　227, 242
二次成長　secondary growth　35, 155
ニレ立枯病　Dutch elm disease　48, 241
根・シュート比　root:shoot ratio　151
根の癒合　root grafting　92
燃材　firewood　232
年代表　chronology　154
年輪　annual ring　42
年輪年代学→デンドロクロノロジー

【ハ行】
胚　embryo　197
ヴァイオリン杢　fiddle-back figure　52
胚珠　ovule　119
杯状体, 殻斗　cup (of acorn)　118
排水　guttation　16
排水構造　hydathode　16
白色腐朽　white rots　223
バクテリア　bacteria　213, 241
柱根　pillar root　102, 103
バズ受粉　buzz pollination　115
針　spines　→とげ
バリアゾーン　barrier zone　227, 246
ハルティッヒ網　Hartig net　88
板根　buttress　96, 102
晩材　late wood　42, 43, 44

事項索引　259

伴細胞　companion cell　53
反復開芽　recurrent flushes　159
「晩」葉　late leaves　159
非限定成長　indeterminate growth　159
被子植物類　angiosperms　2, 39
皮層　cortex　36, 58
引張あて材　tension wood　70
皮目　lenticel　12, 57
表皮　epidermis　12, 36, 58
微量栄養素　micronutrients　152
VA菌根　vesicular-arbuscular（VA）mycorrhizae　89
フィトクロム　phytochrome　161, 199
風倒　windthrow　236
風媒性　wind-pollinated　105, 117〜121
フェノール樹脂　phenolic resin　217
「フォックステイル」成長　'foxtail' growth　159
腐朽　decay　223
腐朽の分画化　compartmentalization of decay　226
複葉　compound leaf　8, 12
節　knot　65
物理的防御　physical defences　214
不定芽　adventitious buds　65, 207, 245
不定根　adventitious roots　38, 100, 102, 235
不等葉性　anisophylly　193
フランキア　Frankia　91
分裂組織　meristem　156
ヘミセルロース　hemicellulose　39
偏茎　cladodium　24
ベンケイソウ型酸代謝　crassulacean acid metabolism CAM　16
辺材　sapwood　55, 224
萌芽　epicormic bud　8, 65
訪花昆虫　flower-visiting insect　111
豊作年　mast year　135, 136
放射組織　ray　34, 53
放線菌類　Actinomycetes　91
苞葉　bract　31
保護植物　nurse plants　6
補償圧力説　compensating pressure theory　46
捕食者の飽食　predator satiation　200, 206
ホルモン　hormone　150

【マ行】
巻きひげ　tendril　25
マセックの原理　Matthecks' axiom　232
マルゴ　margo　41
マングローブ　mangrove　87, 100〜102
実生　seedling　175
水食い材　wetwood　213
水のアーキテクチャー　hydraulic architecture　48
未成熟葉　juvenile leaf　25
ミッチェルの目安　Mitchel's rule　146, 240
ミュッチの水　Mutch water　47
虫こぶ（ゴール）　gall　212
無性繁殖　vegetative propagation　207
無配合生殖　apomixis　129
芽　buds　155, 178
目回り　cup shake　52
杢　figure　52
木材　wood　34
木材構造, バイオメカニクス　biomechanics　176
木材の収縮・膨張　wood movement　52
木部　xylem　9, 34, 40
木理　grain　51
モジュール構造　modular organization　7, 178

【ヤ行】
有縁壁孔　bordered pit　41
雄蕊先熟→雄性先熟
雄性先熟, 雄蕊先熟　protandry　125
雄性優勢　male vigo(u)r　129
ゆがんだ木　crooked tree　173
ユグロン　juglone　218
葉腋　axil　9, 179
幼芽　plumule　197
葉基　leaf base　50
葉脚　leaf base　9
幼根　young roots, radicle　197
葉痕　leaf scar　179
葉軸　rachis　9
陽樹　shade-intolerant species　152
葉序　phyllotaxy　180
葉状茎　cladophyll, phylloclade　22, 23, 24
葉身　leaf blade, lamina　12
葉枕　pulvinus　18, 19

養分の略奪　nutritional piracy　213
葉柄　petiole　9, 24
葉脈　vein　9
陽葉　sun leaf　13
葉緑素　chlorophyll　9
葉緑体　chloroplast　9
翼果　samara　107, 108, 133
よじ登り植物　climbers　1, 25

【ラ行】
ライゾビューム　*Rhizobium*　90
裸芽　naked bud　157
落枝　cladoptosis　183
落葉樹　deciduous trees　3, 14
落葉落枝　litter　183
裸子植物類　gymnosperms　2, 39

ラテックス　latex　41, 221
リグニン　lignin　39
リグノチューバー　lignotuber　94
離層帯　abscission zone　30
両性花（植物）　hermaphrodite　107〜109
量的防御　quantitative defences　217
林冠→樹冠
鱗片　scale　17
鱗片葉　scale leaf　21
ルートボール　root ball　236
レッドベルト　red belt　228
連続成長　continuous growth　159
老化　senescence　29

【ワ行】
枠組み構成型の根　framework root　73

訳者あとがき

　木書は2000年イギリスで出版されたピーター・トーマス氏の"Trees: Their Natural History"（樹木：その自然誌）を訳出したものである。日本語版のタイトルを『樹木学』としたのは、生物学や生態学がこれまでに蓄積してきた、樹木についての知見がわかりやすく総括されているからである。
　樹木に関しては、国内、国外を問わず、すでに多くの書物が出版されているし、生物学や林学などの専門誌には毎年数多くの論文が掲載されている。そうした知識の総量は大変なものになるだろう。しかしわれわれが知っているのは、このうちのごく一部でしかない。詳細はともかく、その概略を押さえるだけでも、何冊かの書物に目を通し、時にはいくつもの専門誌にまであたる必要がある。原著者のトーマス氏が意図したのは、これから樹木について勉強しようとする学生や一般の人たちのために、あちこちに分散する情報をより合わせて、包括的でバランスのとれた樹木の入門書をものすることであった。
　実のところ、私も早くからこうした書物の必要性を痛感していた。かつての農学部の林学科では「樹木学」を教えていたが、それは樹木分類が中心であり、学生たちは多種多様な木の特徴とその見分け方を覚えるのに苦労したものである。理屈のわからないまま暗記を強いられるのは、苦痛以外の何ものでもない。樹木という魅惑的な植物群の「生きざま」をもっとビビッドに伝えられないものか。
　一つの場所に根を下ろした樹木は一生そこにとどまって厳しい日照りや冬の寒さ、暴風雨に耐えていかなければならない。害虫に襲われることもあるし、悪質な病原菌やウイルスにおかされることもある。そのうえ、水、養分、太陽光をめぐって植物同士の熾烈な争いがある。それぞれの樹木は、それぞれの地域の過酷な環境を生き抜き、子孫を残していくために、独自の進化を遂げてきた。この進化の過程で樹木の多様な形が生まれ、ユニークな生存戦略と繁殖戦略が編み出されたとみるべきであろう。
　本書は何よりもそのことを教えてくれる。この本を一読して身近な木々をもう一度眺めてみると、けなげに生きている樹木の一本一本が急にいとおしく思えてくる。それは単に枝葉のついた「材木」ではない。あるいはまた抽象的な「みどり」でもない。われわれと同様、この世に生を享けて、懸命に生き、子孫を残し、死んでいく生命体なのだ。そのことを改めて認識させられるのである。
　原著がイギリスで出版されたころ、私は岐阜県立森林文化アカデミーの開学準備に追われていた。このアカデミーは修業年限2年の専修学校で、「森つくり」のコースと、木を使った「ものつくり」のコースとがある。「樹木」は両方のコースに共通す

るキーワードだ。どちらのコースを選ぶにせよ、樹木についての最低限の知識は必須である。適当な入門書がないものかと探していたところ、日本橋の丸善で原著を見つけ、早速翻訳を思いたった。

　しかしカバーする専門領域が広すぎて、とても一人では手におえない。森林総合研究所での大先輩である浅川澄彦、須藤彰司の両氏に無理をいって協力していただいた。すっかり迷惑をおかけして、内心申し訳なく思っている。しかしおかげさまで困難な訳業を何とか完了することができた。翻訳はわれわれ3名の共同作業として進めたが、訳文のほうは私の判断で統一している。おそらく気づかぬままいくつかの間違いをおかしているであろう。そのような箇所があったら教えていただきたい。

　なお本書は原著の完全な翻訳ではない。一般向けの書物ということで、原著にある数多くの引用文献や出所に関する記述をすべて省略し、また本文の中でも冗長と思われる部分はスキップしている。いずれにせよ、英文の原著と対比しながら読んでもらうのがいちばんだ。

　樹種名の表記にも苦労した。英語で表記された木の名前をどのような日本名に置き換えるか。英語の「beech（ビーチ）」は一般に「ブナ」と訳されるが、イギリスにあるビーチと日本のブナは必ずしも同じものではない。この混乱を避けようとすれば、学名を使うしかないのだが、一般向けの書物では無理な注文である。なるべく和名を用い、それができなければ英名のカタカナ表記とした。各樹種の和名、英名、学名は巻末の樹種名索引にまとめられている。また専門用語の日英対比については事項索引を見られたい。

　最後になったが、ロンドン・ギルドホール大学のピーター・ブランドン氏には、いつものことながら、何かと相談にのってもらい、原著者への問い合わせでもお世話になった。また本書が出版できたのは、ひとえに築地書館の土井二郎社長のおかげである。そのうえ同書館の橋本ひとみさんには訳文のチェックや索引の作成で大変な面倒をおかけした。訳者を代表してこの皆さんに厚く御礼申し上げる次第である。

　　　　　　　　　　　　　　　　　　　　　　　　2001年6月
　　　　　　　　　　　　　　　　　　　　　　　　訳者を代表して
　　　　　　　　　　　　　　　　　　　　　　　　　　熊崎　実

【著者略歴】
ピーター・トーマス（Peter Thomas）
1957年生まれ。英国キール大学の環境科学科で、木材の構造と同定、ツリー・デザインとバイオメカニクス、樹木の生態と同定、森林の管理など、樹木に関連した広い範囲の教科を教えている。研究テーマは、年輪による過去の環境の推定、自然保護における樹木の役割、樹木と火の相互関連などである。

【訳者略歴】
熊崎　実（くまざき　みのる）
1935年岐阜県生まれ。三重大学農学部卒業。農林水産省林業試験場（現在の森林総合研究所）経営部長などを経て、筑波大学農林学系教授、2001年退官。現在は岐阜県立森林文化アカデミー学長。著書に『林業経営読本』（日本林業調査会）、『地球環境と森林』（全国林業改良普及協会）、訳書にJ・ウェストビー『森と人間の歴史』、A・メイサー『世界の森林資源』、V・シヴァ『生きる歓び』、P・ブランドン『イギリス人が見た日本林業の将来』、C・タットマン『日本人はどのように森をつくってきたのか』（以上築地書館）、K・ミラー『生命の樹』（岩波書店）など。

浅川澄彦（あさかわ　すみひこ）
1927年東京都生まれ。東京大学農学部林学科卒業。農林水産省林業試験場（現在の森林総合研究所）造林部長などを経て、玉川大学農学部教授、1993年定年。1993年から2000年まで国際緑化推進センター主任研究員。この間、1992年から1999年まで、国際協力事業団青年海外協力隊技術顧問。共著に『日本の樹木種子　針葉樹編』（林木育種協会）、『新版　スギのすべて』（全国林業改良普及協会）など。

須藤彰司（すどう　しょうじ）
1928年東京都生まれ。東京大学農学部林学科卒業。農林水産省林業試験場（現在の森林総合研究所）木材部材料科長などを経て、東京大学農学部及び東京農工大学農学部非常勤講師を歴任。国際木材科学アカデミー会員、国際木材解剖学会名誉会員。著書に『南洋材』（地球社）、『世界の木材200種』（産調出版）、共著に『森林の百科事典』（丸善）、『木材の事典』『家具の事典』（朝倉書店）など。

樹木学

2001年7月30日　初版発行
2010年1月20日　6刷発行

著者―――――ピーター・トーマス
訳者―――――熊崎　実＋浅川澄彦＋須藤彰司
発行者―――――土井二郎
発行所―――――築地書館株式会社
　　　　　　　東京都中央区築地 7-4-4-201　〒104-0045
　　　　　　　TEL 03-3542-3731　FAX 03-3541-5799
　　　　　　　http://www.tsukiji-shokan.co.jp/
　　　　　　　振替 00110-5-19057
組版―――――ジャヌア3
印刷所―――――株式会社平河工業社
製本所―――――井上製本所
装丁―――――新西聰明

　　　　　　　©2001 Printed in Japan
　　　　　　　ISBN978-4-8067-1224-4 C0045

●築地書館の本　　　　　　　　　　　　　　　《価格・刷数は 2010 年 1 月現在》

日本人はどのように森をつくってきたのか

コンラッド・タットマン［著］　熊崎実［訳］　◎4刷　2900円＋税

強い人口圧力と膨大な木材需要にも関わらず、日本に豊かな森林が残ったのはなぜか。日本人・日本社会と森との1200年におよぶ関係を明らかにした名著。

森なしには生きられない

ヨーロッパ・自然美とエコロジーの文化史

ヨースト・ヘルマント［編著］　山縣光晶［訳］　◎2刷　2500円＋税

国立公園評＝ヨーロッパの自然・環境保護の取り組み、環境倫理形成の歴史を、人間本位の自然観からの脱却やホリスティックな観点から色鮮やかに論じた本書は、この分野に関心のある方々の必読の一冊。

森が語るドイツの歴史

カール・ハーゼル［著］　山縣光晶［訳］　◎3刷　4100円＋税

読書新聞評＝太古の時代から近代造林の時代まで森と人間との相互関係の歴史を壮大に、そして綿密に跡づけた大著。森を消していった人間の歴史について豊富な資料を駆使して検証。　信濃毎日新聞評＝専門家だけでなく、森に関心を持っている人にも読みやすい書。

イタヤカエデはなぜ自ら幹を枯らすのか

樹木の個性と生き残り戦略

渡辺一夫［著］　◎2刷　2000円＋税

樹木は生存競争に勝つために、どのような工夫をこらしているのか。アカマツ、モミ、ヤマザクラ、ブナ、トチノキなど、日本を代表する36種の樹木の驚くべき生き残り戦略を解説。

森林観察ガイド

驚きと発見の関東近郊10コース

渡辺一夫［著］　1600円＋税

もっと面白く、もっと深く、森林散策できる本。森林散策の「どうして？」「なぜ？」に答える待望のフィールドガイド。樹種の見分け方の「ミニ図鑑」や、森林の成り立ちがわかるコラムも収録。

メールマガジン「築地書館 Book News」申込は http://www.tsukiji-shokan.co.jp/ で

緑のダム　森林・河川・水循環・防災

蔵治光一郎＋保屋野初子［編］　◎3刷　2600円＋税

台風のあいつぐ来襲で、ますます注目される森林の保水力。これまで情緒的に語られてきた「緑のダム」について、研究者、ジャーナリスト、行政担当者、住民が、あらゆる角度から森林のダム機能を論じた日本で初めての本。意見が対立する研究者たちの論考も同時に収載している。

森の健康診断
100円グッズで始める市民と研究者の愉快な森林調査

蔵治光一郎＋洲崎燈子＋丹羽健司［編］　◎2刷　2000円＋税

森林と流域圏の再生をめざして、森林ボランティア・市民・研究者の協働で始まった、手づくりの人工林調査。愛知県豊田市矢作川流域での先進事例とその成果を詳細に報告・解説した人工林再生のためのガイドブック。

水の革命
森林・食糧生産・河川・流域圏の統合的管理

イアン・カルダー［著］　蔵治光一郎＋林裕美子［監訳］　3000円＋税

世界の水危機を乗り越えるために、水資源・水害・森林・流域圏を統合的に管理する新しい理念と実践について詳説。日本の事例を増補した、原著第2版、待望の邦訳。

川と海
流域圏の科学

宇野木早苗＋山本民次＋清野聡子［編］　3000円＋税

川は海にどのような影響を与えるのか。河川事業が海の地形、水質、底質、生物、漁獲に与える影響など、現在、科学的に解明されていることを可能な限り明らかにし、海の保全を考慮した河川管理のあり方への指針を示す。

川とヨーロッパ
河川再自然化という思想

保屋野初子［著］　2400円＋税

ヨーロッパで進む河川の再自然化……堤防を取り払い、川を自然の流れに戻す新しい治水思想。その広がりの背景を、景観保全運動、水資源管理政策の変遷からEUの河川管理法制にまでおよぶ取材で明らかにする。

メールマガジン「築地書館 Book News」申込は http://www.tsukiji-shokan.co.jp/ で

野の花さんぽ図鑑

長谷川哲雄［著］　◎5刷　2400円+税　オールカラー

植物画の第一人者が、花、葉、タネ、根、季節ごとの姿、名前の由来から花に訪れる昆虫まで、野の花370余種を昆虫88種とともに二十四節気で解説。身近な花の生態や、日本文化との関わりのエピソードを交えた解説付きの図鑑です。巻末には、楽しく描ける植物画特別講座付き。

田んぼで出会う花・虫・鳥
農のある風景と生き物たちのフォトミュージアム

久野公啓［著］　2400円+税　オールカラー

百姓仕事が育んできた生き物たちの豊かな表情を、美しい田園風景とともにオールカラーで紹介。そっと近づいて、田んぼの中に眼をこらしてみよう。生き物たちの豊かな世界が見えてくる。

田んぼの生き物
百姓仕事がつくるフィールドガイド

飯田市美術博物館［編］　◎2刷　2000円+税　オールカラー

春の田起こし、代掻き、稲刈り……四季おりおりの水田環境の移り変わりとともに、そこに暮らす生き物の写真ガイド。魚類、爬虫類、トンボ類など、水田で観察できるおもな生き物247種を網羅した決定版。

マリファナの科学

レスリー・アイヴァーセン［著］伊藤肇［訳］　◎2刷　3000円+税

マリファナの吸引、是か非か？　マリファナ議論にピリオドを打つ！あまりに感情的に語られてきたマリファナを科学的に徹底分析。
朝日新聞（新妻昭夫氏）＝科学啓蒙書として、これほどていねいに、しかも慎重に書かれた本は、たぶん他に例がないかもしれない。

ヘンプ読本
麻でエコ生活のススメ

赤星栄志［著］　◎2刷　2000円+税

スローライフやLOHASなどのキーワードとともに、これからの社会に不可欠なアイテムとして紹介されるヘンプ。衣料、食品、住宅建材、プラスチック、エネルギーetc.……ヘンプのさまざまな使い方・使われ方を解説する。

メールマガジン「築地書館Book News」申込はhttp://www.tsukiji-shokan.co.jp/で

ふしぎな生きものカビ・キノコ
菌学入門
ニコラス・マネー [著]　小川真 [訳]　◎2刷　2800円+税

毒キノコ、病気・腐敗の原因など、古来薄気味悪がられてきた菌類。だが菌類は、地球の物質循環に深くかかわってきた。菌が地球上に存在する意味、菌の驚異の生き残り戦略などを解説した菌学の入門書。

チョコレートを滅ぼしたカビ・キノコの話
植物病理学入門
ニコラス・マネー [著]　小川真 [訳]　2800円+税

生物兵器から恐竜の絶滅まで、地球の歴史・人類の歴史の中で大きな力をふるってきた生物界の影の王者カビ・キノコ。地球上に何億年も君臨してきた菌類の知られざる生態を豊富なエピソードをまじえて描く。

森とカビ・キノコ
樹木の枯死と土壌の変化
小川真 [著]　2400円+税

日本列島の森で樹木が大量枯死し始めている。原因は、病原菌や害虫なのか。薬剤散布の影響か。大陸からの酸性雨などによる大気や土壌の汚染が関係するのか。拡大する樹木の枯死現象の謎に、菌類学の第一人者が迫る。

炭と菌根でよみがえる松
小川真 [著]　2800円+税

全国の海岸林で、マツが枯れつづけている。どのようにすれば、マツ枯れを止め、マツ林を守れるのか。40年間、マツ林の手入れ、復活を手がけてきた著者が、各地での実践事例を紹介するとともに、マツの診断法、マツ林の保全・復活のノウハウを解説した。

オックスフォード・サイエンス・ガイド
ナイジェル・コールダー [著]　屋代通子 [訳]　2万4000円+税

現代科学の最先端を見続けてきた著者が一人で書き下ろした、中高生から最先端の研究者までが楽しめる、驚愕のサイエンスガイド。科学の成り立ちから最近のノーベル賞学者の大発見まで、現代科学の姿を楽しく追ううちに、モダンサイエンスの全体像がわかり、読者は科学通に。

メールマガジン「築地書館 Book News」申込は http://www.tsukiji-shokan.co.jp/ で